普通高等教育“十三五”规划教材
卓越工程师培养计划系列教材

随机信号分析与估计

Random Signals Analysis and Estimation

宋承天　蒋志宏　潘　曦　何国清 ◎ 编著

北京理工大学出版社
BEIJING INSTITUTE OF TECHNOLOGY PRESS

图书在版编目（CIP）数据

随机信号分析与估计/宋承天等编著．—北京：北京理工大学出版社，2018.4（2020.12重印）
ISBN 978-7-5682-5536-3

Ⅰ.①随…　Ⅱ.①宋…　Ⅲ.①随机信号-信号分析-高等学校-教材　Ⅳ.①TN911.6

中国版本图书馆CIP数据核字（2018）第079176号

出版发行／北京理工大学出版社有限责任公司
社　　址／北京市海淀区中关村南大街5号
邮　　编／100081
电　　话／（010）68914775（总编室）
（010）82562903（教材售后服务热线）
（010）68948351（其他图书服务热线）
网　　址／http：//www.bitpress.com.cn
经　　销／全国各地新华书店
印　　刷／北京虎彩文化传播有限公司
开　　本／787毫米×1092毫米　1/16
印　　张／12.75
字　　数／300千字
版　　次／2018年4月第1版　2020年12月第2次印刷
定　　价／39.00元

责任编辑／陈莉华
文案编辑／陈莉华
责任校对／杜　枝
责任印制／王美丽

图书出现印装质量问题，请拨打售后服务热线，本社负责调换

PREFACE 前言

“随机信号分析与估计”是一门研究随机信号的特点与规律及其处理方法的专业基础课，是目标检测、估计、滤波等信号处理理论的基础，广泛应用于雷达、通信、自动控制、随机振动、图像处理、生物医学、目标探测等领域。近年来，随着现代通信、信息理论和计算机科学技术的飞速发展，随机信号分析与处理的理论已成为现代信号处理的重要理论基础。

本教材是作者在多年讲授随机信号分析、信号检测与估计课程的基础上，根据新的教学大纲、结合教学工作体会编写的。目的是使学生通过本课程的学习能较全面地掌握随机信号的基本理论基础和系统的分析方法，并将学到的理论与电子系统相联系，培养学生具备适应未来新的交叉学科发展的综合创新能力。

随机信号课程一般在大学本科三年级以后开课，初学这门课程时，由于之前建立的因果律和确定性知识的原因，学生往往会感到这门课程中所涉及的理论与方法模糊、难懂。学习、理解随机信号的知识必须从这门课程的特点出发，采用相对应的学习方法才能够事半功倍。归纳起来本课程的特点有：

(1) 要有统计的概念和观点。由于该课程讨论的对象是随机信号，其本身就是随机变化的、不确定的，只有它的统计规律才是确定的，因而随机信号的描述方式都应在统计的意义上讨论和描述，即统计规律性。因此，必须学会用统计的观点来看随机的问题。

(2) 注重模型和物理概念的理解。本课程注重于抽象化后的概念、系统和信号，因而往往给出的是系统函数（模型）和数学模型，而不讨论具体的系统。同时，课程中用到的许多数学理论是处理随机信号有关的数学工具或者手段，学习中更重要的是对数学模型推演的结果和结论的物理意义有深入的理解，重点掌握处理问题的思路与方法。

(3) 注重理论与实践相结合。学习中注重基本概念的掌握，不必深究烦琐的数学公式推导过程，通过引入基于 Matlab 的随机信号分析方法，在实践中掌握随机信号分析和处理的方法。

本教材的参考学时是讲授与课堂研讨54学时，实验10学时，教材中每章都给出了习题，实验和课程设计可根据教学需要进行取舍。

本书由北京理工大学宋承天、蒋志宏、潘曦和西北工业集团何国清共同编著，其中，宋承天编写第2、3、4、5章，蒋志宏编写第6、8章，潘曦编写第1、7章，何国清编写了实验相关程序。在教材编写过程中，在读的研究生刘博虎、秦禹、张金伟、庞志华、蒋子杰、朱凌飞、叶静参与了教材图形的编写工作，在此一并表示感谢。

由于作者水平有限，书中难免存在疏漏或不足之处，敬请广大读者批评指正。

作　者

目录
CONTENTS

第 1 章
随机变量的基本理论

概率论与随机变量是随机信号分析与处理的理论基础，本章简要介绍随机变量的基本理论，更为详细的内容请参考有关教材。

1.1 概率论的基本术语

1. 随机现象

在一定的条件下，对某种现象进行观察时，所得结果不能预先完全地确定，而只能是多种可能结果中的一种，这种现象称为随机现象。

2. 随机试验

满足下列 3 个条件的试验称为随机试验：

（1）试验在相同条件下可重复进行；

（2）试验的结果不止一个，并且事先能明确知道试验的所有可能结果；

（3）试验出现哪种结果，是不可能准确确定的。

随机试验通常用 E 表示，比如投掷硬币，就是一个随机试验，它满足随机试验要求的 3 个条件。首先，投掷是可以重复进行的；其次，试验的结果只有正面和反面两种可能的结果，而且只有这两种结果，事先可以明确；但具体到某次试验，试验前是不能预知出现哪种结果的。

3. 随机事件

在随机试验中，对试验中可能出现也可能不出现、而在大量重复试验中却具有某种规律性的事件，称为随机事件，简称为事件，如投掷硬币出现正面就是一个随机事件。

4. 基本事件

随机试验中最简单的随机事件称为基本事件，如投掷骰子出现 1，2，…，6 是基本事件，出现偶数点是随机事件，但不是基本事件。

5. 样本空间

随机试验 E 中所有基本事件组成的集合称为样本空间，记为 S，如投掷骰子的样本空间为$\{1，2，3，4，5，6\}$。

6. 频数和频率

一般地，在相同条件下的 n 次重复试验中，事件 A 发生的次数 n_A 称为事件 A 的频数，比值$\frac{n_A}{n}$称为事件 A 发生的频率。频率反映了事件 A 发生的频繁程度，若事件 A 发生的可能性大，那么相应的频率也大，反之则小。

7. 概率

概率是事件发生可能性大小的度量。事件的频率可以刻画事件发生的可能性大小，但是频率具有随机波动性。对于相同的试验次数 n，事件 A 发生的频率可能不同，n 越小，这种波动越大，n 越大，波动越小，当 n 趋于无穷时，频率趋于一个稳定的值，可以把这个稳定的值定义为事件 A 发生的概率，记为 $P(A)$，即

$$P(A)=\lim_{n\to\infty}\frac{n_A}{n} \tag{1.1.1}$$

这一定义称为概率的统计定义。概率的统计定义不仅提供了事件 A 发生的可能性大小的度量方法，而且还提供了估计概率的方法，只要重复试验的次数 n 足够大，就可以用式（1.1.1）来估计概率。

1.2 随机变量的定义

概率论是从数量方面来反映随机事件的统计规律性，为了便于从数量上描述、处理和解决各种与随机现象有关的理论和应用问题，就需要把随机试验的结果数量化。

在随机试验中，试验的结果不止一种，如投掷骰子可能出现的点数，打靶命中的环数及一批产品中的次品数等。另一些随机试验尽管其可能结果与数值间没有直接的联系，如投掷硬币出现正面或反面、雷达探测发现“有目标”或“无目标”等，但可以规定一些数值来表示试验的各种可能结果。如对于投掷硬币，用“1”表示“正面”，“0”表示“反面”；对雷达探测用“1”表示“有目标”，“0”表示“无目标”。为了表示这些试验的结果，我们定义一个变量，变量的取值反映试验的各种可能结果，由于试验前无法确知试验结果，所以变量的值在试验前是无法确知的，即变量的值具有随机性，称这个变量为随机变量。下面给出详细的定义。

定义：设随机试验 E 的样本空间为 $S=\{e\}$，如果对于每一个 $e\in S$，有一个实数 $X(e)$ 与之对应，这样就得到一个定义在 S 上的单值函数 $X(e)$，称 $X(e)$ 是随机变量，简记为 X。

从以上的定义可以看出，随机变量是定义在样本空间 S 上的一个单值函数。对应于不同的样本 e，$X(e)$ 的取值不同，$X(e)$ 的随机性在样本 e 中体现出来，因为在试验前究竟出现哪个样本事先无法确知，只有试验后才知道。

X 的取值可以是连续的，也可以是离散的。所以，根据 X 取值的不同，可以分为连续型随机变量和离散型随机变量。

所谓离散型随机变量是指它的全部可能取值为有限个或可列无穷个。离散型随机变量的概率特性通常用概率分布律来描述。

设离散型随机变量 X 的所有可能取值为 $x_k(k=1,2,\cdots,n)$，其概率为

$$P(X=x_k)=p_k,\quad k=1,2,\cdots,n \tag{1.2.1}$$

其中，$\sum_{k=1}^{n}p_k=1$。

称式（1.2.1）为 X 的概率分布或分布律，通常如表 1.1 所示。

表 1.1　X 的概率分布

X	x_1	x_2	…	x_n
p_k	p_1	p_2	…	p_n

下面介绍几种典型的离散随机变量的概率分布。

1.（0，1）分布

设随机变量 X 的取值为 0 和 1 两个值，其概率分布为

$$P(X=1)=p,\quad P(X=0)=1-p,\quad 0<p<1 \tag{1.2.2}$$

称 X 服从（0，1）分布。如投掷硬币的试验，假定出现正面用 1 表示，出现反面用 0 表示，用 X 表示试验结果，那么 X 的可能取值为 0、1，X 是一个离散型随机变量且服从（0，1）分布，即

$$P(X=1)=P(X=0)=0.5$$

2. 二项式分布

设随机试验 E 只有两种可能的结果 A 及 $\overline{A}$，且 $P(A)=p$，$P(\overline{A})=1-p=q$，将 E 独立重复 n 次，这样的试验称为贝努里（Bernoulli）试验，那么在 n 次试验中事件 A 发生 m 次的概率为

$$P_n(m)=C_n^m p^m q^{n-m},\quad 0\leqslant m\leqslant n \tag{1.2.3}$$

上式刚好是 $(p+q)^n$ 展开式的第 $m+1$ 项，故称为二项式分布。

3. 泊松（Poisson）分布

设随机变量 X 的可能值为 0，1，2，…，且概率分布为

$$P(X=k)=\frac{\lambda^k \mathrm{e}^{-\lambda}}{k!},\quad k=0，1，\cdots；\lambda>0 \tag{1.2.4}$$

则称 X 服从参数为 λ 的泊松分布。

1.3　随机变量的分布函数与概率密度

设 X 为随机变量，x 为任意实数，定义

$$F(x)=P(X\leqslant x) \tag{1.3.1}$$

为 X 的概率分布函数或简称为分布函数。

分布函数具有如下性质：

(1) $F(x)$ 是一个不减函数，即

$$F(x_2)-F(x_1)\geqslant 0,\quad x_2>x_1 \tag{1.3.2}$$

(2)
$$0\leqslant F(x)\leqslant 1 \tag{1.3.3}$$

(3)
$$F(-\infty)=0, F(+\infty)=1 \tag{1.3.4}$$

(4) 若 $F(x_0)=0$，则对任何 $x<x_0$，有 $F(x_0)=0$。

(5)
$$P(X>x)=1-F(x) \tag{1.3.5}$$

(6) 函数 $F(x)$ 是右连续的，即

$$F(x^+)=F(x) \tag{1.3.6}$$

(7) 对于任意实数 x_1、$x_2(x_1<x_2)$，有

$$P(x_1<X\leqslant x_2)=F(x_2)-F(x_1) \tag{1.3.7}$$

(8) $P(X=x)=F(x)-F(x^-)$ (1.3.8)

(9) $P(x_1\leqslant X\leqslant x_2)=F(x_2)-F(x_1^-)$ (1.3.9)

对于连续型随机变量，其分布函数是连续的，在这种情况下，

$$F(x)=F(x^-) \tag{1.3.10}$$

所以对于任意 x 都有

$$P(X=x)=0 \tag{1.3.11}$$

对离散型随机变量，分布函数是阶梯型的。设 x_i 表示 $F(x)$ 的不连续点，则

$$F(x_i)-F(x_i^-)=P(X=x_i)=p_i \tag{1.3.12}$$

这时 X 的统计特性由它的取值 x_i 及取值概率 p_i 确定，也即由概率分布律确定。分布函数可表示为

$$F(x)=\sum_i p_i U(x-x_i) \tag{1.3.13}$$

其中，$p_i=P(X=x_i)$，$U(\cdot)$ 为单位阶跃函数。由式（1.3.13）可以看出，离散型随机变量的分布函数是阶梯型函数，阶梯的跳变点位于随机变量的取值点，跳变的高度等于随机变量取该值的概率。

比如（0，1）分布的随机变量 X(见图 1.1)，其分布函数为

$$F(x)=P(X\leqslant x)=\begin{cases}0, & x<0\\ 1/2, & 0\leqslant x<1\\ 1, & x\geqslant 1\end{cases} \tag{1.3.14}$$

如果 X 的概率分布既不是连续的，也不是离散的，那么称 X 为混合型随机变量。

随机变量 X 的分布函数的导数定义为它的概率分布密度，简称为概率密度或分布密度，记为 $f(x)$，即

$$f(x)=\frac{\mathrm{d}F(x)}{\mathrm{d}x} \tag{1.3.15}$$

由概率密度定义及分布函数的性质，可以得出概率密度的性质：

(1) $f(x)\geqslant 0$，即概率密度是非负的函数。

(2) $\int_{-\infty}^{+\infty} f(x)\mathrm{d}x=1$，即概率密度函数与横轴 x 所围成的面积为 1。

(3) $P(x_1<X\leqslant x_2)=F(x_2)-F(x_1)=\int_{x_1}^{x_2} f(x)\mathrm{d}x$，这说明随机变量 X 落在区间 $(x_1, x_2]$ 上的概率等于图 1.2 中阴影区的面积。从这条性质也可以看出，对于连续型随机变量，有 $P(X=x)=0$。

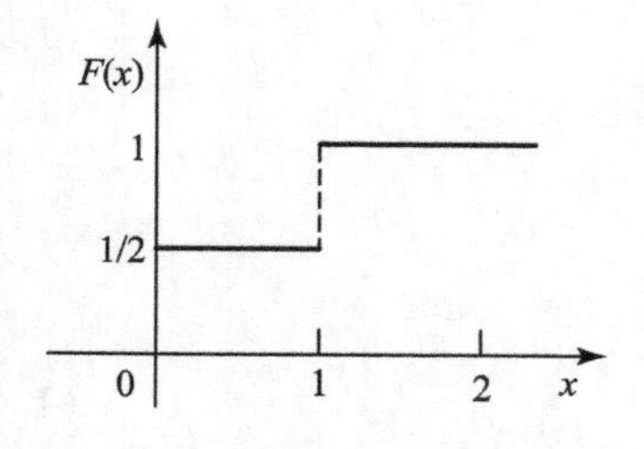

图 1.1 （0，1）分布的分布函数

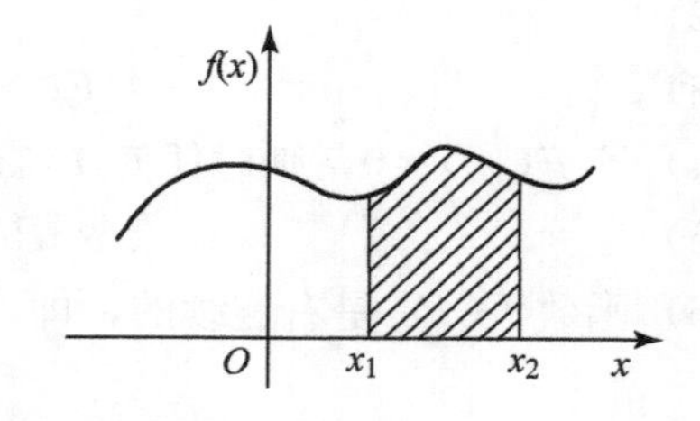

图 1.2 随机变量落入区间（x_1，x_2）的概率

对于离散型随机变量，由于它的概率分布函数是阶梯型，那么它的概率密度函数是一串 δ 函数之和，δ 函数出现在随机变量的取值点，强度为取该值的概率，即

$$f(x)=\sum_i p_X(i)\delta(x-x_i)=\sum_i p_i\delta(x-x_i) \tag{1.3.16}$$

其中 x_i 为离散型随机变量 X 的取值，$p_i=P(X=x_i)$。

下面介绍常见的几种连续型随机变量分布。

1. 正态分布

若随机变量 X 的概率密度为

$$f(x)=\frac{1}{\sqrt{2\pi}\sigma}\exp\left[-\frac{(x-\mu)^2}{2\sigma^2}\right] \tag{1.3.17}$$

其中，μ、σ 为常数，则称 X 服从正态分布，正态分布通常也简记为 $N(\mu,\sigma^2)$。均值为 0，方差为 1 的正态分布 $N(0,1)$ 称为标准正态分布。正态分布随机变量的概率密度是一个高斯曲线，所以又称为高斯随机变量。$N(0,1)$ 正态分布概率密度曲线如图 1.3 所示。

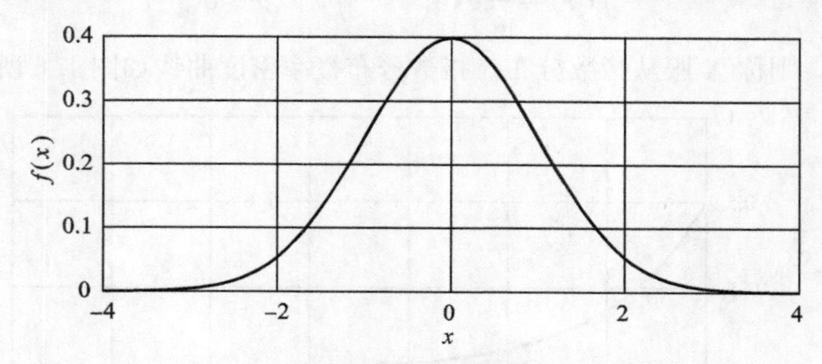

图 1.3　$N(0,1)$ 正态分布的概率密度

正态分布函数为

$$F(x)=\int_{-\infty}^{x}\frac{1}{\sqrt{2\pi}\sigma}\exp\left[-\frac{(x-\mu)^2}{2\sigma^2}\right]\mathrm{d}x \tag{1.3.18}$$

标准正态分布函数通常用 $\Phi(x)$ 表示，即

$$\Phi(x)=\int_{-\infty}^{x}\frac{1}{\sqrt{2\pi}}\exp\left(-\frac{x^2}{2}\right)\mathrm{d}x \tag{1.3.19}$$

2. 均匀分布

如果随机变量 X 的概率密度函数为

$$f(x)=\begin{cases}\dfrac{1}{b-a}, & a<x<b\\ 0, & \text{其他}\end{cases} \tag{1.3.20}$$

则称 X 在区间 (a,b) 上服从均匀分布。均匀分布概率密度曲线如图 1.4 所示。

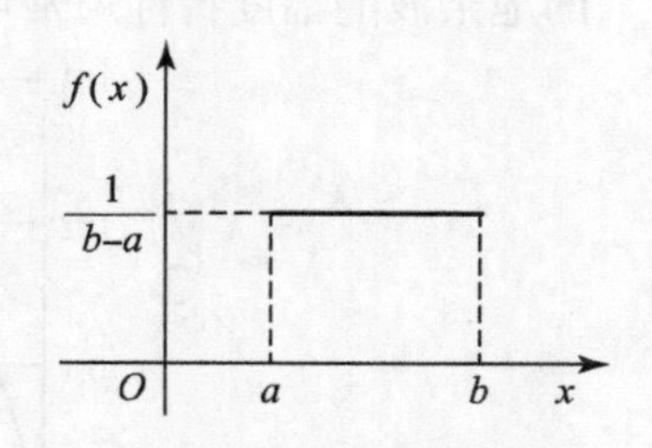

图 1.4　均匀分布概率密度

3. 瑞利分布

如果随机变量 X 的概率密度函数为

$$f(x)=\frac{x}{\sigma^2}\exp\left(-\frac{x^2}{2\sigma^2}\right),\quad x\geqslant 0 \tag{1.3.21}$$

其中，σ 为常数，则称 X 服从瑞利分布。瑞利分布概率密度曲线如图 1.5 所示。

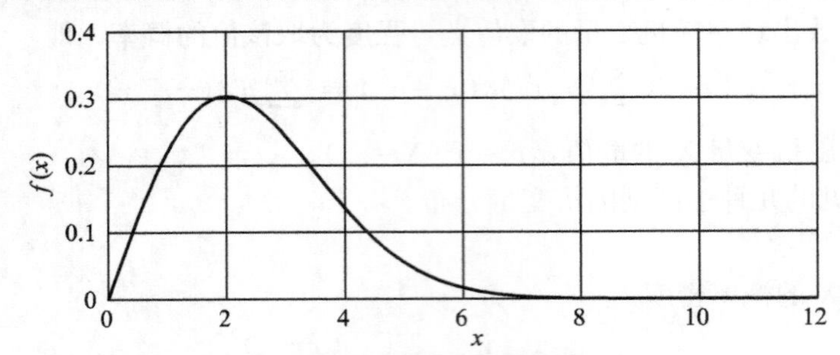

图 1.5　瑞利分布概率密度（σ=2）

4. 指数分布

如果随机变量 X 的概率密度函数为

$$f(x)=\frac{1}{u}\exp\left(-\frac{x}{u}\right),\quad x>0 \tag{1.3.22}$$

其中，u 为常数，则称 X 服从指数分布。指数分布概率密度曲线如图 1.6 所示。

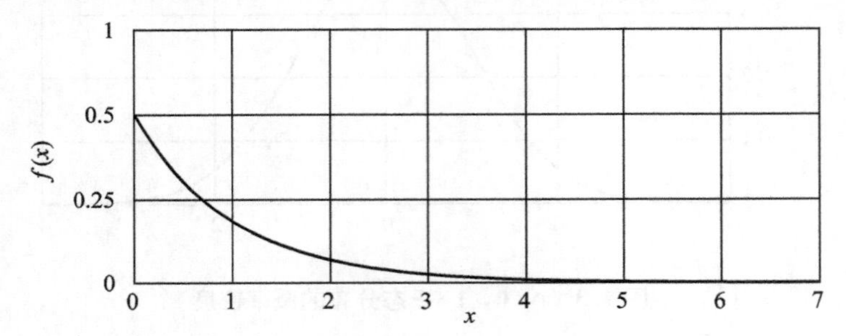

图 1.6　指数分布概率密度（u=2）

5. 韦伯分布

如果随机变量 X 的概率密度函数为

$$f(x)=\begin{cases}\dfrac{a}{b}\left(\dfrac{x}{a}\right)^{b-1}\exp\left[-\left(\dfrac{x}{a}\right)^{b}\right], & x\geqslant 0\\ 0, & x<0\end{cases} \tag{1.3.23}$$

其中，a、b 为常数，则称 X 服从韦伯分布，参数 a 称为尺度参数，b 称为形状参数。雷达的地杂波的幅度特性通常可以用韦伯分布来描述，韦伯分布概率密度曲线如图 1.7 所示。

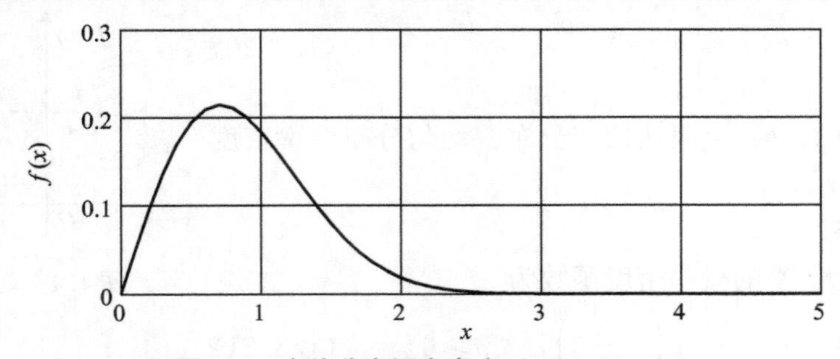

图 1.7　韦伯分布概率密度（a=1，b=2）

6. 对数正态分布

如果随机变量 X 的概率密度函数为

$$f(x)=\begin{cases}\dfrac{1}{x\sqrt{2\pi}\sigma}\exp\left[-\dfrac{\ln^2(x/m)}{2\sigma^2}\right], & x\geqslant 0\\ 0, & x<0\end{cases} \tag{1.3.24}$$

其中，m、σ 均为非负的常数，则称 X 服从对数正态分布。雷达的海杂波的幅度特性通常可以用对数正态分布来描述，对数正态分布概率密度曲线如图 1.8 所示。

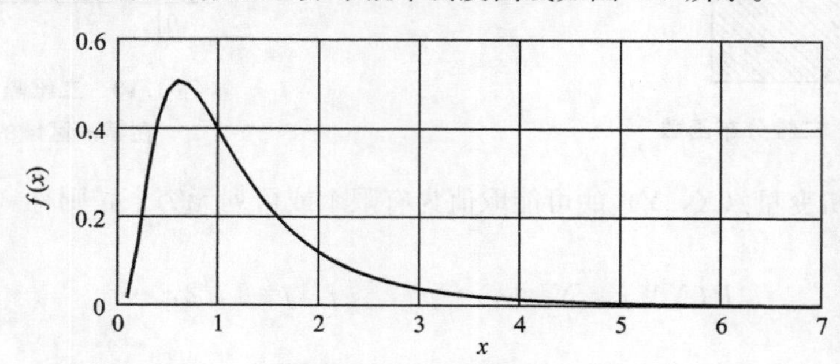

图 1.8　对数正态分布概率密度（$m=1$，$\sigma=1$）

1.4　多维随机变量

在实际中，试验结果通常需要用多个随机变量才能加以描述，例如回波信号的幅度和相位需要两个不同的随机变量来描述。由多个随机变量构成的矢量称为多维随机变量或随机矢量。

1.4.1　二维随机变量

设随机试验 E 的样本空间 $S=\{e\}$，$X=X(e)$ 和 $Y=Y(e)$ 是定义在样本空间 S 上的两个随机变量，由 X 和 Y 构成的矢量（X，Y）称为二维随机变量或二维随机矢量。

1. 二维分布函数

设 x、y 为任意实数，那么二维随机变量（X，Y）的分布函数定义为

$$F(x, y)=P(X\leqslant x, Y\leqslant y) \tag{1.4.1}$$

二维随机变量（X，Y）的取值（x，y）可以看作平面上的一个点，那么二维分布函数就是二维随机变量（X，Y）的取值落在图 1.9 所示的阴影区域的概率。

二维随机变量的分布函数具有下列性质：

(1) $0\leqslant F(x, y)\leqslant 1$。

(2) 分布函数满足 $F(-\infty, y)=0$，$F(x, -\infty)=0$，$F(-\infty, -\infty)=0$，$F(\infty, \infty)=1$。

(3) $F(x, \infty)=F_X(x)$，$F(\infty, y)=F_Y(y)$。

$F_X(x)$ 和 $F_Y(y)$ 称为边缘分布，即随机变量 X 和 Y 的分布，由二维分布函数可以求出一维分布函数。

(4) 对于任意的（x_1，y_1）和（x_2，y_2），且 $x_2>x_1$，$y_2>y_1$，则

$$P(x_1<X\leqslant x_2;\ y_1<Y\leqslant y_2)=F(x_2, y_2)-F(x_2, y_1)-F(x_1, y_2)+F(x_1, y_1) \tag{1.4.2}$$

式（1.4.2）给出了利用二维分布函数计算二维随机变量在某一区域的概率的方法，如图1.10所示。

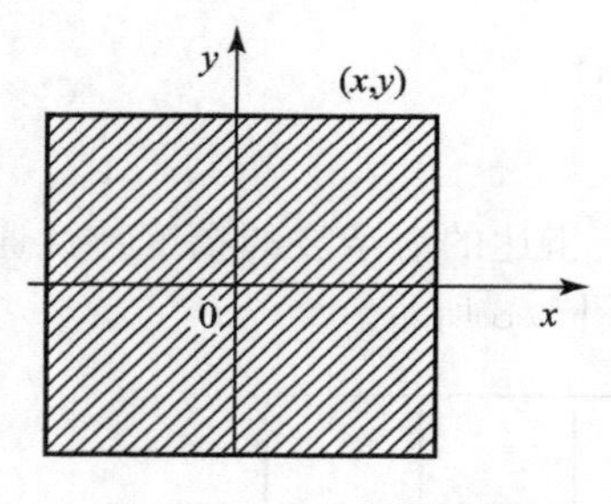

图1.9　二维分布函数

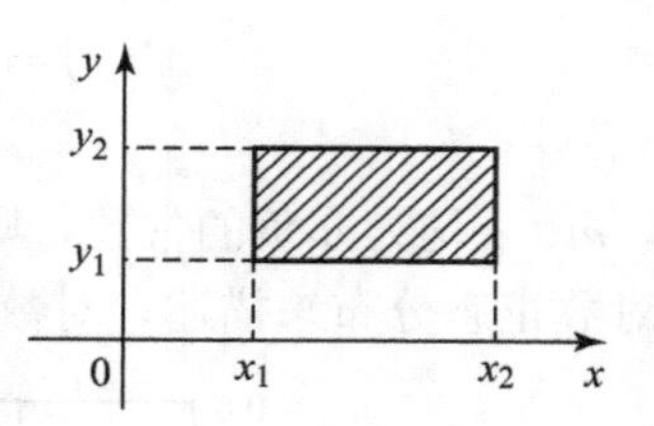

图1.10　二维随机变量落在某一区域的概率

如果二维随机变量（X，Y）的可能取值为有限个或可列无穷个，则称（X，Y）为离散型随机变量。设

$$P(X=x_i,\ Y=y_i)=p_{ij},\quad i,\ j=1,\ 2,\ \cdots \tag{1.4.3}$$

那么

$$\sum_i \sum_j p_{ij} = 1$$

$P(X=x_i,\ Y=y_j)=p_{ij}$称为（X，Y）的联合概率分布列或简称为分布列。

2. 二维概率密度

对二维随机变量（X，Y）的分布函数$F(x,\ y)$，如果存在二阶偏导数

$$f(x,\ y)=\frac{\partial^2 F(x,\ y)}{\partial x\,\partial y} \tag{1.4.4}$$

则定义$f(x,\ y)$为（X，Y）的二维联合概率密度，简称为二维概率密度。

二维概率密度具有以下性质：

（1）$f(x,\ y)\geqslant 0$，即概率密度是非负的函数。

（2）
$$F(x,\ y)=\int_{-\infty}^{x}\int_{-\infty}^{y} f(x,\ y)\mathrm{d}x\mathrm{d}y$$

$$\int_{-\infty}^{+\infty}\int_{-\infty}^{+\infty} f(x,\ y)\mathrm{d}x\mathrm{d}y = F(\infty,\ \infty) = 1 \tag{1.4.5}$$

（3）边缘概率密度可由二维概率密度求得

$$f_X(x)=\int_{-\infty}^{+\infty} f(x,\ y)\mathrm{d}y,\ f_Y(y)=\int_{-\infty}^{+\infty} f(x,\ y)\mathrm{d}x \tag{1.4.6}$$

（4）设G是$x-y$平面上的一个区域，则二维随机变量（X，Y）的取值落在该区域的概率为

$$P\{(X,\ Y)\in G\}=\iint_G f(x,\ y)\mathrm{d}x\mathrm{d}y \tag{1.4.7}$$

1.4.2　条件分布

设X为一随机变量，A是一随机事件，定义

$$F(x|A)=P\{X\leqslant x|A\} \tag{1.4.8}$$

为随机变量X在事件A发生时的条件分布函数，对应的条件概率密度定义为条件分布函数

的导数，即

$$f(x|A)=\frac{\mathrm{d}F(x|A)}{\mathrm{d}x} \tag{1.4.9}$$

由概率的特性，式（1.4.8）可以写成

$$F(x|A)=\frac{P\{X\leqslant x,\ A\}}{P\{A\}} \tag{1.4.10}$$

设有二维随机变量（X，Y），令 $A=\{X=x\}$，定义

$$F_{Y|X}(y|x)=P\{Y\leqslant y|X=x\} \tag{1.4.11}$$

为随机变量 Y 在 $X=x$ 时的条件分布函数，或称为 Y 对 X 的条件分布函数。相应地定义

$$f_{Y|X}(y|x)=\frac{\partial F_{Y|X}(y|x)}{\partial y} \tag{1.4.12}$$

为随机变量 Y 在 $X=x$ 时的条件概率密度，或称为 Y 对 X 的条件概率密度。

可以证明

$$f_{Y|X}(y|x)=\frac{f(x,\ y)}{f_X(x)},\ f_{X|Y}(x|y)=\frac{f(x,\ y)}{f_Y(y)} \tag{1.4.13}$$

于是有

$$f(x,\ y)=f_{X|Y}(x|y)f_Y(y)=f_{Y|X}(y|x)f_X(x) \tag{1.4.14}$$

如果

$$f(x,\ y)=f_X(x)f_Y(y) \tag{1.4.15}$$

则称随机变量 X 和 Y 是相互独立的。

1.4.3　多维分布

下面将二维分布的一些结论直接推广到多维的情况。

1. 多维分布函数

设有 n 维随机变量（X_1，X_2，…，X_n），定义

$$F(x_1,\ x_2,\ \cdots,\ x_n)=P(X_1\leqslant x_1,\ X_2\leqslant x_2,\ \cdots,\ X_n\leqslant x_n) \tag{1.4.16}$$

为 n 维随机变量的 n 维分布函数。n 维分布函数具有下列性质：

（1）$F(x_1,\ x_2,\ \cdots,\ -\infty,\ \cdots,\ x_n)=0$，其中 $x_i=-\infty(i=1,\ 2,\ \cdots,\ n)$。

（2）$F(\infty,\ \infty,\ \cdots,\ \infty)=1$。

（3）$F(\infty,\ \infty,\ \cdots,\ \infty,\ x_m,\ x_{m+1},\ \cdots,\ x_n)=F(x_m,\ x_{m+1},\ \cdots,\ x_n)$。

2. 多维概率密度

若 n 维分布函数的 n 阶混合偏导数存在，那么定义

$$f(x_1,\ x_2,\ \cdots,\ x_n)=\frac{\partial^n F(x_1,\ x_2,\ \cdots,\ x_n)}{\partial x_1\,\partial x_2\cdots\partial x_n} \tag{1.4.17}$$

为 n 维随机变量的 n 维概率密度。显然

$$F(x_1,\ x_2,\ \cdots,\ x_n)=\int_{-\infty}^{x_1}\int_{-\infty}^{x_2}\cdots\int_{-\infty}^{x_n}f(x_1,\ x_2,\ \cdots,\ x_n)\mathrm{d}x_1\mathrm{d}x_2\cdots\mathrm{d}x_n \tag{1.4.18}$$

对于 n 维随机变量，其取值落在区域 G 内的概率可表示为

$$P\{(X_1,\ X_2,\ \cdots,\ X_n)\in G\}=\iint\limits_G f(x_1,\ x_2,\ \cdots,\ x_n)\mathrm{d}x_1\mathrm{d}x_2\cdots\mathrm{d}x_n \tag{1.4.19}$$

3. 多维条件概率密度

对于 n 维随机变量（X_1，X_2，…，X_n），在 X_{k+1}，X_{k+2}，…，X_n 的取值为 x_{k+1}，x_{k+2}，…，x_n 的条件下，X_1，X_2，…，X_k 的条件概率密度为

$$f(x_1, x_2, \cdots, x_k | x_{k+1}, x_{k+2}, \cdots, x_n)=\frac{f(x_1, x_2, \cdots, x_n)}{f(x_{k+1}, x_{k+2}, \cdots, x_n)} \tag{1.4.20}$$

显然，n 维概率密度与条件概率密度之间有如下关系：

$$f(x_1, x_2, \cdots, x_n)=f(x_1)f(x_2|x_1)f(x_3|x_1, x_2)\cdots f(x_n|x_1, x_2, \cdots, x_{n-1}) \tag{1.4.21}$$

如果

$$f(x_1, x_2, \cdots, x_n)=f(x_1)f(x_2)\cdots f(x_n) \tag{1.4.22}$$

则称 n 个随机变量 X_1，X_2，…，X_n 是相互独立的。

1.5 随机变量的数字特征

随机变量的分布函数或概率密度反映了随机变量取值的规律，它们是随机变量统计特性完整的描述，但在实际中可能很难确定随机变量的分布函数或概率密度，这时可以用随机变量的数字特征来描述随机变量的统计特性。常用的数字特征有均值、方差、协方差、相关系数等。

1.5.1 均值

随机变量 X 的均值也称为数学期望，定义为

$$E(X)=\int_{-\infty}^{+\infty} xf(x)\mathrm{d}x \tag{1.5.1}$$

对于离散型随机变量，假定随机变量 X 有 N 个可能取值，各个取值的概率为 $p_i=P(X=x_i)$，则均值定义为

$$E(X)=\sum_{i=1}^{N} x_i p_i \tag{1.5.2}$$

式（1.5.2）表明，离散型随机变量的均值等于随机变量的取值乘以取值的概率之和，如果取值是等概率的，那么均值就是取值的算术平均值，如果取值不是等概率的，那么均值就是概率加权和，所以，均值也称为统计平均值。

均值具有如下性质：

（1）$E(cX)=cE(X)$，其中 c 为常数。

（2）$E(X_1+X_2+\cdots+X_n)=E(X_1)+E(X_2)+\cdots+E(X_n)$，即 n 个随机变量之和的均值等于各随机变量均值之和。

（3）如果随机变量 X 和 Y 相互独立，则 $E(XY)=E(X)E(Y)$，如果 $E(XY)=0$，称随机变量 X 和 Y 是正交的。

1.5.2 方差

随机变量 X 的方差定义为

$$D(X)=E\{[X-E(X)]^2\} \tag{1.5.3}$$

由数学期望的性质可知，式（1.5.3）可表示为

$$D(X)=E(X^2)-E^2(X) \tag{1.5.4}$$

方差反映了随机变量 X 的取值偏离其均值的偏离程度或分散程度，$D(X)$ 越大，则 X 的取值越分散。

随机变量的方差具有如下性质：

(1) $D(c)=0$，c 为常数。

(2) $D(cX)=c^2D(X)$，c 为常数。

(3) 对于 n 个相互独立的随机变量 X_1，X_2，…，X_n，有

$$D(X_1+X_2+\cdots+X_n)=D(X_1)+D(X_2)+\cdots+D(X_n)$$

1.5.3　协方差与相关系数

对于二维随机变量，均值和方差不能反映它们之间的相互关系，为此引入协方差和相关系数两个数字特征。

设有两个随机变量 X 和 Y，定义

$$\mathrm{Cov}(X, Y)=E\{[X-E(X)][Y-E(Y)]\} \tag{1.5.5}$$

为 X 与 Y 的协方差。式（1.5.5）也可表示为

$$\mathrm{Cov}(X, Y)=E(XY)-E(X)E(Y) \tag{1.5.6}$$

相关系数则定义为

$$r_{XY}=\frac{\mathrm{Cov}(X, Y)}{\sqrt{D(X)D(Y)}} \tag{1.5.7}$$

相关系数具有如下性质：

(1) $|r_{XY}|\leqslant 1$。

(2) 当 X 与 Y 相互独立时，$r_{XY}=0$。

(3) $|r_{XY}|=1$ 的充分必要条件是 X 与 Y 以概率 1 线性相关，即 $P\{Y=aX+b\}=1$，a，b 为常数。

(4) $[E(XY)]^2\leqslant E(X^2)E(Y^2)$，称该不等式为许瓦兹（Schwartz）不等式。

相关系数是描述两个随机变量相互关系的一个数字特征，如果 $r_{XY}=0$，则称 X 与 Y 是不相关的，如果 $|r_{XY}|=1$，则称 X 与 Y 是完全相关的。显然，如果 X 与 Y 是相互独立的，则也必定是不相关的，但反过来不一定成立。

对于多维随机变量，随机变量之间的相关性可以用协方差矩阵来描述。设 n 维随机变量 $(X_1, X_2, \cdots, X_n)$，称矩阵

$$\boldsymbol{K}=\begin{bmatrix} k_{11} & k_{12} & \cdots & k_{1n} \\ k_{21} & k_{22} & \cdots & k_{2n} \\ \vdots & \vdots & & \vdots \\ k_{n1} & k_{n2} & \cdots & k_{nn} \end{bmatrix} \tag{1.5.8}$$

为协方差矩阵，其中

$$k_{ij}=\mathrm{Cov}(X_i, X_j)=E\{[X_i-E(X_i)][X_j-E(X_j)]\} \tag{1.5.9}$$

由于 $k_{ij}=k_{ji}$，所以协方差矩阵是对称矩阵，对于 N 个相互独立的随机变量，协方差矩阵为对角阵。

1.5.4 矩

均值和方差是随机变量一、二阶的数字特征，更高阶的数字特征可用矩来反映。随机变量的矩分原点矩和中心矩。

设 X 为随机变量，均值为 m_X，那么称

$$E[X^k] \qquad k=1, 2, \cdots \tag{1.5.10}$$

为 X 的 k 阶原点矩，而称

$$E[(X-m_X)^k] \qquad k=1, 2, \cdots \tag{1.5.11}$$

为 X 的 k 阶中心矩。

对于两个随机变量，可以类似地定义混合矩。设 X、Y 均为随机变量，均值分别为 m_X、m_Y，那么称

$$E[X^kY^l] \qquad k, l=1, 2, \cdots \tag{1.5.12}$$

为 $k+l$ 阶混合矩，而称

$$E[(X-m_X)^k(Y-m_Y)^l] \qquad k=1, 2, \cdots \tag{1.5.13}$$

为 $k+l$ 阶混合中心矩。

1.6 随机变量的函数

设有随机变量 X，定义一个新的随机变量

$$Y=g(X) \tag{1.6.1}$$

称随机变量 Y 是随机变量 X 的函数，其中 $g(X)$ 为实函数。

上述函数关系的含义是：在随机试验 E 中，设样本空间为 $S=\{e\}$，对每一个试验结果 e_i，对应于 X 的某个取值 $X(e_i)$，相应地指定一个 $Y(e_i)$，且 $Y(e_i)$ 与 $X(e_i)$ 有如下关系：

$$Y(e_i)=g[X(e_i)]$$

很显然，Y 的概率特性与 X 是有关系的。

下面先讨论一维随机变量函数的分布，然后将结果推广到多维的情况。

1.6.1 一维随机变量函数的分布

首先考虑 $g(x)$ 是可导的单调函数，其反函数为 $x=g^{-1}(y)$，$g(x)$ 如图 1.11 所示。

如果 $g(x)$ 是单调上升函数，那么，

$$\begin{aligned} F_Y(y)&=P(Y\leqslant y)=P\{g(X)\leqslant y\} \\ &=P\{X\leqslant g^{-1}(y)\}=F_X(g^{-1}(y)) \end{aligned} \tag{1.6.2}$$

上式两边对 y 求导，得

$$f_Y(y)=f_X(g^{-1}(y))\frac{\mathrm{d}g^{-1}(y)}{\mathrm{d}y}=f_X(x)\frac{\mathrm{d}x}{\mathrm{d}y} \tag{1.6.3}$$

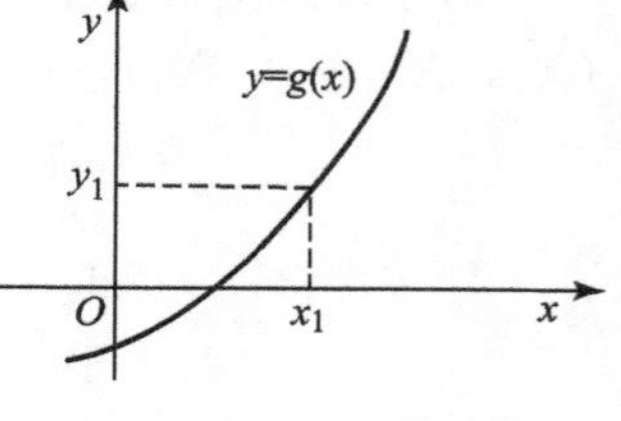

图 1.11 单调函数示意图

如果 $g(x)$ 是单调下降函数，那么

$$F_Y(y)=P(Y\leqslant y)=P\{g(X)\leqslant y\}=1-P\{X\leqslant g^{-1}(y)\}=1-F_X(g^{-1}(y)) \tag{1.6.4}$$

$$f_Y(y)=-f_X(g^{-1}(y))\frac{\mathrm{d}g^{-1}(y)}{\mathrm{d}y}=-f_X(x)\frac{\mathrm{d}x}{\mathrm{d}y}=f_X(x)\left|\frac{\mathrm{d}x}{\mathrm{d}y}\right| \tag{1.6.5}$$

综合式（1.6.3）和式（1.6.5），对于任意的单调函数 $g(x)$，都有

$$f_Y(y)=f_X(x)|J|_{x=g^{-1}(y)},\quad J=\frac{\mathrm{d}x}{\mathrm{d}y} \tag{1.6.6}$$

通常把 $J=\frac{\mathrm{d}x}{\mathrm{d}y}$ 称为雅可比（Jacobi）。

例题1　设随机变量 Y 与随机变量 X 的关系为 $Y=aX+b$，其中 a，b 为常数，X 的概率密度为 $f_X(x)$，求 Y 的概率密度。

解：由于 $y=ax+b$，所以 $J=\frac{\mathrm{d}x}{\mathrm{d}y}=\frac{1}{a}$，那么

$$f_Y(y)=f_X(x)|J|_{x=g^{-1}(y)}=f_X\left(\frac{y-b}{a}\right)\frac{1}{|a|}$$

如果 $X\sim N(m,\sigma^2)$，那么

$$f_Y(y)=f_X\left(\frac{y-b}{a}\right)\frac{1}{|a|}=\frac{1}{\sqrt{2\pi}\sigma}\exp\left[-\frac{\left(\frac{y-b}{a}-m\right)^2}{2\sigma^2}\right]\frac{1}{|a|}$$

$$=\frac{1}{\sqrt{2\pi}|a|\sigma}\exp\left[-\frac{(y-ma-b)^2}{2(a\sigma)^2}\right]$$

即 $Y\sim N(ma+b,a^2\sigma^2)$。

如果 $g(x)$ 不是单调函数，那么它的反函数就有多个值，即对于一个 y 值，有多个 x 值与之对应。例如，假定一个 y 值有两个 x 值 $x_1=h_1(y)$、$x_2=h_2(y)$ 与之对应，可以证明

$$f_Y(y)=f_X(x_1)\left|\frac{\mathrm{d}x_1}{\mathrm{d}y}\right|+f_X(x_2)\left|\frac{\mathrm{d}x_2}{\mathrm{d}y}\right|=f_X(x_1)|J_1|_{x_1=h_1(y)}+f_X(x_2)|J_2|_{x_2=h_2(y)} \tag{1.6.7}$$

其中，$J_1=\frac{\mathrm{d}x_1}{\mathrm{d}y}$，$J_2=\frac{\mathrm{d}x_2}{\mathrm{d}y}$。一般地，如果 $y=g(x)$ 有 n 个反函数 $h_1(y)$，…，$h_n(y)$，则

$$f_Y(y)=f_X(x_1)|J_1|+\cdots+f_X(x_n)|J_n| \tag{1.6.8}$$

其中，$x_1=h_1(y)$，…，$x_n=h_n(y)$，$J_k=\mathrm{d}x_k/\mathrm{d}y$，$k=1,2,\cdots,n$。

例题2　考虑一个平方律检波的例子，假定输入输出的关系为 $Y=bX^2$，$b>0$，求 Y 的概率密度。

解：由于 Y 的值不可能为负，故 $y<0$ 时，$f_Y(y)=0$。若 $y>0$，这时对于任意的 y，有两个 x 值与之对应，即

$$x_1=\sqrt{y/b},\ x_2=-\sqrt{y/b}$$

由于 $J_1=\frac{\mathrm{d}x_1}{\mathrm{d}y}=\frac{1}{2\sqrt{by}}$，$J_2=\frac{\mathrm{d}x_2}{\mathrm{d}y}=-\frac{1}{2\sqrt{by}}$，由式（1.6.7）可得

$$f_Y(y)=\frac{1}{2\sqrt{by}}[f_X(\sqrt{y/b})-f_X(-\sqrt{y/b})],\ y>0$$

1.6.2 多维随机变量函数的分布

把一维随机变量函数分布的结果推广到二维及多维随机变量函数的情况。

设有二维随机变量（X_1，X_2），其概率密度为 $f_{X_1X_2}(x_1, x_2)$，与二维随机变量（Y_1，Y_2）的关系为

$$\begin{cases} Y_1=g_1(X_1, X_2) \\ Y_2=g_2(X_1, X_2) \end{cases} \tag{1.6.9}$$

需要确定二维随机变量（Y_1，Y_2）的概率密度。

由于二维变换比一维变换要复杂得多，所以这里只考虑 g_1、g_2 为单值函数的情况，把式（1.6.6）推广到二维的情况，有

$$f_{Y_1Y_2}(y_1, y_2)=f_{X_1X_2}(x_1, x_2)|J| \tag{1.6.10}$$

其中

$$J=\frac{\partial(x_1,x_2)}{\partial(y_1,y_2)}=\begin{vmatrix} \frac{\partial x_1}{\partial y_1} & \frac{\partial x_1}{\partial y_2} \\ \frac{\partial x_2}{\partial y_1} & \frac{\partial x_2}{\partial y_2} \end{vmatrix} \tag{1.6.11}$$

同理，对于多维随机变量函数，

$$\begin{gathered} Y_1=g_1(X_1, \cdots, X_n) \\ \vdots \\ Y_n=g_n(X_1, \cdots, X_n) \end{gathered} \tag{1.6.12}$$

$$f_{Y_1Y_2\cdots Y_n}(y_1, \cdots, y_n)=f_{X_1\cdots X_2}(x_1, \cdots, x_n)|J| \tag{1.6.13}$$

其中

$$J=\frac{\partial(x_1,\cdots,x_n)}{\partial(y_1,\cdots,y_n)}=\begin{vmatrix} \frac{\partial x_1}{\partial y_1} & \cdots & \frac{\partial x_1}{\partial y_n} \\ \vdots & & \vdots \\ \frac{\partial x_n}{\partial y_1} & \cdots & \frac{\partial x_n}{\partial y_n} \end{vmatrix} \tag{1.6.14}$$

例题 3 设有两个随机变量 X_1 与 X_2，求它们和、差的概率密度。

解：设

$$\begin{gathered} Y_1=X_1+X_2 \\ Y_2=X_1-X_2 \end{gathered}$$

对应的反函数关系为

$$\begin{gathered} x_1=(y_1+y_2)/2 \\ x_2=(y_1-y_2)/2 \end{gathered}$$

则

$$J=\frac{\partial(x_1,x_2)}{\partial(y_1,y_2)}=\begin{vmatrix} \frac{\partial x_1}{\partial y_1} & \frac{\partial x_1}{\partial y_2} \\ \frac{\partial x_2}{\partial y_1} & \frac{\partial x_2}{\partial y_2} \end{vmatrix}=\begin{vmatrix} \frac{1}{2} & \frac{1}{2} \\ \frac{1}{2} & -\frac{1}{2} \end{vmatrix}=-\frac{1}{2}$$

$$f_{Y_1Y_2}(y_1, y_2) = f_{X_1X_2}(x_1, x_2)|J| = \frac{1}{2}f_{X_1X_2}[(y_1+y_2)/2, (y_1-y_2)/2]$$

$$f_{Y_1}(y_1) = \int_{-\infty}^{+\infty} f_{Y_1Y_2}(y_1, y_2)\mathrm{d}y_2 = \frac{1}{2}\int_{-\infty}^{+\infty} f_{X_1X_2}[(y_1+y_2)/2, (y_1-y_2)/2]\mathrm{d}y_2$$

在上式中做变量替换，令 $u=(y_1+y_2)/2$，那么两个随机变量之和的概率密度为

$$f_{Y_1}(y_1) = \int_{-\infty}^{+\infty} f_{X_1X_2}(u, y_1-u)\mathrm{d}u$$

如果 X_1 与 X_2 互相独立，那么

$$f_{Y_1}(y_1) = \int_{-\infty}^{+\infty} f_{X_1}(u)f_{X_2}(y_1-u)\mathrm{d}u$$

即两个独立随机变量之和的概率密度为两个概率密度的卷积。

同理可得

$$f_{Y_2}(y_2) = \int_{-\infty}^{+\infty} f_{Y_1Y_2}(y_1, y_2)\mathrm{d}y_1 = \frac{1}{2}\int_{-\infty}^{+\infty} f_{X_1X_2}[(y_1+y_2)/2, (y_1-y_2)/2]\mathrm{d}y_1$$

做变量替换经整理后可得两个随机变量之差的概率密度为

$$f_{Y_2}(y_2) = \int_{-\infty}^{+\infty} f_{X_1X_2}(u, u+y_1)\mathrm{d}u$$

1.6.3　随机变量函数的数字特征

设随机变量 X 和 Y 的函数关系为 $Y=g(X)$，那么 Y 的数学期望为

$$m_Y = E(Y) = \int_{-\infty}^{+\infty} yf_Y(y)\mathrm{d}y \tag{1.6.15}$$

假定 $g(\cdot)$ 是单调函数，那么由式（1.6.5）得

$$E(Y) = \int_{-\infty}^{+\infty} yf_Y(y)\mathrm{d}y = \int_{-\infty}^{+\infty} g(x)f_X(x)\mathrm{d}x \tag{1.6.16}$$

即

$$E(g(X)) = \int_{-\infty}^{+\infty} g(x)f_X(x)\mathrm{d}x \tag{1.6.17}$$

由式（1.6.17）可以看出，计算 Y 的数学期望不需要计算 Y 的概率密度，只需要已知 X 的概率密度就行了。如果 $g(\cdot)$ 不是单调函数，仍可按式（1.6.17）计算均值。

用类似的方法可以确定随机变量函数的方差：

$$D(Y) = E\{[g(X)-E(g(X))]^2\} = \int_{-\infty}^{+\infty} [g(x)-m_Y]^2 f(x)\mathrm{d}x \tag{1.6.18}$$

同理，如果随机变量 Y 是二维随机变量（X_1，X_2）的函数，即 $Y=g(X_1, X_2)$，那么 Y 的数学期望为

$$m_Y = E(Y) = E[g(X_1, X_2)] = \int_{-\infty}^{+\infty} g(x_1, x_2)f_{X_1X_2}(x_1, x_2)\mathrm{d}x_1\mathrm{d}x_2 \tag{1.6.19}$$

Y 的方差为

$$\begin{aligned} D(Y) &= E\{[g(X_1, X_2)-E(g(X_1, X_2))]^2\} \\ &= \int_{-\infty}^{+\infty} [g(x_1, x_2)-m_Y]^2 f_{x_1x_2}(x_1, x_2)\mathrm{d}x_1\mathrm{d}x_2 \end{aligned} \tag{1.6.20}$$

习 题

1.1 离散随机变量 X 由 0，1，2，3 四个样本组成，相当于四元通信中的四个电平，四个样本的取值概率顺序为 1/2，1/4，1/8 和 1/8。求随机变量的数学期望和方差。

1.2 设连续随机变量 X 的概率分布函数为

$$F(x)=\begin{cases}0, & x<0\\ 0.5+A\sin\left[\dfrac{\pi}{2}(x-1)\right], & 0\leqslant x<2\\ 1, & x\geqslant 2\end{cases}$$

求（1）系数 A；（2）X 取值在（0.5，1）内的概率 $P(0.5<x<1)$。

1.3 试确定下列各式是否为连续随机变量的概率分布函数，如果是概率分布函数，求其概率密度。

（1）$F(x)=\begin{cases}1-e^{-\frac{x}{2}}, & x\geqslant 0\\ 0, & x<0\end{cases}$；

（2）$F(x)=\begin{cases}0, & x<0\\ Ax^2, & 0\leqslant x<1\\ 1, & x\geqslant 1\end{cases}$；

（3）$F(x)=\dfrac{x}{a}[u(x)-u(x-a)],\quad a>0$；

（4）$F(x)=\dfrac{x}{a}u(x)-\dfrac{a-x}{a}u(x-a),\quad a>0$。

1.4 随机变量 X 在 $[\alpha,\beta]$ 上均匀分布，求它的数学期望和方差。

1.5 设随机变量 X 的概率密度为 $f_X(x)=\begin{cases}1, & 0\leqslant x<1\\ 0, & \text{其他}\end{cases}$，求 $Y=5X+1$ 的概率密度函数。

1.6 设随机变量 X_1，X_2，…，X_n 在 $[a,b]$ 上均匀分布，且互相独立。若 $Y=\sum\limits_{i=1}^{n}X_i$，求

（1）$n=2$ 时，随机变量 Y 的概率密度；

（2）$n=3$ 时，随机变量 Y 的概率密度。

1.7 设随机变量 X 的数学期望和方差分别为 m 和 σ，求随机变量 $Y=-3X-2$ 的数学期望、方差及 X 和 Y 的相关矩。

1.8 已知二维随机变量（X_1，X_2）的联合概率密度为 $f_{X_1X_2}(x_1,x_2)$，随机变量（X_1，X_2）与随机变量（Y_1，Y_2）的关系由下式唯一确定

$$\begin{cases}X_1=a_1Y_1+b_1Y_2\\ X_2=c_1Y_1+d_1Y_2\end{cases}\qquad \begin{cases}Y_1=aX_1+bX_2\\ Y_2=cX_1+dX_2\end{cases}$$

证明：（Y_1,Y_2）的联合概率密度为

$$f_{Y_1Y_2}(y_1,\ y_2)=\frac{1}{|ad-bc|}f_{X_1X_2}(a_1y_1+b_1y_2,\ c_1y_1+d_1y_2)$$

1.9　随机变量 X，Y 的联合概率密度为 $f_{XY}(x,y)=A\sin(x+y)$，　$0\leqslant x$，$y\leqslant\frac{\pi}{2}$。

求：(1) 系数 A；(2) X，Y 的数学期望；(3) X，Y 的方差；(4) X，Y 的相关矩及相关系数。

第 2 章
随机信号及时域分析

信号是随时间、空间或其他某个参量变化的物理量，可以描述极为广泛的物理现象。按照信号出现的方式，可以将其分为两大类：确定信号和随机信号。

随机信号理论是随机数学的一个重要分支，产生于 20 世纪的初期，布朗运动和热噪声是随机信号的最早例子。随机信号理论是研究随机现象变化信号的概率规律性的理论，目前已广泛应用于社会科学、自然科学和工程技术的各个领域，例如现代电子技术、现代通信、自动控制、系统工程的可靠性工程、市场经济的预测和控制、随机服务系统的排队论、生物医学工程、人口的预测和控制等，具有重要的实用意义。

随机信号是与确定性信号相对立的一个概念。从信息论的观点，对接收者来讲只有信号表现出某种不可预测性才可能蕴涵信息。但随机信号并不是说都是完全不可预测的，由于产生该信号的系统或传输媒质的限制，一般随机信号往往都表现出部分可预测性，比如在事件发生以前我们可以知道它的取值范围，或者某一具体时刻取某个值的可能值（概率）及起伏速率的上限等。

2.1 随机信号的基本概念及特征

2.1.1 随机信号的定义和分类

1. 随机信号的基本概念

随机信号是与确定性信号相对应的。关于确定性信号的理论在信号与系统课程中进行了充分研究，引入了一些概念，如傅里叶变换、激励、响应，而在随机信号的分析中必须引入一些新的概念，如遍历性、时间平均、功率谱和时间相关等。

如果每次试验（观测）所得到的观测信号都相同，都是一个关于时间 t 的确定函数，具有确定的变化规律，那么这样的信号就是确定性信号。反之，如果每次试验（观测）得到的观测信号都不同，是不同的关于时间 t 的函数，没有确定的变化规律，这样的信号称为随机信号。

随机试验所研究的随机现象，其所有可能结果，都可以利用概率空间上的随机变量或随机向量的取值来定量表示。随机变量本质上相应于某个随机试验的一次观察结果，随机向量也只对应于某个多维随机试验的一次观察结果。有时这些随机变量会随着某些参量变化，或者说是某些参量的函数。

在概率论中，所研究的随机变量在试验中的结果与每次试验 ξ 有关而与时间 t 无关。在实际中，经常会遇到随机变量在试验中的结果不仅与每次试验 ξ 有关，而且与时间 t 有关。这样的随机变量的集合就构成了随机信号，可记为 $X(\xi, t)$。

通信信号中的随机信号和噪声均可归纳为依赖于时间参数 t 的随机信号。这种信号的基本特征是，它是时间 t 的函数，但在任一时刻观察到的值却是不确定的，是一个随机变量。或者，它可看成是一个由全部可能实现构成的总体，每个时间都是一个确定的时间函数，而随机性就体现在出现哪一个实现是不确定的。下面给出随机信号的定义。

定义 1：设随机试验的样本空间 $S=\{\xi\}$，如果对于空间的每个样本 ξ，总有一个时间函数 $X(t, \xi)$ 与之对应（$t\in T$），对于空间的所有样本 $\xi\in S$，可有一族时间函数 $X(t, \xi)$ 与其对应，则这一族时间函数称为随机信号。

从定义 1 可以看出，随机信号是一组样本函数的集合，这是随机变量定义的推广，在随机变量的定义中，是将样本空间的元素映射成实轴上的一个点，而随机信号则是将样本空间的元素映射成一个随时间变化的函数。

如图 2.1 所示，用示波器来观察记录某个接收机输出的噪声点波形，由于接收机内部元件如电阻、晶体管等会发热产生热噪声，经过放大后，在输出端会有电压输出，假定在第一次观测中示波器观测记录到一条波形为 $x_1(t)$，而在第二次观测中记录到的波形是 $x_2(t)$，第三次观测中记录到的波形是 $x_3(t)$，…，每次观测记录到的波形都是不相同的，而在某次观测中究竟会记录到一条什么样的波形，事先不能预知，由所有可能的结果 $x_1(t)$，$x_2(t)$，$x_3(t)$ …构成了 $X(t)$。

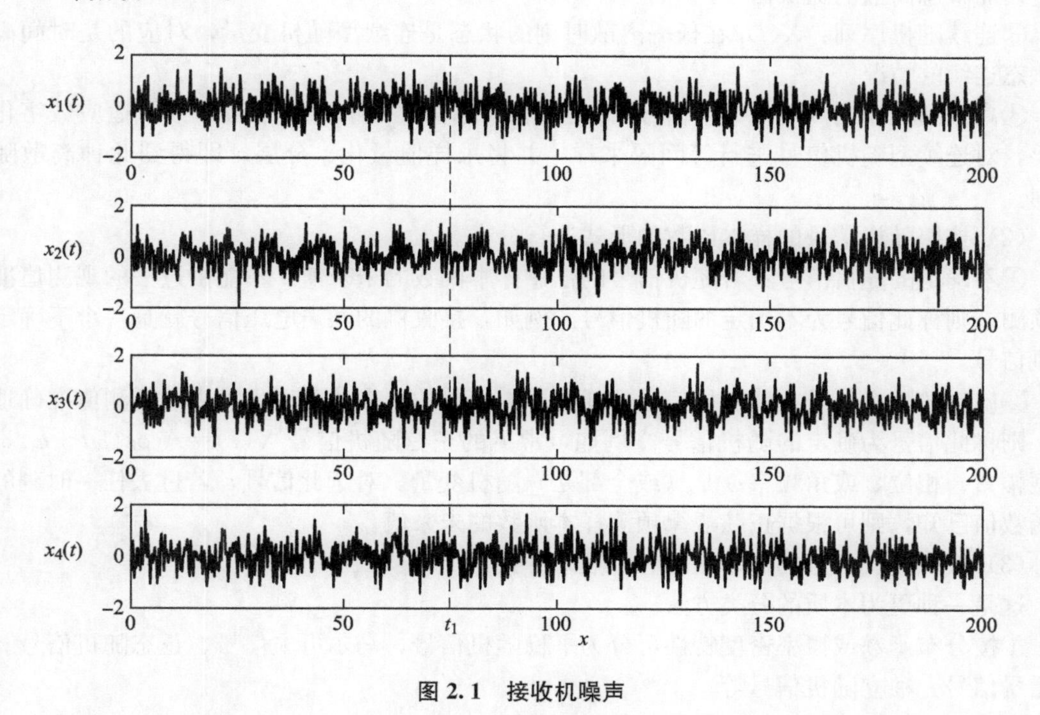

图 2.1　接收机噪声

定义 2：若对于每个任意给定的时间 $t_i(i=1, 2, \cdots)$，$X(\xi, t_i)$ 都是随机变量，则称 $X(\xi, t)$ 为随机信号。

从定义 2 可以看出随机信号是依赖于时间参量变化的随机变量的总体或集合。

如图 2.1 所示，对应于某个时刻 t_1，$x_1(t)$、$x_2(t)$、$x_3(t)$ …取值各不相同，也就是说，$X(t_1)$ 的可能取值是 $x_1(t_1)$、$x_2(t_1)$、$x_3(t_1)$、…，在 t_1 时刻究竟取哪个值是不能预知的，故 $X(t_1)$ 是一个随机变量。同理，在 t_k 时，$X(t_k)$ 也是一个随机变量，可见 $X(t)$ 是由许多随机变量构成的。

以上两种定义从不同的角度来描述随机信号，但本质是相同的，互为补充。在对随机信号做实际观测时，常用定义 1，随着观测次数的增加，所得的样本数目也越多，则越能掌握随机信号的统计规律。在对随机信号做理论分析时，常用定义 2，这样随着采样间隔的减小，所得的维数就变大，则越能掌握随机信号的统计规律。

2. 随机信号的分类

随机信号的种类很多，不同的标准，便得到不同的分类方法，下面列出随机信号按照不同特性的几种分类方法。

(1) 按随机信号 $X(t)$ 的时间和状态 [称 $X(t_1)$ 为 $X(t)$ 在 $t=t_1$ 时的状态] 是连续还是离散来分类，可分成以下 4 类。

①连续型随机信号：$X(t)$ 对于任意的 $t_1\in T$，$X(t_1)$ 都是连续型随机变量，也就是时间和状态都是连续的情况，信号的状态是一个连续型的随机变量，各样本函数也是时间 t 的一个连续函数。

②离散型随机信号：$X(t)$ 对于任意的 $t_1\in T$，$X(t_1)$ 都是离散型随机变量，也就是时间连续而状态离散的随机信号。

③连续随机序列：$X(t)$ 在任一离散时刻的状态是连续型随机变量，对应的是时间离散而状态连续的情况。

④离散随机序列（随机数字信号）：时间和状态都离散的随机信号，为了适应数字化的需要，对连续型随机信号进行等间隔采样，并将采样值量化、分层，即得到此种离散随机序列。

(2) 按照随机信号的样本函数的形式进行分类。

①不确定的随机信号：若随机信号的任意样本函数的未来值，不能由过去的观测值准确地预测，则称此信号为不确定的随机信号。例如，接收机的噪声电压信号就是一个不确定的随机信号。

②确定的随机信号：若随机信号的任意样本函数的未来值可以由过去的观测值准确地预测，则称此信号为确定的随机信号。例如，常见的正弦随机信号 $X(t)=A\cos(\omega t+\varphi)$，式中振幅 A、相位 φ 或角频率 ω 是（或全部是）随机变量。对于此信号，若过去任一时刻的样本函数值已知，则可根据正弦规律预测样本函数的未来值。

(3) 按照随机信号的概率结构和特性来分类。

这是一种更为本质的分类方法。

①按分布函数或概率密度特性可分为平稳随机信号、马尔可夫信号、正态随机信号、独立增量信号、独立随机信号等。

②按照遍历性可分为遍历信号和非遍历信号。

③按照平稳性可分为平稳信号和非平稳信号。

④按照随机信号的功率谱密度特性可分为宽带信号和窄带信号，白色信号和非白色信号。

下面给出两个随机信号的例子。

例题 1　二元传输信号。

用无数次投掷硬币的随机试验来定义一个随机信号 $X(t)$：

$$X(t)=\begin{cases}-1, & \text{第 } n \text{ 次投掷出现正面} \\ 1, & \text{第 } n \text{ 次投掷出现反面}\end{cases} \quad (n-1)T\leqslant t<T$$

$X(t)$ 称为半二元传输信号，如图 2.2 所示，很显然，半二元传输信号是离散型随机信号，它在任意时刻只有两个状态，即 1 和−1。

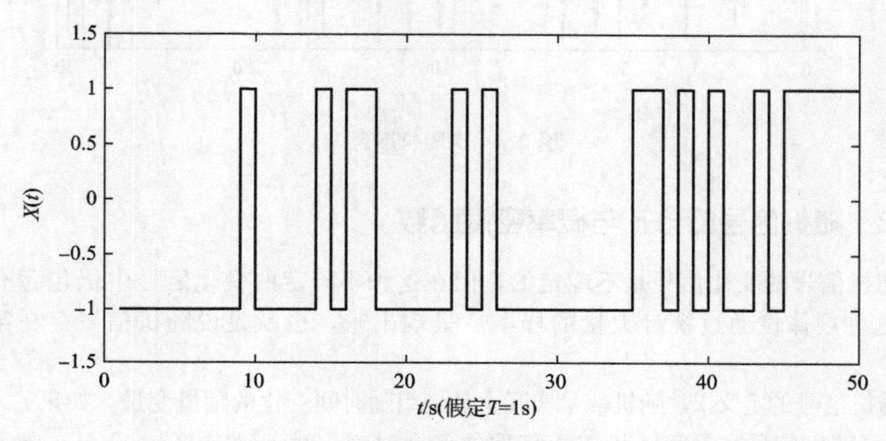

图 2.2　半随机二元传输信号

例题 2　分析伪随机序列。

按如下等式产生一个伪随机序列

$$x(n+1)=(11y(n)+11117)(\text{mod}32768)$$

$$y(n)=x(n)/M$$

下面是产生该伪随机序列的 Matlab 程序：

```
lamda= 11;
M= 32768;
x(1)= 19;
for n= 1:200
    x(n+ 1)= (mod(lamda* x(n)+ 11117,M));
end
plot(x/M);
xlabel('n');
ylabel('x(n)');
axis([0,200,0,1]);
```

结果如图 2.3 所示。

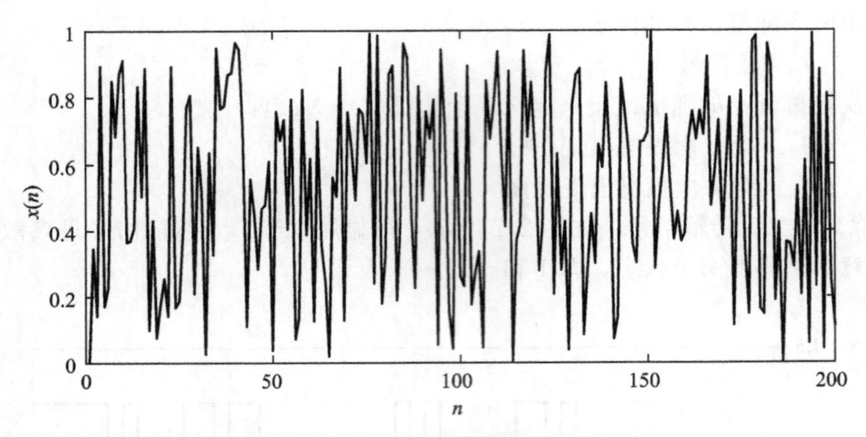

图 2.3　伪随机序列

2.1.2　随机信号的分布与概率密度函数

虽然随机信号的变化信号是不确定的，但在这种不确定的变化信号中仍包含有规律性的因素，这种规律性通过统计大量的样本后呈现出来，也就是说随机信号存在某些统计规律。

根据随机信号的定义 2，随机信号实际上是一组随时间变化的随机变量。如果 t_1，t_2，…，$t_n\{t_i\in T\}$ 是随机信号在时间区间 T 上任取的 n 个时刻，对于确定的 t_i，$X(t_i)$ 是一维随机变量。对所有的 $t_i(i=1, 2, \cdots, n)$，得到 n 维的随机变量 $\{X(t_1), X(t_2), \cdots, X(t_n)\}$。如果 n 取得足够大、时间取得充分小，就可以用 n 维随机变量近似表示一个随机信号。这样，可以将概率论中的多维随机变量的结论用于随机信号中，也就是通过研究随机变量的统计特性来研究随机信号的统计特性。不仅可以通过随机变量的分布律来描述随机信号的分布律，也可用随机变量的数字特征来描述随机信号的数字特征。

1. 一维概率分布和概率密度函数

在任意时刻 t，随机信号 $X(t)$ 对应一维随机变量。类似一维随机变量的定义，随机信号的一维概率分布函数定义为

$$F_X(x; t)=P\{X(t)\leqslant x\} \tag{2.1.1}$$

因此，$F_X(x; t)$ 是 t 时刻的随机变量直至 x 的累积概率值。

若 $F_X(x; t)$ 的偏导数存在，则称

$$f_X(x; t)=F'(x; t)=\frac{\partial F(x; t)}{\partial x} \tag{2.1.2}$$

为随机信号的一维概率密度函数。

随机信号的一维概率分布是随机信号最简单的统计特性，它只能反映随机信号在各个孤立时刻的统计规律，但不能反映随机信号在各个不同时刻状态之间的联系。

例题 3　设随机振幅信号 $X(t)=Y\cos\omega_0 t$，其中 ω_0 是常数，Y 是均值为 0、方差为 1 的正态随机变量，求 $t=0$，$\frac{2\pi}{3\omega_0}$，$\frac{\pi}{2\omega_0}$时 $X(t)$ 的概率密度，以及任意时刻 t，$X(t)$ 的一维概率密度。

解：当 $t=0$ 时，$X(0)=Y$，由于 Y 是均值为零、方差为 1 的正态随机变量，所以

$$f_X(x;\ 0)=\frac{1}{\sqrt{2\pi}}\exp(-x^2/2)$$

当 $t=\frac{2\pi}{3\omega_0}$ 时，

$$X\left(\frac{2\pi}{3\omega_0}\right)=-\frac{1}{2}Y$$

根据随机变量函数的概率密度函数计算公式

$$f_X\left(x;\ \frac{2\pi}{3\omega_0}\right)=f_Y(y)\,|J|_{y=-2x}$$

由于 $|J|=2$，所以

$$f_X\left(x;\ \frac{2\pi}{3\omega_0}\right)=\sqrt{\frac{2}{\pi}}\exp(-2x^2)$$

当 $t=\frac{\pi}{2\omega_0}$ 时，

$$X\left(\frac{\pi}{2\omega_0}\right)=0,\ f_X\left(x;\ \frac{\pi}{2\omega_0}\right)=\delta(x)$$

一般而言，对于任意的时刻 t，随机变量 $X(t)$ 是随机变量 Y 的函数，所以，如果 $\cos\omega_0 t\neq 0$，则

$$f_X(x;\ t)=f_Y(y)\,|J|_{y=\frac{x}{\cos\omega_0 t}}$$

由于 $J=\frac{1}{\cos\omega_0 t}$，所以

$$f_X(x;\ t)=\frac{1}{\sqrt{2\pi}\,|\cos\omega_0 t|}\exp\left[-\frac{1}{2}\left(\frac{x}{\cos\omega_0 t}\right)^2\right]$$

如果 $\cos\omega_0 t=0$，即 $t=\left(\pm k+\frac{1}{2}\right)\frac{\pi}{\omega_0}$，则

$$f_X\left(x;\ \left(\pm k+\frac{1}{2}\right)\frac{\pi}{\omega_0}\right)=\delta(x)$$

2. 二维概率分布和概率密度函数

一维分布律只表征随机信号在一个固定时刻 t 上的统计特性，若要更全面地了解随机信号的统计特性，还需研究随机信号的二维分布律乃至多维分布律。

在任意两个时刻 t_1、t_2，随机信号 $X(t)$ 对应二维随机变量 $X(t_1)$、$X(t_2)$。类似二维随机变量的定义，随机信号的二维概率分布函数定义为

$$F_X(x_1,\ x_2;\ t_1,\ t_2)=P\{X(t_1)\leqslant x_1;\ X(t_2)\leqslant x_2\} \tag{2.1.3}$$

若 $F_X(x_1,\ x_2;\ t_1,\ t_2)$ 对 x_1，x_2 的二阶偏导数存在，则称

$$f_X(x_1,\ x_2;\ t_1,\ t_2)=\frac{\partial^2 F(x_1,\ x_2;\ t_1,\ t_2)}{\partial x_1\,\partial x_2} \tag{2.1.4}$$

为随机信号的二维概率密度函数。

随机信号的二维分布律不仅表征了随机信号在两个时刻上的统计特性，还可表征随机信

号两个时刻间的关联程度。通过计算边缘分布，由二维分布可以得出一维分布的结果，因此，二维分布比一维分布包含了更多的信息，对随机信号的阐述要更细致，但也更为复杂。但是，二维分布还不能反映随机信号在两个以上时刻的取值之间的联系，不能完整地反映出随机信号的全部统计特性。

3. n 维概率分布与概率密度函数

设 $\{X(t), t\in T\}$ 为随机信号，对任意固定的 $t_1, t_2, \cdots, t_n \in T$ 及实数 $x_1, x_2, \cdots, x_n \in R$，称

$$F_X(x_1, x_2, \cdots, x_n; t_1, t_2, \cdots, t_n)=P\{X(t_1)\leqslant x_1, X(t_2)\leqslant x_2, \cdots, X(t_n)\leqslant x_n\} \tag{2.1.5}$$

为随机信号 $\{X(t), t\in T\}$ 的 n 维分布函数。

若 $F_X(x_1, x_2, \cdots, x_n; t_1, t_2, \cdots, t_n)$ 对 $x_1, x_2, \cdots, x_n$ 的 n 阶混合偏导数存在，则称

$$f_X(x_1, x_2, \cdots, x_n; t_1, t_2, \cdots, t_n)=\frac{\partial^n F_X(x_1, x_2, \cdots, x_n; t_1, t_2, \cdots, t_n)}{\partial x_1 \partial x_2 \cdots \partial x_n} \tag{2.1.6}$$

为随机信号 $\{X(t), t\in T\}$ 的 n 维概率密度函数。

显然，n 维概率分布描述了随机信号在任意 n 个时刻的状态之间的联系，比其低维概率分布包含更多的信息，对信号描述更加细致。如果维数 n 越大，则 n 维分布函数可以越趋完善地描述随机信号的统计特性。

同多维随机变量一样，随机信号 $X(t)$ 的 n 维概率分布具有下列主要性质：

(1) $F_X(x_1, x_2, \cdots, -\infty, \cdots, x_n; t_1, t_2, \cdots, t_i, \cdots, t_n)=0$;

(2) $F_X(\infty, \infty, \cdots, \infty; t_1, t_2, \cdots, t_n)=0$;

(3) $f_X(x_1, x_2, \cdots, x_n; t_1, t_2, \cdots, t_n)\geqslant 0$;

(4) $\int_{-\infty}^{\infty}\cdots\int_{-\infty}^{\infty} f_X(x_1, x_2, \cdots, x_n; t_1, t_2, \cdots, t_n)\mathrm{d}x_1\mathrm{d}x_2\cdots\mathrm{d}x_n = 1$;

(5) 如果 $X(t_1), X(t_2), \cdots, X(t_n)$统计独立，则有

$$f_X(x_1, x_2, \cdots, x_n; t_1, t_2, \cdots, t_n)=f_X(x_1; t_1)f_X(x_2; t_2)\cdots f_X(x_n; t_n)$$

2.1.3 随机信号的数字特征

虽然随机信号的多维分布律能够比较全面地描述整个信号的统计特征，但是，在实际应用中，要确定随机信号的概率分布族，常常比较困难，甚至是不可能的。此外，在许多实际应用中，往往研究几个常用的统计平均量，即数字特征就能满足要求。这样，对随机信号统计特性的研究，常常仅限于讨论几个重要的数字特征，比如数学期望、方差、相关函数等。它们既能描述随机信号的重要统计特征，又便于实际的测量和运算。

1. 数学期望值

对应于固定时刻 t 随机信号为一个随机变量，因此可以按通常定义随机变量一样的方法定义随机信号的数学期望值，只不过，这个数学期望值在一般情况下依赖于 t，且是 t 的确定函数，称此函数为随机信号的数学期望值，用 $m_X(t)$ 或 $E[X(t)]$表示，即

$$m_X(t)=E[X(t)]=\int_{-\infty}^{+\infty} x f_X(x;t)\mathrm{d}x \tag{2.1.7}$$

$m_X(t)$ 是一个随机信号各个样本的平均函数，随机信号就在它的附近起伏变化。直观上，$m_X(t)$ 表示随机信号的波动中心，如图 2.4 所示，当随机信号 $X(t)$ 表征的是接收机输出端的噪声电压时，则 $m_X(t)$ 表示噪声电压的统计平均值。

2. 均方值和方差

均方值

$$\psi_X^2(t)=E[X^2(t)]=\int_{-\infty}^{+\infty}x^2 f_X(x;t)\mathrm{d}x \tag{2.1.8}$$

方差

$$\sigma_X^2(t)=D[X(t)]=E\{[X(t)-m_X(t)]^2\} \tag{2.1.9}$$

方差是 t 的确定函数，它描述了随机信号诸样本函数围绕数学期望的分散程度，如图 2.4 所示。

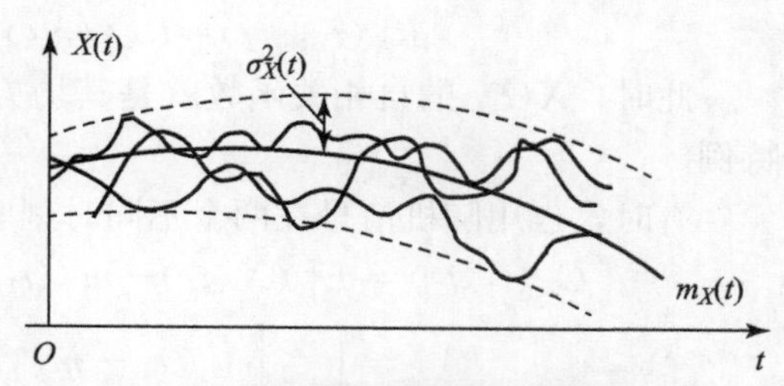

图 2.4　随机信号的数学期望和方差

方差的平方根称为随机信号的标准差，即 $\sigma_X(t)=\sqrt{\sigma_X^2(t)}$。

若 $X(t)$ 表示噪声电压，那么均方值就表示消耗在单位电阻上的瞬时功率的统计平均值，而方差则表示瞬时交流功率的统计平均值。

3. 自相关函数

数学期望和方差是描述随机信号在各个孤立时刻的重要数字特征。它们反映不出整个随机信号不同时间的内在联系。事实上，对于不同的随机信号，不同时刻之间的相关关系是有明显差别的。

如图 2.5 所示的两个随机信号，它们具有近似的均值和方差，但 $X(t)$ 的样本函数变化趋缓、平稳、规律性强，即 $X(t)$ 在任意两个时刻的函数值之间有较明显的相关性。而 $Y(t)$ 的样本函数变化激烈，波动性大，$Y(t)$ 在任意两个时刻的函数值之间的关系不明显，并且两个时刻间隔越大时，联系越弱。因此，必须引入描述随机信号在不同时刻之间相关程度的数字特征。

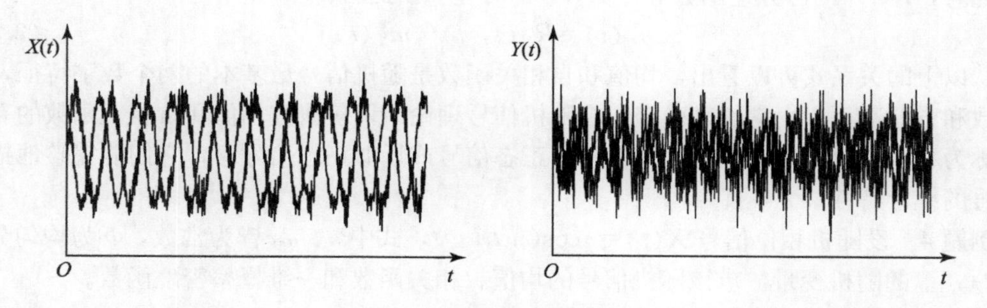

图 2.5　随机信号的相关性

“相关”是指对这些试验事件的大量选择进行平均后所存在的关系。

两个随机信号之间的相关性概念定义是基于统计平均的依存性。自相关函数就是用来描述随机信号任意两个不同时刻状态之间相关性的重要数字特征，自相关函数定义如下：

$$R_X(t_1, t_2) = E[X(t_1)X(t_2)] = \int_{-\infty}^{+\infty}\int_{-\infty}^{+\infty} x_1 x_2 f_X(x_1, x_2; t_1, t_2)\mathrm{d}x_1\mathrm{d}x_2 \quad (2.1.10)$$

上式就是随机信号 $X(t)$ 在两个不同时刻的取值之间的二阶混合原点矩。

随机信号的自相关函数具有如下性质：

（1）相关的概念表征了随机信号在两时刻之间的关联程度。

（2）同一时刻之间的相关性大于等于不同时刻之间的相关性。

（3）实际中的大多数随机信号，当两观察时刻越远，相应随机变量的相关性通常越弱。

（4）自相关函数具有功率的量纲。

如果 $t_1 = t_2 = t$ 时，则有

$$R_X(t_1, t_2) = R_X(t, t) = E[X(t)X(t)] = E[X^2(t)]$$

此时，$X(t)$ 的自相关函数就是其均方值，换言之，$X(t)$ 的均方值是其自相关函数的特例。

有时，也用随机信号在两个不同时刻取值的二阶混合中心矩来定义相关函数，定义：

$$\begin{aligned} C_X(t_1, t_2) &= E[(X(t_1) - m_X(t_1))(X(t_2) - m_X(t_2))] \\ &= \int_{-\infty}^{+\infty}\int_{-\infty}^{+\infty} (x_1 - m_X(t_1))(x_2 - m_X(t_2)) f_X(x_1, x_2; t_1, t_2)\mathrm{d}x_1\mathrm{d}x_2 \end{aligned} \quad (2.1.11)$$

为随机信号的自协方差函数，简称协方差函数。协方差函数描述了随机信号在任意两个不同时刻的起伏值之间的相关程度。

相关函数和协方差函数之间存在如下关系：

$$\begin{aligned} C_X(t_1, t_2) &= E[(X(t_1) - m_X(t_1))(X(t_2) - m_X(t_2))] \\ &= E[X(t_1)X(t_2)] - m_X(t_1)E[X(t_2)] - m_X(t_2)E[X(t_1)] + m_X(t_1)m_X(t_2) \\ &= R_X(t_1, t_2) - m_X(t_1)m_X(t_2) \end{aligned} \quad (2.1.12)$$

当取 $t_1 = t_2 = t$ 时，有

$$C_X(t_1, t_2) = C_X(t, t) = D[X(t)] = \sigma_X^2(t) \quad (2.1.13)$$

此时，$X(t)$ 的协方差函数等于 $X(t)$ 的方差。由此可得

$$\sigma_X^2(t) = R_X(t, t) - m_X^2(t) \quad (2.1.14)$$

从以上的关系式可以看出，均值和自相关函数是随机信号最基本的两个数字特征，协方差函数和方差都可以由它们来确定。在随机信号理论中，仅研究均值和自相关函数的有关理论，称为相关理论。特别是当随机信号为正态信号或近似正态信号时，它们能完整地描述这些信号的统计特性。

例题 4 设随机相位信号 $X(t) = a\cos(\omega_0 t + \Phi)$，式中 a、ω_0 皆为常数，Φ 为均匀分布在 $(0, 2\pi)$ 上的随机变量。求该随机信号的均值、相关函数和一维概率密度函数。

解：随机变量 Φ 的概率密度为

$$f_\Phi(\varphi) = \begin{cases} \dfrac{1}{2\pi}, & 0 < \varphi < 2\pi \\ 0, & \text{其他} \end{cases}$$

所以 $m_X(t) = E[X(t)] = E[a\cos(\omega_0 t + \Phi)] = a\int_0^{2\pi} \cos(\omega_0 t + \varphi)\dfrac{1}{2\pi}\mathrm{d}\varphi = 0$

$$
\begin{aligned}
R_X(t_1, t_2) &= E[X(t_1)X(t_2)] = E[a^2\cos(\omega_0 t_1+\Phi)\cos(\omega_0 t_2+\Phi)] \\
&= \int_0^{2\pi} a^2\cos(\omega_0 t_1+\varphi)\cos(\omega_0 t_2+\varphi)\frac{1}{2\pi}\mathrm{d}\varphi \\
&= \frac{a^2}{4\pi}\int_0^{2\pi}[\cos(\omega_0(t_2-t_1))+\cos(\omega_0(t_2+t_1)+2\varphi)]\mathrm{d}\varphi \\
&= \frac{a^2}{2}\cos(\omega_0 t_2-\omega_0 t_1) = \frac{a^2}{2}\cos\omega_0\tau, (\tau = t_2-t_1)
\end{aligned}
$$

由于在 $(0, 2\pi)$ 范围内，有满足 $0<\omega_0 t+\varphi\leqslant\pi$ 和 $\pi<\omega_0 t+\varphi<2\pi$ 的两个 φ 值使得 $x=a\cos(\omega_0 t+\varphi)$ 成立，所以利用随机变量函数的概率密度函数公式，有

$$
f_X(x; t)=f_\Phi(\varphi_1)|\varphi_1'(x)|+f_\Phi(\varphi_2)|\varphi_2'(x)|=\frac{f_\Phi(\varphi_1)}{|x'(\varphi_1)|}+\frac{f_\Phi(\varphi_2)}{|x'(\varphi_2)|}
$$

当 $|x|\leqslant a$ 时，有

$$
x'(\varphi)=-a\sin(\omega_0 t+\varphi)=-a\sqrt{1-\cos^2(\omega_0 t+\varphi)}=-a\sqrt{a^2-x^2}
$$

则

$$
f_X(x; t)=\frac{1}{2\pi\sqrt{a^2-x^2}}+\frac{1}{2\pi\sqrt{a^2-x^2}}=\frac{1}{\pi\sqrt{a^2-x^2}},\quad |x|<a
$$

从而得到 $X(t)$ 的一维概率密度函数为

$$
f_X(x; t)=\begin{cases}\dfrac{1}{\pi\sqrt{a^2-x^2}}, & |x|<a \\ 0, & \text{其他}\end{cases}
$$

2.2　随机信号的平稳性

随机信号可分为平稳和非平稳两大类，严格地说，所有信号都是非平稳的。但是，平稳信号的分析要容易得多，而且在电子系统中，如果产生一个随机信号的主要物理条件在时间的进程中不改变，或变化极小，可以忽略，则此信号可以认为是平稳的。

2.2.1　随机信号平稳性的判断

平稳随机信号 $X(t)$ 是在时间平移下概率性质不变的随机信号。这是为了对没有固定时间（空间）起点的物理系统现象进行描述而提出来的，概括了这些现象的基本特性。例如飞机沿某一高度水平飞行时受到湍流影响产生的随机波动、军舰在海浪中的颠簸、通信中的噪声等，都可用平稳随机信号进行描述。这类随机信号一方面受随机因素的影响产生波动，同时又有一定的惯性，使在不同时刻的波动特性基本保持不变。其统计特性是，任意有限维分布函数不随时间的推移而改变；当信号随时间的变化而产生随机波动时，其前后状态是相互联系的，即不但它当时的情况，而且它过去的情况对未来都有不可忽视的影响。按照描述平稳随机信号的统计特性的不同，平稳随机信号可分为严平稳随机信号和宽平稳随机信号。

1. 严平稳随机信号及其数字特征

定义：一个随机信号 $X(t)$，如果它的 n 维概率密度函数（或 n 维概率分布函数）

$f_X(x_1, x_2, \cdots, x_n; t_1, t_2, \cdots, t_n)$ 不随时间起点选择的不同而改变，就是说，对于任何的 n 和 τ，$X(t)$ 的 n 维概率密度函数满足

$$f_X(x_1, x_2, \cdots, x_n; t_1, t_2, \cdots, t_n)=f_X(x_1, x_2, \cdots, x_n; t_1+\tau, t_2+\tau, \cdots, t_n+\tau) \tag{2.2.1}$$

则称 $X(t)$ 为严（格）平稳随机信号（或狭义平稳随机信号）。

平稳随机信号的统计特性与所选取的时间起点无关。或者说，整个信号的统计特性不随时间的推移而改变。

通常按照式（2.2.1）来判定一个随机信号的平稳性是困难的。在实际中，如果产生随机信号的主要物理条件在时间进程中不变化，那么此信号就可以认为是平稳的。在无线电电子学的实际应用中所遇到的信号，有很多都可以认为是平稳随机信号。平稳信号和非平稳信号的简单例子是接收机的噪声电压。当接收机接通电源时，它的输出噪声电压是非平稳信号；而接收机稳态工作时，其输出噪声电压则是平稳信号。这时因为当接收机接通电源时，接收机内部的元器件中的电子热运动随温度升高逐渐加剧，其输出噪声必然是一个变化的信号；而当接收机结束瞬态信号进入稳态信号时，它的输出噪声仅取决于确定温度下的电子热运动，温度不变时则可认为是平稳信号。在这个例子中，温度就是影响接收机输出噪声的主要物理条件。在工程实践中，在很多问题的研究中往往也并不需要在所有时间都平稳，只要在所观测的有限时间内平稳即可。

随机信号的统计平稳性的研究具有十分重要的理论与实际意义。在观测平稳信号的相应统计特性时，可以不受观察时刻的影响。例如，测电阻热噪声的统计平均特性，假设它的统计平均是平稳的，那么在任何时刻进行测试，所得结果都是一样的，问题的分析和处理就变得简单而容易实施。

平稳随机信号的 n 维概率密度不随时间平移而变化的特性，反映在其一、二维概率密度及数字特征具有以下性质：

（1）若 $X(t)$ 为平稳信号，则它的一维概率密度与时间无关。

令式（2.2.1）中 $n=1$，$\tau=-t_1$，则有 $f_X(x_1; t_1)=f_X(x_1; t_1+\tau)=f_X(x_1; 0)=f_X(x_1)$。

这样 $X(t)$ 的均值、均方值和方差显然应与时间无关，可分别表示为

$$m_X=E[X(t)]=\int_{-\infty}^{\infty} x_1 f_X(x_1)\mathrm{d}x_1 \tag{2.2.2}$$

$$\psi_X^2=E[X^2(t)]=\int_{-\infty}^{\infty} x_1^2 f_X(x_1)\mathrm{d}x_1 \tag{2.2.3}$$

$$\sigma_X^2=D[X(t)]=\int_{-\infty}^{\infty} (x_1-m_X)^2 f_X(x_1)\mathrm{d}x_1 \tag{2.2.4}$$

（2）若 $X(t)$ 为平稳信号，则它的二维概率密度只与 t_1、t_2 的时间间隔有关，而与时间起点无关。

在式（2.2.1）中，令 $n=2$ 和 $\tau=-t_1$，$\eta=t_2-t_1$，则有

$$\begin{aligned} f_X(x_1, x_2; t_1, t_2)&=f_X(x_1, x_2; t_1+\tau, t_2+\tau) \\ &=f_X(x_1, x_2; 0, t_2-t_1)=f_X(x_1, x_2; \eta) \end{aligned} \tag{2.2.5}$$

这样，$X(t)$ 的相关函数仅与时间间隔有关，即

$$R_X(t_1,\ t_2)=E[X(t_1,\ t_2)]=\int_{-\infty}^{\infty}\int_{-\infty}^{\infty}x_1x_2f_X(x_1,\ x_2;\ \eta)\mathrm{d}x_1\mathrm{d}x_2=R_X(\eta) \quad (2.2.6)$$

同理可得自协方差函数为

$$C_X(t_1,\ t_2)=R_X(t_1,\ t_2)-m_X^2=C_X(\eta) \quad (2.2.7)$$

当 $t_1=t_2=t$ 时，$C_X(0)=R_X(0)-m_X^2=\sigma_X^2$。

要判定一个随机信号是严平稳的随机信号，需要按照式（2.2.1）来进行，通常是困难的。但要判定一个随机信号不是严平稳的随机信号，可以利用严平稳随机信号的性质，找出一个反例即可。常用的方法是：

①若 $X(t)$ 为严平稳随机信号，则 k 为任意正整数，$E[X^k(t)]$ 应与时间 t 无关。

②若 $X(t)$ 为严平稳随机信号，则对于任一时刻 t_0，$X(t_0)$具有相同的统计特性。

2. 宽平稳随机信号

在实际中，要确定一个对一切 n 都成立的随机信号概率密度函数族是十分困难的，因此，在工程上往往根据实际需要只在相关理论的范围内考虑平稳信号问题。所谓相关理论是指：只限于研究随机信号的一阶矩和二阶矩的理论。换言之，主要研究随机信号的数学期望、相关函数以及后续章节要讨论的功率谱密度等。

随机信号的一、二阶矩虽不能像多维概率分布那样全面地描述随机信号的统计特性，但它们在一定程度上相当有效地描述了随机信号的一些重要特性。以电子技术为例，若平稳信号 $X(t)$ 表示噪声电压（或电流），那么一、二阶矩可以给出噪声电压的瞬时统计平均值、统计平均值功率、瞬时功率统计平均值和瞬时交流统计平均值、功率的频率分布等重要参数。对很多实际工程技术而言，往往获得了这些参数，就能说明问题了。此外，工程技术中经常遇到的最重要的随机信号是高斯信号，对这类随机信号，只要给定数学期望和相关函数，它的多维概率密度就完全确定了。

定义：若随机信号 $X(t)$ 的均值函数与相关函数存在且满足

(1) $E[X(t)]=m_X$ 为常数；

(2) $R_X(t_1,\ t_2)=E[X(t_1)X(t_2)]=R_X(\tau)$，　$\tau=t_2-t_1$；

(3) $E[X^2(t)]=R_X(0)<\infty$。

则称 $X(t)$ 为宽平稳随机信号（或广义平稳随机信号），简称平稳信号。

由定义可知，条件（1）表明平稳信号的均值不随时间的推移而改变。条件（2）表明平稳信号在前后两个任意时刻的线性相关程度只依赖于这两个时刻之间的间隔，而与它们所在的位置无关。条件（3）表明平稳信号的均方值有界。宽平稳信号反映了一个系统处于稳态工作条件下的统计性质。

由于宽平稳随机信号的定义只涉及与一、二维概率密度有关的数字特征，所以一个严平稳信号只要均方值有界，就是广义平稳的。但反之则不一定。不过有个重要的例外，这就是高斯信号，因为它的概率密度函数可由均值和自相关函数完全确定，所以若均值与自相关函数不随时间平移而变化，则概率密度函数也不随时间的平移而变化。于是，一个广义平稳的高斯信号也必定是严平稳的。

例题 5　设随机信号 $Z(t)=X\sin t+Y\cos t$，其中 X 和 Y 是相互独立的二元随机变量，它们都分别以 2/3 和 1/3 的概率取 -1 和 2，试求：

(1) $Z(t)$ 的均值与自相关函数；

(2) 证明 $Z(t)$ 是宽平稳的，但不是严平稳的。

解：

$$E[X]=E[Y]=-1\times\frac{2}{3}+2\times\frac{1}{3}=0$$

$$E[X^2]=E[Y^2]=(-1)^2\times\frac{2}{3}+(2)^2\times\frac{1}{3}=2$$

$$E[XY]=E[X]E[Y]=0$$

$$m_Z(t)=E[Z(t)]=E[X]\sin t+E[Y]\cos t=0$$

$$\begin{aligned}R_Z(t_1,\ t_2)&=E[Z(t_1)Z(t_2)]=E[(X\sin t_1+Y\cos t_1)(X\sin t_2+Y\cos t_2)]\\&=E[X^2]\sin t_1\sin t_2+E[XY]\sin t_1\cos t_2+E[YX]\cos t_1\sin t_2+E[Y^2]\cos t_1\cos t_2\\&=2\cos(t_2-t_1)=2\cos\tau=R_Z(\tau)\end{aligned}$$

$$E[Z^2(t)]=R_Z(0)=2<\infty$$

所以 $Z(t)$ 是宽平稳的。

如果 $Z(t)$ 是严平稳的，则它的任意阶矩与时间 t 无关，所以下面考查 $Z(t)$ 的三阶矩。

$$\begin{aligned}E[Z^3(t)]=E[(X\sin t+Y\cos t)^3]=E[X^3]\sin^3 t+3E[X^2Y]\sin^2 t\cos t+\\3E[XY^2]\sin t\cos^2 t+E[Y^2]\cos^3 t\end{aligned}$$

因为

$$E[X^3]=E[Y^3]=(-1)^3\times\frac{2}{3}+2^3\times\frac{1}{3}=2$$

$$E[X^2Y]=E[X^2]E[Y]=0$$

$$E[XY^2]=E[X]E[Y^2]=0$$

因此

$$E[Z^3(t)]=2(\sin^3 t+\cos^3 t)$$

所以 $Z(t)$ 不是严平稳的。

例题 6 设随机信号 $X(t)=a\cos(\omega_0 t+\Phi)$，式中 a，ω_0 为常数，Φ 是在区间 $(0,\ 2\pi)$ 上均匀分布的随机变量，这种信号通常称为随相正弦波。求证 $X(t)$ 是宽平稳的。

证明：

$$E[X(t)]=\int_0^{2\pi}a\cos(\omega_0 t+\varphi)\frac{1}{2\pi}\mathrm{d}\varphi=0$$

$$\begin{aligned}R_X(t,t+\tau)&=E[a\cos(\omega_0 t+\Phi)a\cos(\omega_0(t+\tau)+\Phi)]\\&=\frac{a^2}{2}E[\cos\omega_0\tau+\cos(2\omega_0 t+\omega_0\tau+2\Phi)]\\&=\frac{a^2}{2}\cos\omega_0\tau\end{aligned}$$

$$E[X^2(t)]=\frac{a^2}{2}<\infty$$

可见，$X(t)$ 的均值为 0，自相关函数仅与 τ $(\tau=t_2-t_1)$ 有关，故 $X(t)$ 是宽平稳信号。

例题 7 设随机信号 $X(t)=Yt$，式中 Y 是随机变量。讨论 $X(t)$ 的平稳性。

解：

$$E[X(t)]=E[Yt]=E[Y]t=m_Y t$$

$$R_X(t_1,\ t_2)=E[Yt_1Yt_2]=t_1t_2E[Y^2]$$

该随机信号的均值与时间有关，自相关函数也与时间 t_1，t_2 的值有关，所以不是平稳信号。

例题 8　设有状态连续、时间离散的随机信号 $X(t)=\sin(2\pi At)$，式中 t 只能取整数值，即 $t=1$，2，…，式中的 A 是在（0，1）上均匀分布的随机变量。试讨论 $X(t)$ 的平稳性。

解：（1）可以证明 $X(t)$ 是宽平稳的。

$$E[X(t)]=E[\sin(2\pi At)]=\int_{-\infty}^{+\infty}\sin(2\pi at)p_A(a)\mathrm{d}a$$

$$=\int_0^1\sin(2\pi at)\mathrm{d}a=0$$

$$R_X(t_1,t_2)=E[X(t_1)X(t_2)]=\int_0^1\sin(2\pi at_1)\sin(2\pi at_2)\mathrm{d}a$$

$$=\frac{1}{2}\int_0^1\{\cos[2\pi(t_2-t_1)a]-\cos[2\pi(t_2+t_1)a]\}\mathrm{d}a$$

$$=\begin{cases}0.5, & t_1=t_2\\ 0, & t_1\neq t_2\end{cases}$$

所以，$X(t)$ 是宽平稳的。

（2）讨论 $X(t)$ 是否是严平稳的。

令 $t=t_1$ 信号的状态为 $x=\sin 2\pi t_1a_1=\sin(\pi-2\pi t_1a_1)$，这表明，信号的一维变量 x 与 a 是双值关系，于是可求得信号的一维概率密度为

$$p_X(x;\ t)=p(a_1)\left|\frac{\mathrm{d}a_1}{\mathrm{d}x}\right|+p(a_2)\left|\frac{\mathrm{d}a_2}{\mathrm{d}x}\right|=\frac{1}{\pi t\sqrt{1-x^2}}$$

可见，$X(t)$ 的一维概率密度与时间 t 有关，因此 $X(t)$ 只是宽平稳的，不是严平稳信号。

2.2.2　平稳随机信号相关函数的性质

数学期望和相关函数是随机信号的基本数字特征。对平稳信号而言，由于它的数学期望是常数，经中心化后为零，所以基本特征实际就是相关函数。相关函数不仅可以提供随机信号各随机变量（状态）间关联特性的信息，而且也是求助随机信号的功率谱密度以及从噪声中提取有用信息的工具。深入理解相关函数的性质将有助于深入研究平稳随机信号。

1. 自相关函数的性质

（1）$R_X(0)=E[X^2(t)]\geqslant 0$。

即自相关函数在 $\tau=0$ 处的值给出了平稳随机信号的均方值，它表示平稳信号的“平均功率”的统计值。

（2）$R_X(\tau)=R_X(-\tau)$。

即自相关函数具有对称性，是 τ 的偶函数。

证明：$R_X(\tau)=E[X(t)X(t+\tau)]=E[X(u)X(u-\tau)]=R_X(-\tau)$

同理可得

$$C_X(\tau)=C_X(-\tau)$$

（3）$R_X(0)\geqslant|R_X(\tau)|$。

即自相关函数在 $\tau=0$ 时具有最大值。应注意，这里并不排除在 $\tau\neq0$ 时，也有可能出现同样的最大值。

证明：任何正函数的数学期望值恒为非负值，即

$$E\{[X(t)\pm X(t+\tau)]^2\}\geqslant0$$

展开左边，有

$$E[X^2(t)\pm2X(t)X(t+\tau)+X^2(t+\tau)]\geqslant0$$

对于平稳信号，有

$$E[X^2(t)]=E[X^2(t+\tau)]=R_X(0)$$

代入前式，得

$$2R_X(0)\pm2R_X(\tau)\geqslant0$$

即

$$R_X(0)\geqslant|R_X(\tau)|$$

同理可证明协方差函数满足

$$C_X(0)\geqslant|X_X(\tau)|$$

（4）若平稳信号 $X(t)$ 满足条件 $X(t)=X(t+T)$，则称它为周期平稳随机信号，其中 T 为信号的周期。周期平稳信号的自相关函数必是周期函数，且它的周期与信号的周期相同。

证明：$R_X(\tau+T)=E[X(t)X(t+\tau+T)]=E[X(t)X(t+\tau)]=R_X(\tau)$

（5）若平稳信号 $X(t)$ 含有一个周期分量，那么 $R_X(\tau)$ 也将含有一个周期分量，且周期相同。

证明：设 $X(t)$ 的周期分量为 $X_1(t)$，其周期为 T，非周期分量为 $X_2(t)$，即

$$X(t)=X_1(t)+X_2(t)$$

从而有

$$\begin{aligned}R_X(\tau+T)&=E[X(t)X(t+\tau+T)]=E[(X_1(t)+X_2(t))(X_1(t+\tau+T)+X_2(t+\tau+T))]\\&=E[X_1(t)X_1(t+\tau+T)]+E[X_1(t)X_2(t+\tau+T)]+\\&\quad E[X_2(t)X_1(t+\tau+T)]+E[X_2(t)X_2(t+\tau+T)]\\&=R_{X_1}(\tau+T)+R_{X_1X_2}(\tau+T)+R_{X_2X_1}(\tau+T)+R_{X_2}(\tau+T)\end{aligned}$$

可见，$R_X(\tau+T)$ 中含有周期分量 $R_{X_1}(\tau)$。

（6）不包含任何周期分量的平稳信号 $X(t)$ 满足

$$\lim_{|\tau|\to\infty}R_X(\tau)=R_X(\infty)=m_X^2$$

证明：在物理意义上，随着 $|\tau|$ 增大，随机变量 $X(t)$ 与 $X(t+\tau)$ 之间相关性会逐渐减弱，在 $\tau\to\infty$ 的极限情况下，两者相互独立，于是有

$$\lim_{|\tau|\to\infty}R_X(\tau)=\lim_{|\tau|\to\infty}E[X(t)X(t+\tau)]=\lim_{|\tau|\to\infty}E[X(t)]E[X(t+\tau)]=m_X^2$$

同理有

$$\lim_{|\tau|\to\infty}C_X(\tau)=C_X(\infty)=0$$

（7）若平稳信号 $X(t)$ 含有平均分量（均值）m_X，则相关函数也将含有平均分量，并等于 m_X^2，而且在满足性质（6）的条件下，有

$$\sigma_X^2=R_X(0)-R_X(\infty)$$

证明：对于平稳信号 $X(t)$，有

$$C_X(\tau)=E[(X(t)-m_X)(X(t+\tau)-m_X)]=R_X(\tau)-m_X^2$$

所以有

$$R_X(\tau)=C_X(\tau)+m_X^2$$

即自相关函数含有平均分量，并等于 m_X^2。

由于

$$C_X(0)=R_X(0)-m_X^2=\sigma_X^2$$

在满足性质（6）的条件下，便有

$$\sigma_X^2=R_X(0)-R_X(\infty)$$

根据以上特性，可以画出一条典型的自相关函数的曲线，如图 2.6 所示。

（8）平稳信号 $X(t)$ 的自相关函数对所有的 ω 必须满足

$$\int_{-\infty}^{\infty}R_X(\tau)\mathrm{e}^{-\mathrm{j}\omega\tau}\mathrm{d}\tau\geqslant 0$$

这是因为平稳信号 $X(t)$ 的自相关函数的傅里叶变换是 $X(t)$ 的功率谱密度，而功率谱密度不能是负值，所以自相关函数的傅里叶变换在整个频率轴上应是非负的。

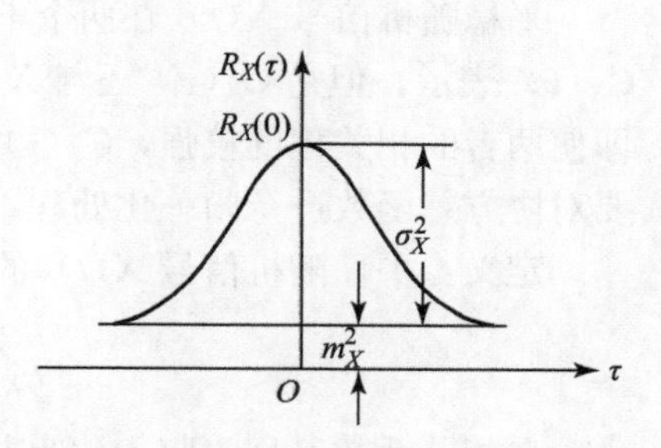

图 2.6　一般自相关函数示意图

这一条件的限制使自相关函数曲线图形不能有任意的形状，不能出现平顶、垂直边或者幅度上的任何不连续。

例题 9　平稳信号 $X(t)$ 的自相关函数为 $R_X(\tau)=36\mathrm{e}^{-20|\tau|}+36\cos 20\tau+36$，求 $X(t)$ 的均值、均方值和方差。

解：由于 $R_X(\tau)$ 为周期分量 $R_{X_1}(\tau)=36\cos 20\tau$ 和非周期分量 $R_{X_2}(\tau)=36\mathrm{e}^{-20|\tau|}+36$ 的组合，所以可以先分别求出周期分量和非周期分量的相应均值，然后通过相加获得 $X(t)$ 的均值。

对于 $R_{X_1}(\tau)$，根据性质（7）可知其均值为零。对于 $R_{X_2}(\tau)$，由性质（6）可得

$$m_{X_2}^2=R_{X_2}(\infty)=36,\ m_{X_2}=\pm\sqrt{R_{X_2}(\infty)}=\pm 6$$

故均值为

$$m_X=m_{X_1}+m_{X_2}=\pm 6$$

均方值为

$$E[X^2(t)]=R_X(0)=108$$

方差为

$$\sigma_X^2=R_X(0)-m_X^2=108-36=72$$

例题 10　判断图 2.7 中的函数曲线是否为平稳随机信号的正确的自相关函数曲线，并说明理由。

解：图 2.7（a）不能作为平稳随机信号的自相关函数，不满足偶函数性质的要求；图 2.7（b）不能作为平稳随机信号的自相关函数，不满足原点处最大性质的要求；图 2.7（c）不能作为平稳随机信号的自相关函数，不满足周期函数性质的要求。

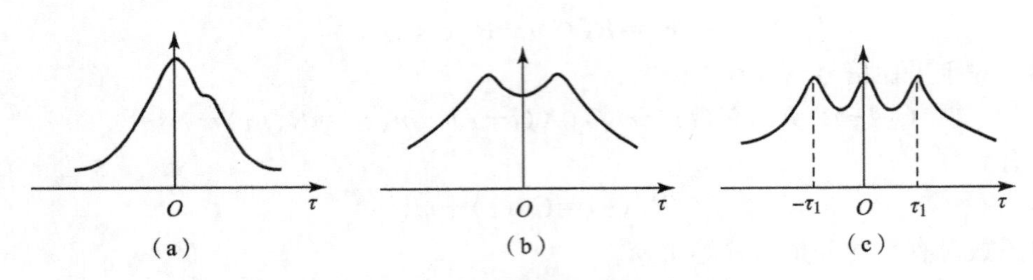

图 2.7　5 种不同函数曲线示意图

2. 平稳随机信号的相关系数和相关时间

1）自相关系数

平稳随机信号 $X(t)$ 在两个不同时刻 t 和 $t+\tau$ 的起伏值的关联程度，可以用协方差函数 $C_X(\tau)$ 表示，但是 $C_X(\tau)$ 还与 $X(t)$ 和 $X(t+\tau)$ 的强度有关，若 $X(t)$ 和 $X(t+\tau)$ 很小，即使两者的相关程度较强，$C_X(\tau)$ 也不会大，所以为了消除信号强度对 $C_X(\tau)$ 的影响，需要对协方差函数进行归一化处理，从而得到了信号 $X(t)$ 的自相关系数。

定义：平稳随机信号 $X(t)$ 的自相关系数由式（2.2.8）表示

$$\rho_X(\tau)=\frac{C_X(\tau)}{C_X(0)}=\frac{R_X(\tau)-m_X^2}{\sigma_X^2} \tag{2.2.8}$$

自相关系数又称为归一化自相关函数或标准自协方差函数，它确切表征平稳随机信号 $X(t)$ 在两个不同时刻 t 和 $t+\tau$ 的起伏值之间的线性关联程度。

由定义可知，$\rho_X(\tau)$ 可以为正值、负值。正值表示正相关，即表示随机变量 $X(t)$ 与 $X(t+\tau)$ 同方向的相关；负值表示负相关，即表示随机变量 $X(t)$ 与 $X(t+\tau)$ 反方向的相关。$\rho_X(\tau)=0$ 表示线性不相关，$|\rho_X(\tau)|=1$ 表示最强的线性相关。

2）自相关时间

对于非周期随机信号 $X(t)$，随着 τ 的增大，$X(t)$ 和 $X(t+\tau)$ 的相关程度将减弱。当 $\tau\to\infty$ 时，$\rho_X(\tau)\to 0$，此时的 $X(t)$ 与 $X(t+\tau)$ 不再相关。实际上，当 τ 大到一定程度时，$\rho_X(\tau)$ 就已经很小了，此时，$X(t)$ 和 $X(t+\tau)$ 可认为已不相关。因此，常常定义一个时间 τ_0，当 $\tau>\tau_0$ 时，就认为 $X(t)$ 和 $X(t+\tau)$ 不相关，把这个时间 τ_0 称为自相关时间。

（1）定义一。

定义自相关系数由最大值 $\rho_X(0)=1$ 下降到 $\rho_X(\tau)=0.05$ 所经历的时间间隔为自相关时间 τ_0，即

$$|\rho_X(\tau_0)|=0.05 \tag{2.2.9}$$

（2）定义二。

①对不含高频分量的平稳信号，用 $\rho_X(\tau)$ 积分的一半来定义其自相关时间 τ_0，即

$$\tau_0=\int_0^{\infty}\rho_X(\tau)\mathrm{d}\tau \tag{2.2.10}$$

这种定义如图 2.8 所示。

②对于含高频分量的平稳信号，如 $\rho_X(\tau)=a_X(\tau)\cdot\cos\omega_0\tau$，则利用包络 $a_X(\tau)$ 积分的一半来定义其自相关

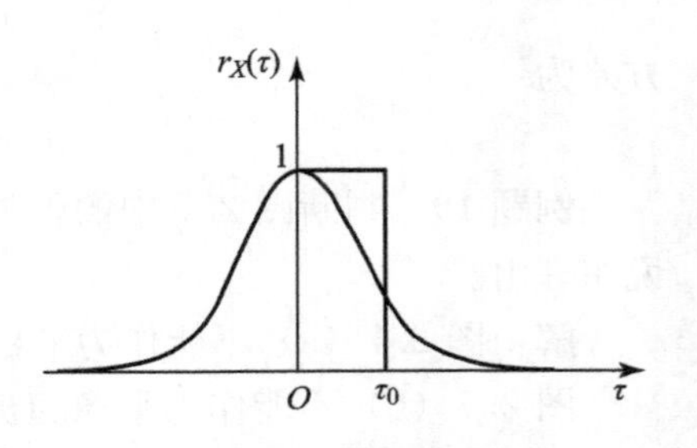

图 2.8　相关时间的示意图

时间，即

$$\tau_0 = \int_0^{\infty} a_X(\tau)\mathrm{d}\tau \tag{2.2.11}$$

综上所述，自相关时间是随机信号的任意两个状态线性互不相关所需时间差的一种度量。$\rho_X(\tau)$ 曲线越陡，相关时间越小，这就意味着随机信号的任意两个状态线性互不相关所需的时间差越短，信号随时间变化越剧烈，其样本随时间起伏越大；反之，$\rho_X(\tau)$ 曲线越平缓，则相关时间越大，这就意味着信号的任意两个状态线性互不相关所需的时间差越长，随机信号随时间变化越缓慢，其样本随时间起伏越小。

例题 11　已知平稳信号 $X(t)$ 的自相关函数 $R_X(\tau)=3\exp(-\tau^2)$，求自相关系数和自相关时间。

解：由自相关系数的定义

$$\rho_X(\tau)=\frac{C_X(\tau)}{C_X(0)}=\frac{R_X(\tau)-R_X(\infty)}{R_X(0)-R_X(\infty)}=\frac{3\mathrm{e}^{-\tau^2}-3\mathrm{e}^{-\infty^2}}{3\mathrm{e}^{-0^2}-3\mathrm{e}^{-\infty^2}}=\frac{3\mathrm{e}^{-\tau^2}}{3}=\mathrm{e}^{-\tau^2}$$

由自相关时间定义一

$$|\rho_X(\tau_0)|=0.05 \Rightarrow \tau_0=\sqrt{-\ln(0.05)}=1.731$$

由自相关时间定义二

$$\tau_0=\int_0^{\infty}\rho_X(\tau)\mathrm{d}\tau=\int_0^{\infty}\mathrm{e}^{-\tau^2}\mathrm{d}\tau=\frac{\sqrt{\pi}}{2}=0.886$$

2.3　随机信号的各态历经性

研究随机信号的统计特性，从理论上说需要设计对大量的样本函数进行统计平均，例如，数学期望、方差、相关函数等，都是对大量样本函数在特定时刻的取值采用统计方法求平均而得到的数字特征。这种平均称为统计平均或者集合平均。这一点在实际问题中往往办不到，因为这需要对一个信号进行大量重复的试验或者观察。因而，促使人们联想到，根据平稳信号统计特性与计时起点无关这个特点，能否用在一段时间范围内观察到的一个样本函数作为提取整个信号数字特征的充分依据？

大数定理表明：随着观测时间的无限长，随机信号的样本函数按时间平均以越来越大的概率近似于信号的统计平均。

俄国的辛钦证明：当具备一定的补充条件时，有一种平稳随机信号，对其任一个样本函数所作的各种时间平均，从概率意义上趋近于此信号的各种统计平均。对于这样的随机信号，称之为具有各态历经性（或遍历性）的随机信号。

从字面上理解：这类信号的各个样本函数都同样经历了整个信号的所有可能状态。因此，这类随机信号的任何一个样本函数中含有整个信号的全部统计信息，即可以用它的任何一个样本函数的时间平均来代替它的统计平均。

可以给出定义：若平稳随机信号 $X(t)$ 的“各种时间平均（时间足够长）以概率 1 收敛于相应的集合平均”，则称随机信号 $X(t)$ 为严格（或狭义）遍历性信号。

由于在实际中通常遇到的都是宽平稳随机信号，所以通常在相关理论的范围内考虑遍历性信号。如果随机信号的均值和自相关函数同时具有各态历经性，则称该信号为广义各态历经的。应用与研究中特别关注广义各态历经性。下面分别讨论随机信号的均值各态历经性、相关各态历经性和广义各态历经性。

2.3.1 随机信号的均值各态历经性

1. 概念的引入

下面以一个具体例子引入均值各态历经性的概念。假设在较长时间内观测一个已工作在稳定状态下的噪声二极管的输出噪声电压。其样本函数为 $X(t, \xi_i)$，$i=1, 2, \cdots, n$，因此，统计平均为

$$E[X(t,\xi)]=\lim_{n\to\infty}\frac{1}{n}\sum_{i=1}^{n}X(t,\xi_i) \tag{2.3.1}$$

可见，统计平均是在给定时刻上对样本 ξ_i 进行的，从理论上讲，它需要无穷多个样本值，而且它们都是在 t 时刻上，这就意味着需要在维持测量条件不变的情况下，对该二极管进行无穷多次重复观察，或者需要对无穷多个相似二极管进行同样条件下的大量观察。

另外，对于某一个样本函数 ξ 上长度为 $2T$ 的一段$[-T, +T]$，在其上等间距地选取 m 个观测值 $X(t_k, \xi)$，$k=1, 2, \cdots, m$，则截断函数的平均为

$$A_T[X(t,\xi)]=\lim_{m\to\infty}\frac{1}{m}\sum_{k=1}^{m}X(t_k,\xi)=\frac{1}{2T}\int_{-T}^{T}X(t,\xi)\mathrm{d}t \tag{2.3.2}$$

其中，$A_T[\cdot]$是在$[-T, +T]$时段上进行时间平均的算子有

$$A_T[\cdot]=\frac{1}{2T}\int_{-T}^{T}[\cdot]\mathrm{d}t \tag{2.3.3}$$

对整个样本函数，其时间平均算子为

$$A_T[\cdot]=\lim_{T\to\infty}A_T[\cdot]=\lim_{T\to\infty}\frac{1}{2T}\int_{-T}^{T}[\cdot]\mathrm{d}t \tag{2.3.4}$$

则样本平均

$$A[X(t,\xi)]=\lim_{T\to\infty}\frac{1}{2T}\int_{-T}^{T}X(t,\xi)\mathrm{d}t \tag{2.3.5}$$

2. 均值各态历经性的数学模型

从数学上，均值各态历经性就是统计平均等于样本函数的时间平均的特性，即

$$E[X(t, \xi)]=A[X(t, \xi)] \tag{2.3.6}$$

则必须满足下列条件：

(1) 统计平均 $E[X(t, \xi)]$要与 t 无关，变为常数，即随机信号 $X(t)$ 是均值平稳的；

(2) 对于各个样本 ξ 的样本（时间）平均 $A[X(t, \xi)]$要与 ξ 无关，是确定量。

只有这样，上式两边才是常数，并有可能相等。这个“相等”应该按统计意义来理解，即在均方误差为零的意义下，其统计平均等于时间平均。

具有均值各态历经性的随机信号，其每个样本函数都同样经历了整个信号的所有可能状态，因此，任何一个样本函数都含有整个信号的全部统计信息，即可以用它的任何一个样本函数的时间平均来代替它的统计平均。

3. 判断均值各态历经性的定理

若随机信号 $X(t)$ 广义平稳，协方差函数为 $C_X(\tau)$，则它为均值各态历经性的判断条件

如下：

（1）充分条件为

$$\lim_{\tau\to\infty}C_X(\tau)=0，且 C_X(0)<\infty \tag{2.3.7}$$

（2）必要条件为

$$\lim_{T\to\infty}\frac{1}{2T}\int_{-T}^{T}C_X(\tau)\mathrm{d}\tau=0 \tag{2.3.8}$$

（3）充要条件为

$$\lim_{T\to\infty}\frac{1}{2T}\int_{-2T}^{2T}\left(1-\frac{|\tau|}{2T}\right)C_X(\tau)\mathrm{d}\tau=0 \tag{2.3.9}$$

4. 均值各态历经性的物理意义

在电子技术中，代表噪声电压（或电流）的均值各态历经信号为 $X(t)$，则信号的均值等于它的直流分量：

$$m_X=\lim_{T\to\infty}\frac{1}{2T}\int_{-T}^{T}X(t)\mathrm{d}t=直流分量幅度 \tag{2.3.10}$$

2.3.2　随机信号的相关各态历经性

1. 定义

1）统计相关函数

定义 $E[X(t)]$为统计平均，则定义 $E[X(t)X(t+\tau)]$为统计相关函数，有

$$E[X(t)X(t+\tau)]=\lim_{n\to\infty}\frac{1}{n}\sum_{i=1}^{n}X(t,\xi_i)X(t+\tau,\xi_i) \tag{2.3.11}$$

2）样本时间相关函数

定义 $A[X(t,\xi)]$为样本时间平均，则定义 $A[X(t,\xi)X(t+\tau,\xi)]$为样本时间相关函数，有

$$\begin{aligned}A[X(t,\xi)X(t+\tau,\xi)]&=\lim_{m\to\infty}\frac{1}{m}\sum_{k=1}^{m}X(t_k,\xi)X(t_k+\tau,\xi)\\&=\lim_{T\to\infty}\frac{1}{2T}\int_{-T}^{T}X(t,\xi)X(t+\tau,\xi)\mathrm{d}t\end{aligned} \tag{2.3.12}$$

2. 相关各态历经性的数学模型

从数学上，相关各态历经性就是统计相关函数等于样本时间相关函数的特性，即

$$E[X(t)X(t+\tau)]=A[X(t,\xi)X(t+\tau,\xi)] \tag{2.3.13}$$

则必须满足下列条件：

（1）统计相关函数 $E[X(t)X(t+\tau)]$要与 t 无关，仅与 τ 有关，即随机信号 $X(t)$ 的相关函数是平稳的；

（2）对于各个样本 ξ 的样本时间函数 $A[X(t,\xi)X(t+\tau,\xi)]$要与 ξ 无关，仅与 τ 有关。

只有这样，上式两边才是常数，并有可能相等。这个“相等”应该按统计意义来理解，即在均方误差为零的意义下，其统计相关函数等于样本时间相关函数。

3. 判断相关各态历经性的定理

若随机信号 $X(t)$ 广义平稳，相关函数为 $R_X(\tau)$，则它为相关各态历经性的充要条件

如下：

$$\lim_{T\to\infty}\frac{1}{T}\int_0^{2T}\left(1-\frac{u}{2T}\right)\left[R_{Z_\tau}(u)-R_X^2(\tau)\right]\mathrm{d}u=0 \tag{2.3.14}$$

其中 $Z_\tau(t)=X(t+\tau)X(t)$。

可以证明，若 $X(t)$ 是零均值高斯信号，则它为相关各态历经性的充要条件为

$$\int_0^{\infty}\left|R_X(\tau)\right|\mathrm{d}\tau<\infty \tag{2.3.15}$$

4. 相关各态历经性的物理意义

在电子技术中，代表噪声电压（或电流）的相关各态历经信号为 $X(t)$，若令 $\tau=0$，则自相关函数为

$$R_X(t,t)=E\left[X^2(t)\right]=\lim_{T\to\infty}\frac{1}{2T}\int_{-T}^{T}X^2(t)\mathrm{d}t \tag{2.3.16}$$

可见，均方值代表噪声电压（或电流）消耗在 1 Ω 电阻上的总平均功率。

2.3.3 随机信号的广义各态历经性

定义：若随机信号 $X(t)$ 同时满足均值各态历经、相关各态历经，且为广义平稳，则 $X(t)$ 具有广义各态历经性。

由定义可见，广义各态历经信号必为广义平稳的，而广义平稳信号不一定为广义各态历经信号。

广义各态历经随机信号的各个样本函数的时间平均可以认为是相同的，因此随机信号的均值可以用它的任意一条样本函数的时间均值来代替。同样，相关函数亦可以用任意的一条样本函数的时间相关函数来代替，也就是说，各态历经随机信号的一个样本函数经历了随机信号所有可能的状态。这一性质，在实际应用中是很有用的，因为可以通过对一条样本函数的观测，就可以估计出随机信号均值、方差和相关函数。

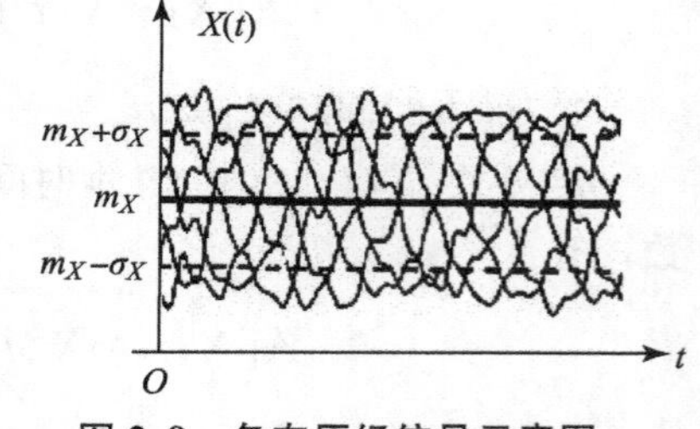

图 2.9　各态历经信号示意图

如图 2.9 所示的信号为各态历经随机信号，因为它的每一个样本都经历了信号各种可能的状态。

例题 12　讨论随机信号 $X(t)=a\cos(\omega_0 t+\Phi)$ 是否是各态历经信号。

解：$\overline{x(t)}=\lim\limits_{T\to\infty}\dfrac{1}{2T}\int_{-T}^{T}a\cos(\omega_0 t+\varphi)\mathrm{d}t=\lim\limits_{T\to\infty}\dfrac{a\cos\varphi\sin(\omega_0 T)}{\omega_0 T}=0$

$$\overline{x(t)x(t+\tau)}=\lim_{T\to\infty}\frac{1}{2T}\int_{-T}^{T}a^2\cos(\omega_0 t+\varphi)\cos(\omega_0 t+\omega_0\tau+\varphi)\mathrm{d}t=\frac{a^2}{2}\cos(\omega_0\tau)$$

对照上小节例子

$$\overline{x(t)}=E\left[X(t)\right]=0$$

$$\overline{x(t)x(t+\tau)}=E\left[X(t)X(t+\tau)\right]=\frac{a^2}{2}\cos(\omega_0\tau)$$

所以 $X(t)$ 是广义各态历经信号。

例题 13　讨论随机信号 $X(t)=Y$ 的各态历经性，式中 Y 是方差不为零的随机变量。

解：首先可以明显地知道 $X(t)$ 是平稳的，因为

$$E[X(t)]=E[Y]$$

$$E[X(t)X(t+\tau)]=E[Y^2]$$

但 $X(t)$ 不具备各态历经条件，因为 $\overline{x(t)}=\lim\limits_{T\to\infty}\dfrac{1}{2T}\int_{-T}^{T}y\,\mathrm{d}t=y$。

即$\overline{x(t)}$是个随机变量，时间均值随 Y 的样本选择不同而变化，且$\overline{x(t)}\neq E[X(t)]$，故 $X(t)$ 不是各态历经信号。

2.4　联合平稳随机信号

前面对单个随机信号的统计特性进行了深入讨论，但在实际工作中常常需要同时研究两个或两个以上随机信号的统计特性。例如，要研究同时作用于接收机的信号和噪声两个随机信号所构成信号的统计特性。为了能够从噪声中提取出有用信号，除了要研究信号和噪声各自的统计特性外，还需要研究两个信号的联合统计特性。

2.4.1　两个随机信号的联合概率分布

设有两个随机信号 $X(t)$ 和 $Y(t)$ 的概率密度分别为 $f_X(x_1, x_2, \cdots, x_n; t_1, t_2, \cdots, t_n)$，$f_Y(y_1, y_2, \cdots, y_m; t_1', t_2', \cdots, t_m')$，则称$\{(X(t), Y(t))^T, t\in T\}$为二维随机信号。

(1) 两个信号的 $n+m$ 维联合分布函数：

$$\begin{aligned}&F_{XY}(x_1, x_2, \cdots, x_n, y_1, y_2, \cdots, y_m; t_1, t_2, \cdots, t_n, t_1', t_2', \cdots, t_m')\\&=P\{X(t_1)\leqslant x_1, \cdots, X(t_n)\leqslant x_n, Y(t_1')\leqslant y_1, \cdots, Y(t_m')\leqslant y_m\}\end{aligned} \tag{2.4.1}$$

(2) 两个信号的 $n+m$ 维联合概率密度：

$$\begin{aligned}&f_{XY}(x_1, x_2, \cdots, x_n, y_1, y_2, \cdots, y_m; t_1, t_2, \cdots, t_n, t_1', t_2', \cdots, t_m')\\&=\frac{\partial^{n+m}F_{XY}(x_1, x_2, \cdots, x_n, y_1, y_2, \cdots, y_m; t_1, t_2, \cdots, t_n, t_1', t_2', \cdots, t_m')}{\partial x_1\partial x_2\cdots\partial x_n\partial y_1\partial y_2\cdots\partial y_m}\end{aligned} \tag{2.4.2}$$

(3) 随机信号 $X(t)$ 和 $Y(t)$ 的独立。

若对任意的 n，m，$X(t)$ 和 $Y(t)$ 都有

$$\begin{aligned}&F_{XY}(x_1, x_2, \cdots, x_n, y_1, y_2, \cdots, y_m; t_1, t_2, \cdots, t_n, t_1', t_2', \cdots, t_m')\\&=F_X(x_1, x_2, \cdots, x_n; t_1, t_2, \cdots, t_n)F_Y(y_1, y_2, \cdots, y_m; t_1', t_2', \cdots, t_m')\end{aligned} \tag{2.4.3}$$

或

$$\begin{aligned}&f_{XY}(x_1, x_2, \cdots, x_n, y_1, y_2, \cdots, y_m; t_1, t_2, \cdots, t_n, t_1', t_2', \cdots, t_m')\\&=f_X(x_1, x_2, \cdots, x_n; t_1, t_2, \cdots, t_n)f_Y(y_1, y_2, \cdots, y_m; t_1', t_2', \cdots, t_m')\end{aligned} \tag{2.4.4}$$

成立，则称随机信号 $X(t)$ 和 $Y(t)$ 是独立的。

(4) 联合严平稳。

若两个信号任意 $n+m$ 维联合分布均不随时间平移而变化，则称这两个信号为联合严平稳。

2.4.2 两个随机信号的数字特征

1）互相关函数

定义两个随机信号 $X(t)$ 和 $Y(t)$ 的互相关函数为

$$R_{XY}(t_1,t_2)=E[X(t_1)Y(t_2)]=\int_{-\infty}^{\infty}\int_{-\infty}^{\infty}xyf_{XY}(x,y;t_1,t_2)\mathrm{d}x\mathrm{d}y \tag{2.4.5}$$

式中，$X(t_1)$、$Y(t_2)$ 是信号 $X(t)$、$Y(t)$ 在 t_1、t_2 时刻的状态。

2）互协方差函数

定义两个随机信号 $X(t)$ 和 $Y(t)$ 的互协方差函数为

$$\begin{aligned}C_{XY}(t_1,t_2)&=E[(X(t_1)-m_X(t_1))(Y(t_2)-m_Y(t_2))]\\&=\int_{-\infty}^{\infty}\int_{-\infty}^{\infty}(x-m_X(t_1))(y-m_Y(t_2))f_{XY}(x,y;t_1,t_2)\mathrm{d}x\mathrm{d}y\end{aligned} \tag{2.4.6}$$

式中，$X(t_1)$、$Y(t_2)$ 是信号 $X(t)$、$Y(t)$ 在 t_1、t_2 时刻的状态，$m_X(t_1)$ 和 $m_Y(t_2)$ 分别是 $X(t_1)$ 和 $Y(t_2)$ 的数学期望，上式也可以写成

$$C_{XY}(t_1,t_2)=R_{XY}(t_1,t_2)-m_X(t_1)m_Y(t_2) \tag{2.4.7}$$

3）两个随机信号统计独立

如果对任意的 t_1，t_2，…，t_n，t_1'，t_2'，…，t_m' 有

$$\begin{aligned}&f_{XY}(x_1,x_2,\cdots,x_n,y_1,y_2,\cdots y_m;t_1,t_2,\cdots,t_n,t_1',t_2',\cdots,t_m')\\&=f_X(x_1,x_2,\cdots,x_n;t_1,t_2,\cdots,t_n)f_Y(y_1,y_2,\cdots y_m;t_1',t_2',\cdots,t_m')\end{aligned} \tag{2.4.8}$$

则称 $X(t)$ 和 $Y(t)$ 之间是互相统计独立的。

对二维概率密度则有

$$f_{XY}(x,y;t_1,t_2)=f_X(x;t_1)f_Y(y;t_2) \tag{2.4.9}$$

于是互相关函数

$$\begin{aligned}R_{XY}(t_1,t_2)&=E[X(t_1)Y(t_2)]=\int_{-\infty}^{+\infty}xf_X(x;t)\mathrm{d}x\int_{-\infty}^{+\infty}yf_Y(y;t)\mathrm{d}y\\&=E[X(t_1)]E[Y(t_2)]=m_X(t_1)m_Y(t_2)\end{aligned} \tag{2.4.10}$$

互协方差函数（中心化互相关函数）

$$\begin{aligned}C_{XY}(t_1,t_2)&=E[\{X(t_1)-m_X(t_1)\}\{Y(t_2)-m_Y(t_2)\}]\\&=E[\{X(t_1)-m_X(t_1)\}]E[\{Y(t_2)-m_Y(t_2)\}]=0\end{aligned} \tag{2.4.11}$$

4）两个随机信号正交。

若两个信号 $X(t)$ 和 $Y(t)$ 对任意两个时刻 t_1，t_2，都有

$$R_{XY}(t_1,t_2)=0 \quad 或 \quad C_{XY}(t_1,t_2)=-m_X(t_1)m_Y(t_2) \tag{2.4.12}$$

则称 $X(t)$ 和 $Y(t)$ 两个信号正交。

若仅在同一时刻 t 存在 $R_{XY}(t,t)=0$，则称 $X(t)$ 和 $Y(t)$ 两个信号在同一时刻的状态正交。

5）两个随机信号互不相关

若两个信号 $X(t)$ 和 $Y(t)$ 对任意两个时刻 t_1，t_2，都有

$$C_{XY}(t_1,\ t_2)=0 \quad 或 \quad C_{XY}(t_1,\ t_2)=0 \tag{2.4.13}$$

$$\begin{aligned}R_{XY}(t_1,\ t_2)&=E[X(t_1)Y(t_2)]=\int_{-\infty}^{+\infty}xf_X(x;\ t)\mathrm{d}x\int_{-\infty}^{+\infty}yf_Y(y;\ t)\mathrm{d}y\\&=E[X(t_1)]E[Y(t_2)]=m_X(t_1)m_Y(t_2)\end{aligned} \tag{2.4.14}$$

则称 $X(t)$ 和 $Y(t)$ 两个信号互不相关。

若仅在同一时刻 t 存在 $C_{XY}(t,\ t)=0$，则称 $X(t)$ 和 $Y(t)$ 两个信号在同一时刻的状态互不相关。

6）两个随机信号的联合宽平稳

若两个随机信号 $X(t)$ 和 $Y(t)$ 各自宽平稳，且它们的互相关函数仅是单变量 τ 的函数，即

$$R_{XY}(t_1,\ t_2)=E[X(t_1)Y(t_2)]=R_{XY}(\tau),\ \tau=t_2-t_1 \tag{2.4.15}$$

则称信号 $X(t)$ 和 $Y(t)$ 联合宽平稳（或联合平稳）。

两个联合宽平稳的互相关函数和互协方差函数具有如下性质：

（1）互相关函数和互协方差函数不存在偶对称，它们满足：

$$\begin{cases}R_{XY}(\tau)=R_{YX}(-\tau)\\C_{XY}(\tau)=C_{YX}(-\tau)\end{cases} \tag{2.4.16}$$

（2）互相关函数和互协方差函数的取值满足：

$$\begin{cases}|R_{XY}(\tau)|^2\leqslant R_X(0)R_Y(0)\\|C_{XY}(\tau)|^2\leqslant C_X(0)C_Y(0)=\sigma_X^2\sigma_Y^2\end{cases} \tag{2.4.17}$$

$$\begin{cases}|R_{XY}|\leqslant\dfrac{1}{2}[R_X(0)+R_Y(0)]\\|C_{XY}|\leqslant\dfrac{1}{2}[C_X(0)+C_Y(0)]=\dfrac{1}{2}[\sigma_X^2+\sigma_Y^2]\end{cases} \tag{2.4.18}$$

（3）两个联合平稳信号的互相关系数。

定义

$$\rho_{XY}(\tau)=\frac{C_{XY}(\tau)}{\sqrt{C_X(0)C_Y(0)}}=\frac{R_{XY}-m_Xm_Y}{\sigma_X\sigma_Y} \tag{2.4.19}$$

为两个联合平稳信号 $X(t)$ 和 $Y(t)$ 的互相关系数。

由性质（2）易得 $|\rho_{XY}(\tau)|\leqslant 1$，且当 $\rho_{XY}(\tau)=0$ 时，两个平稳信号 $X(t)$ 和 $Y(t)$ 线性不相关。

例题 14　已知随机信号 $X(t)$ 和 $Y(t)$ 是平稳随机信号，满足

① $\begin{cases}X(t)=U\sin t+V\cos t\\Y(t)=W\sin t+V\cos t\end{cases}$，② $\begin{cases}X(t)=A\cos t+B\sin t\\Y(t)=A\cos 2t+B\sin 2t\end{cases}$

式中 U，V，W 是均值为 0，方差为 6，且互不相关的随机变量；A，B 是均值为 0，方差为 3，且互不相关的随机变量。判断 $X(t)$ 和 $Y(t)$ 是否联合平稳。

解：①信号 $X(t)$ 和 $Y(t)$ 的互相关函数为

$$\begin{aligned}R_{XY}(t,\ t+\tau)&=E[X(t)Y(t+\tau)]\\&=E[(U\sin t+V\cos t)(W\sin(t+\tau)+V\cos(t+\tau))]\\&=E[UW\sin t\sin(t+\tau)+UV\sin t\cos(t+\tau)+VW\cos t\sin(t+\tau)+V^2\cos t\cos(t+\tau)]\end{aligned}$$

$$=0+0+0+E[V^2]\cos t\cos(t+\tau)$$
$$=6\cdot\frac{1}{2}[\cos(2t+\tau)+\cos\tau]$$
$$=3\cos(2t+\tau)+3\cos\tau$$

可见，此互相关函数是变量 t，τ 的二元函数，故 $X(t)$ 和 $Y(t)$ 不是联合平稳的。

②信号 $X(t)$ 和 $Y(t)$ 的互相关函数为

$$\begin{aligned}R_{XY}(t,\ t+\tau)&=E[X(t)Y(t+\tau)]\\&=E[(A\cos t+B\sin t)(A\cos 2(t+\tau)+B\sin 2(t+\tau))]\\&=E[A^2\cos t\cos 2(t+\tau)+AB\cos t\sin 2(t+\tau)+AB\sin t\cos 2(t+\tau)+B^2\sin t\sin 2(t+\tau)]\\&=E[A^2][\cos t\cos 2(t+\tau)+\sin t\sin 2(t+\tau)]+0+0\\&=3\cos(t+2\tau)\end{aligned}$$

可见，此互相关函数是变量 t，τ 的二元函数，故 $X(t)$ 和 $Y(t)$ 不是联合平稳的。

相关测距。相关法是信号处理中常用的一种测距技术，设有图 2.10 所示系统。信号源产生一个平稳随机信号 $X(t)$，信号加到发射机上产生一个声波或电磁波，发射波打到目标上后会形成反射，反射波到达测量设备的位置，由接收机接收的反射波信号用 $Y(t)$ 表示，$Y(t)=\alpha X(t-T)+W(t)$，其中 α 为信号衰减因子，T 为反射信号相对于发射信号的延迟时间，它反映了测量设备与目标间的距离，$W(t)$ 为接收机噪声，通常为白噪声，与发射信号统计独立。将发射信号与接收信号进行相关操作，相关器的输出为

$$R_{YX}(\tau)=E[Y(t+\tau)X(t)]=E[[\alpha X(t+\tau-T)+W(t+\tau)]X(t)]=\alpha R_X(\tau-T)$$

根据相关函数的性质，相关器的输出在 $\tau=T$ 时达到最大，如图 2.11 所示，由于波的传播速度是固定的，因此，如果检测到相关器输出的峰值位置，就可以估计出目标的距离。

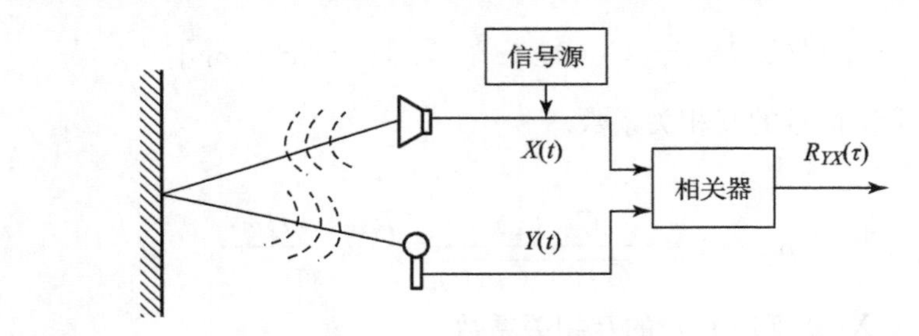

图 2.10　相关测距原理框图

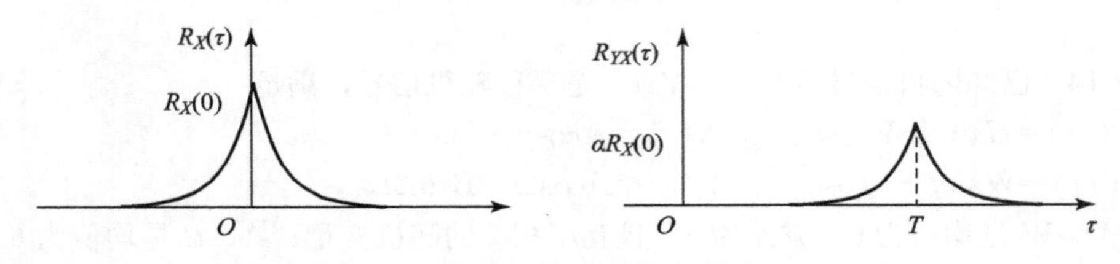

图 2.11　相关测距系统输出的相关函数

2.5　复随机信号及其数字特征

前面讨论的随机信号都是实随机信号，此时把随机信号表示为时间的实值函数。但是，

在某些情况下，例如，在高频窄带随机信号的处理中，将信号表示为复函数形式更为方便。将这种用复函数形式表示的随机信号称为复随机信号。

1. 复随机信号的构成

由复数的概念可知，一个复数可由两个实数按一定的方式组合而成，与此类似，一个复随机信号也可由两个实随机信号组合而成。

设 $X(t)$ 和 $Y(t)$ 是两个实随机信号，则可按以下方式构成复随机信号 $Z(t)$，有

$$Z(t)=X(t)+\mathrm{j}Y(t) \tag{2.5.1}$$

$Z(t)$ 的统计特性可由 $X(t)$ 和 $Y(t)$ 的 $2n$ 维联合概率分布来完整描述。其联合概率分布可表示为

$$\begin{aligned}&F_{XY}(x_1, x_2, \cdots, x_n, y_1, y_2, \cdots, y_n; t_1, t_2, \cdots, t_n; t_1', t_2', \cdots, t_n')\\&=P\{X(t_1)\leqslant x_1, X(t_2)\leqslant x_2, \cdots, X(t_n)\leqslant x_n; Y(t_1')\leqslant y_1, Y(t_2')\leqslant y_2, \cdots, Y(t_n')\leqslant y_n\}\end{aligned} \tag{2.5.2}$$

$F_{XY}(x_1, x_2, \cdots, x_n, y_1, y_2, \cdots, y_n; t_1, t_2, \cdots, t_n; t_1', t_2', \cdots, t_n')$ 对 $x_1, x_2, \cdots, x_n, y_1, y_2, \cdots, y_n$ 的 $2n$ 阶混合偏导数存在，则称

$$\begin{aligned}&f_{XY}(x_1, x_2, \cdots, x_n, y_1, y_2, \cdots, y_n; t_1, t_2, \cdots, t_n; t_1', t_2', \cdots, t_n')\\&=\frac{\partial^n F_{XY}(x_1, x_2, \cdots, x_n, y_1, y_2, \cdots, y_n; t_1, t_2, \cdots, t_n; t_1', t_2', \cdots, t_n')}{\partial x_1\partial x_2\cdots\partial x_n\partial y_1\partial y_2\cdots\partial y_n}\end{aligned} \tag{2.5.3}$$

为复随机信号 $Z(t)$ 的 $2n$ 维联合概率密度函数。

2. 复随机信号的数字特征

要将实随机信号的数学期望、方差和相关矩等概念推广到复随机信号中去，需要遵循以下原则：在特殊的情况下，即当 $Y(t)=0$ 时，$Z(t)$ 的数学期望、方差和相关矩应该等于实随机信号 $X(t)$ 的数学期望、方差和相关矩。

$Z(t)$ 的数学期望可定义为

$$m_Z(t)=E[Z(t)]=E[X(t)]+\mathrm{j}E[Y(t)]=m_X(t)+\mathrm{j}m_Y(t) \tag{2.5.4}$$

$Z(t)$ 的方差可定义为

$$\begin{aligned}D[Z(t)]&=E[(Z(t)-m_Z)(Z(t)-m_Z(t))^*]\\&=E[(X(t)-m_X(t)+\mathrm{j}Y(t)-\mathrm{j}m_Y(t))(X(t)-m_X(t)+\mathrm{j}Y(t)-\mathrm{j}m_Y(t))^*]\\&=E[(X(t)-m_X(t))^2]+E[(Y(t)-m_Y(t))^2]=D[X(t)]+D[Y(t)]\end{aligned} \tag{2.5.5}$$

式中 $Z^*(t)$ 表示 $Z(t)$ 的共轭。

$Z(t)$ 自相关函数可定义为

$$\begin{aligned}R_Z(t, t+\tau)&=E[Z(t)Z^*(t+\tau)]=E[(X(t)+\mathrm{j}Y(t))(X(t+\tau)+\mathrm{j}Y(t+\tau))^*]\\&=E[X(t)X^*(t+\tau)]+\mathrm{j}E[Y(t)X^*(t+\tau)]-\mathrm{j}E[X(t)Y^*(t+\tau)]+\\&\quad E[Y(t)Y^*(t+\tau)]\\&=R_X(t, t+\tau)+R_Y(t, t+\tau)+\mathrm{j}R_{YX}(t, t+\tau)-\mathrm{j}R_{XY}(t, t+\tau)\end{aligned} \tag{2.5.6}$$

$Z(t)$ 的自协方差函数可定义为

$$C_Z(t, t+\tau)=E[(Z(t)-m_Z(t))(Z(t+\tau)-m_Z(t+\tau))^*]$$
$$=R_Z(t, t+\tau)-m_Z(t)m_Z^*(t+\tau) \quad (2.5.7)$$

当 $\tau=0$ 时，$Z(t)$ 的自协方差函数等于 $Z(t)$ 的方差，即

$$C_Z(t,t)=D[Z(t)] \quad (2.5.8)$$

若 $Z(t)$ 满足：

(1) $m_Z(t)=m_Z=m_X+jm_Y$；

(2) $R_Z(t, t+\tau)=R_Z(\tau)$；

(3) $R_Z(0)<\infty$。

则称 $Z(t)$ 为宽平稳的复随机信号。

对于两个复随机信号 $Z_1(t)$ 和 $Z_2(t)$，它们的互相关函数和互协方差函数分别定义为

$$R_{Z_1Z_2}(t, t+\tau)=E[Z_1(t)Z_2^*(t+\tau)]=E[(X_1(t)+jY_1(t))(X_2(t+\tau)+jY_2(t+\tau))^*]$$
$$=E[X_1(t)X_2^*(t+\tau)]+jE[Y_1(t)X_2^*(t+\tau)]-jE[X_1(t)Y_2^*(t+\tau)]+E[Y_1(t)Y_2^*(t+\tau)]$$
$$=R_{X_1X_2}(t, t+\tau)+R_{Y_1Y_2}(t, t+\tau)+jR_{Y_1X_2}(t, t+\tau)-jR_{X_1Y_2}(t, t+\tau)$$

对 $Z_1(t)$ 和 $Z_2(t)$ 满足：

$$R_{Z_1Z_2}(t, t+\tau)=E[Z_1(t)Z_2^*(t+\tau)]=R_{Z_1Z_2}(\tau)$$

且 $R_Z(0)<\infty$，则称 $Z_1(t)$ 和 $Z_2(t)$ 联合平稳。

若有 $C_{Z_1Z_2}(t, t+\tau)=0$，则称 $Z_1(t)$ 和 $Z_2(t)$ 互不相关。

如果 $R_{Z_1Z_2}(t, t+\tau)=0$，则称 $Z_1(t)$ 和 $Z_2(t)$ 为正交复信号。

例题 15 设 U 和 V 是不相关的实随机变量，并且均值都为 0，方差相等为 1，问复信号 $Z(t)=U\cos t+jV\sin t$ 是否宽平稳？

解： 因为 $E[Z(t)]=E[U\cos t+jV\sin t]=0$

$$\begin{aligned}R_Z(t, t+\tau)&=E[Z(t)Z^*(t+\tau)]\\&=E[(U\cos t+jV\sin t)(U\cos(t+\tau)+jV\sin(t+\tau))^*]\\&=E[U^2\cos t\cos(t+\tau)]+jE[UV\sin t\cos(t+\tau)]-\\&\quad jE[UV\cos t\sin(t+\tau)]+E[V^2\sin t\sin(t+\tau)]\\&=\cos t\cos(t+\tau)+\sin t\sin(t+\tau)\\&=\cos\tau\end{aligned}$$

$$R_Z(0)=1<\infty$$

所以 $Z(t)$ 是宽平稳的。

2.6 离散随机序列

前面对连续时间随机信号做了较为深入的分析，但在有些场合对随机信号的描述需要使用离散时间随机信号。离散时间随机信号包括连续随机序列和离散随机序列。下面对离散时间随机信号（简称离散随机信号）的概念、概率分布和数字特征进行介绍。

2.6.1 离散时间随机序列的概念

当对连续时间随机信号 $X(\xi, t)$ 中的参数 t 取离散值 t_1，t_2，…，t_n 时，$X(t)$ 由随机

变量序列 $X(t_1)$，$X(t_2)$，…，$X(t_n)$ 构成，该序列可以表示为 $X(n)$ 或 $\{X(n), n=1, 2, \cdots, N\}$。由于 $X(n)$ 的参数 n 表示不同的等时间间隔时刻，所以 $X(n)$ 又称为时间序列。

2.6.2　离散时间随机序列的概率分布

由于离散时间随机信号是由连续时间随机信号进行时间离散化而得到随机序列，因此可以用随机序列 $X(n)$ 的概率分布来对离散时间随机信号进行描述。

对于某个固定的 n 值，$X(n)$ 是一个随机变量，因此可用一维概率分布来描述。

1. 一维概率分布

设 $\{X(n), n=1, 2, \cdots, N\}$ 为离散随机信号，对任意固定的 $n\in N$ 及实数 $x_n\in R$，称

$$F_{X_n}(x_n, n)=P\{X_n\leqslant x_n\} \tag{2.6.1}$$

为离散随机信号 $\{X(n), n=1, 2, \cdots, N\}$ 的一维概率分布函数。

若 $F_{X_n}(x_n, n)$ 对 x_n 的一阶偏导数存在，则称

$$f_{X_n}(x_n, n)=\frac{\partial F_{X_n}(x_n, n)}{\partial x_n} \tag{2.6.2}$$

为离散随机信号 $\{X(n), n=1, 2, \cdots, N\}$ 的一维概率密度函数。

一维概率分布函数描述在某个孤立时刻离散随机信号状态的统计特性。显然这种描述是简单的，但不全面。若要描述离散随机信号在任意两个不同时刻的状态的联系，需要使用二维概率分布函数。

2. 二维概率分布

设 $\{X(n), n=1, 2, \cdots, N\}$ 为离散随机信号，对任意固定的 n，$m\in N$ 及实数 x_n，$x_m\in R$，称 $F_{X_n}(x_n, x_m; n, m)=P\{X_n\leqslant x_n, X_m\leqslant x_m\}$ 为离散随机信号 $\{X(n), n=1, 2, \cdots, N\}$ 的二维概率分布函数。

若 $F_{X_n}(x_n, x_m; n, m)$ 对 x_n，x_m 的二阶混合偏导数存在，则称

$$f_{X_n}(x_n, x_m; n, m)=\frac{\partial^2 F_{X_n}(x_n, x_m; n, m)}{\partial x_n\,\partial x_m} \tag{2.6.3}$$

为离散随机信号 $\{X(n), n=1, 2, \cdots, N\}$ 的二维概率密度函数。

二维概率分布包含比一维概率分布更多的信息。通过对二维分布函数 $F_{X_n}(x_n, x_m; n, m)$ 分别对 x_n 和 x_m 从 $-\infty$ 到 $+\infty$ 求和，可以得到两个一维边缘分布函数 $F_{X_m}(x_m, m)$ 和 $F_{X_n}(x_n, n)$。同样，二维概率分布函数仍然不能描述多于两个时刻的离散时间随机信号的统计特性。这时需要引入离散时间随机信号的 n 维概率分布。

3. *n* 维概率分布

设 $\{X(i), i=1, 2, \cdots, n\}$ 为离散随机信号，对任意固定的 n，$i=1, 2, \cdots, n$ 及实数 $x_1, x_2, \cdots, x_n\in R$，称 $F_{X_n}(x_1, x_2, \cdots, x_n; 1, 2, \cdots, n)=P\{X_1\leqslant x_1, X_2\leqslant x_2, \cdots, X_n\leqslant x_n\}$ 为离散随机信号 $\{X(i), i=1, 2, \cdots, n\}$ 的 n 维概率分布函数。

若 $F_{X_n}(x_1, x_2, \cdots, x_n; 1, 2, \cdots, n)$ 对 $x_1, x_2, \cdots, x_n$ 的 n 阶混合偏导数存在，则称

$$f_{X_n}(x_1, x_2, \cdots, x_n; 1, 2, \cdots, n)=\frac{\partial^n F_{X_n}(x_1, x_2, \cdots, x_n; 1, 2, \cdots, n)}{\partial x_1\,\partial x_2\cdots\partial x_n} \tag{2.6.4}$$

为离散随机信号 $\{X(i), i=1, 2, \cdots, n\}$ 的 n 维概率密度函数。

4. 联合概率分布

要描述两个或两个以上的离散时间随机信号，需要使用联合概率分布。对两个离散时间随机信号 $X(n)$ 和 $Y(m)$，它们的联合概率分布函数的定义如下。

设 $X(n)$ 和 $Y(m)$ 为两个实离散时间随机信号。其 $n+m$ 维联合分布函数为

$$\begin{aligned}&F_{X_nY_m}(x_1, x_2, \cdots, x_n; y_1, y_2, \cdots, y_m; 1, 2, \cdots, n; 1, 2, \cdots, m)\\&=P\{X_1\leqslant x_1, X_2\leqslant x_2, \cdots, X_n\leqslant x_n; Y_1\leqslant y_1, Y_2\leqslant y_2, \cdots, Y_m\leqslant y_m\}\end{aligned}\tag{2.6.5}$$

若 $F_{X_nY_m}(x_1, x_2, \cdots, x_n; y_1, y_2, \cdots, y_m; 1, 2, \cdots, n; 1, 2, \cdots, m)$ 对 $x_1, x_2, \cdots, x_n; y_1, y_2, \cdots, y_m$ 的 $n+m$ 阶混合偏导数存在，则

$$\begin{aligned}&f_{X_nY_m}(x_1, x_2, \cdots, x_n; y_1, y_2, \cdots, y_m; 1, 2, \cdots, n; 1, 2, \cdots, m)\\&=\frac{\partial^{n+m}F_{X_nY_m}(x_1, x_2, \cdots, x_n; y_1, y_2, \cdots, y_m; 1, 2, \cdots, n; 1, 2, \cdots, m)}{\partial x_1\partial x_2\cdots\partial x_n\partial y_1\partial y_2\cdots\partial y_m}\end{aligned}\tag{2.6.6}$$

5. 不同时刻的统计独立

对于一个实离散时间随机信号 $X(n)$ 的 n 个随机变量 $X_1, X_2, \cdots, X_n$，如果以下关系

$$F_{X_n}(x_1, x_2, \cdots, x_n; 1, 2, \cdots, n)=F_{X_n}(x_1; 1)F_{X_n}(x_2; 2)\cdots F_{X_n}(x_n; n)\tag{2.6.7}$$

成立，则称这 n 个随机变量统计独立。

若对于 $X(n)$ 和 $Y(m)$ 两个实离散时间随机信号的任何 $n+m$ 个随机变量 $X_1, X_2, \cdots, X_n; Y_1, Y_2, \cdots, Y_m$ 有

$$\begin{aligned}&F_{X_nY_m}(x_1, x_2, \cdots, x_n; y_1, y_2, \cdots, y_m; 1, 2, \cdots, n; 1, 2, \cdots, m)\\&=F_{X_n}(x_1, x_2, \cdots, x_n; 1, 2, \cdots, n)F_{Y_m}(y_1, y_2, \cdots, y_m; 1, 2, \cdots, m)\end{aligned}\tag{2.6.8}$$

则称 $X(n)$ 和 $Y(m)$ 相互独立。

2.6.3 离散时间随机序列的数字特征

与连续时间随机信号相类似，在实际应用中要确定离散时间随机信号的有限维分布函数族是困难的，有时甚至是不可能的。由于在许多应用场合中，仅需要知道离散时间随机信号的低维数分布函数就可以确定离散时间随机信号的主要特性，而这些特性可以在一定的程度上较完整地描述离散时间随机信号。

1. 均值或数学期望

实离散时间随机信号 $\{X_n\}$ 的均值或数学期望定义为

$$m_{X_n}=E[X_n]=\int_{-\infty}^{\infty}xf_X(x; n)\mathrm{d}x\tag{2.6.9}$$

若 $g(\cdot)$ 是单值函数，则 $g(X_n)$ 构成一个新的离散时间随机信号，其均值可定义为

$$E[g(X_n)]=\int_{-\infty}^{\infty}g(x)f_X(x; n)\mathrm{d}x\tag{2.6.10}$$

均值有下列性质：

（1）和的均值等于均值的和：

$$E[X_n+Y_m]=E[X_n]+E[Y_m]$$

（2）X_n 乘以一个常数 a 的均值等于 X_n 的均值乘以常数：

$$E[aX_n]=aE[X_n]$$

（3）X_n 和 Y_m 线性独立，则有

$$E[X_nY_m]=E[X_n]E[Y_m]$$

2. 均方值和方差

离散时间随机信号的均方值定义为

$$\Psi_{X_n}^2=E[X_n^2]=\int_{-\infty}^{\infty}x^2f_X(x;n)\mathrm{d}x \tag{2.6.11}$$

离散时间随机信号的方差定义为

$$\sigma_{X_n}^2=D[X_n]=E[(X_n-m_{X_n})^2] \tag{2.6.12}$$

由于和的均值等于均值的和，所以容易证明上式可写成

$$\sigma_{X_n}^2=E[X_n^2]-E^2[X_n]=\Psi_{X_n}^2-m_{X_n}^2 \tag{2.6.13}$$

$\sigma_{X_n}^2$ 为非负函数，其平方根称作离散时间随机信号的标准差或均方差，即

$$\sigma_{X_n}=\sqrt{\sigma_{X_n}^2}=\sqrt{D(X_n)}$$

一般来说，均值、均方值和方差都是 n 的函数，但对平稳离散时间随机信号来说，它们与 n 无关，都是常数。

3. 相关函数与协方差函数

均值、均方值及方差都是简单的统计平均值，它们仅能提供少量随机信号的信息，相关函数与协方差函数是更有用的一些平均量。

1）自相关函数与自协方差函数

自相关函数是描述随机信号在不同时刻的值与值之间依赖性的一个量度，它定义为

$$\begin{aligned}R_X(n_1,n_2)&=E[X_{n_1}X_{n_2}]\\&=\int_{-\infty}^{\infty}\int_{-\infty}^{\infty}x_1x_2f_X(x_1,x_2;n_1,n_2)\mathrm{d}x_1\mathrm{d}x_2\end{aligned} \tag{2.6.14}$$

随机信号的自协方差函数定义为

$$\begin{aligned}C_X(n_1,n_2)&=E[(X_{n_1}-m_{X_1})(X_{n_2}-m_{X_2})]\\&=\int_{-\infty}^{\infty}\int_{-\infty}^{\infty}(x_1-m_{X_1})(x_2-m_{X_2})f_X(x_1,x_2;n_1,n_2)\mathrm{d}x_1\mathrm{d}x_2\end{aligned} \tag{2.6.15}$$

上式也能写作

$$C_X(n_1,n_2)=R_X(n_1,n_2)-m_{X_1}m_{X_2} \tag{2.6.16}$$

2）互相关函数与互协方差函数

互相关函数是描述两个不同的随机信号之间的依赖性的一个量度，它定义为

$$\begin{aligned}R_{XY}(n_1,n_2)&=E[X_{n_1}Y_{n_2}]\\&=\int_{-\infty}^{\infty}\int_{-\infty}^{\infty}xyf_{XY}(x,y;n_1,n_2)\mathrm{d}x\mathrm{d}y\end{aligned} \tag{2.6.17}$$

互协方差函数定义为

$$C_{XY}(n_1, n_2)=E[(X_{n_1}-m_{X_{n1}})(Y_{n_2}-m_{Y_{n2}})] \\ =R_{XY}(n_1, n_2)-m_{X_{n1}}m_{Y_{n2}} \tag{2.6.18}$$

一个 N 点的随机序列可以看成是一个 N 维的随机向量，即

$$\boldsymbol{X}=[X_0 \quad X_1 \quad \cdots \quad X_{N-1}]^{\mathrm{T}}=\begin{bmatrix} X_0 \\ X_1 \\ \vdots \\ X_{N-1} \end{bmatrix}$$

式中，T 表示求转置，即 $\boldsymbol{X}$ 为一列向量。一般情况下，N 应为无穷大，但从实际分析与处理的角度考虑，取 N 为有限值是方便的。

均值向量为

$$\boldsymbol{M}_X=E[\boldsymbol{X}]=\begin{bmatrix} m_{X_0} \\ m_{X_1} \\ \vdots \\ m_{X_{N-1}} \end{bmatrix}=[m_{X_0}, m_{X_1}, \cdots, m_{X_{N-1}}]^{\mathrm{T}}$$

自相关矩阵为

$$\boldsymbol{R}_X=E[\boldsymbol{X}\boldsymbol{X}^{\mathrm{T}}]=\begin{bmatrix} r_{00} & r_{01} & \cdots & r_{0,N-1} \\ r_{10} & r_{11} & \cdots & r_{1,N-1} \\ \vdots & \vdots & & \vdots \\ r_{N-1,0} & r_{N-1,1} & \cdots & r_{N-1,N-1} \end{bmatrix}$$

协方差矩阵为

$$\boldsymbol{C}_X=E[(\boldsymbol{X}-\boldsymbol{M}_X)(\boldsymbol{X}-\boldsymbol{M}_X)^{\mathrm{T}}]=\begin{bmatrix} c_{00} & c_{01} & \cdots & c_{0,N-1} \\ c_{10} & c_{11} & \cdots & c_{1,N-1} \\ \vdots & \vdots & & \\ c_{N-1,0} & c_{N-1,1} & \cdots & c_{N-1,N-1} \end{bmatrix}$$

可以证明，协方差矩阵与自相关矩阵之间有如下关系，即

$$\boldsymbol{C}_X=\boldsymbol{R}_X-\boldsymbol{M}_X\boldsymbol{M}_X^{\mathrm{T}}$$

若随机序列的均值为零，则协方差矩阵与自相关矩阵是一致的。

对一般随机序列来讲，自相关矩阵有以下两个性质。

性质 1：对称性，即

$$\boldsymbol{R}_X=\boldsymbol{R}_X^{\mathrm{T}}$$

性质 2：半正定性，即对任意 $\boldsymbol{N}$ 维（非随机）向量 $\boldsymbol{F}$，下式成立

$$\boldsymbol{F}^{\mathrm{T}}\boldsymbol{R}_X\boldsymbol{F}\geqslant 0$$

例题 16　求在［0，1］区间内均匀分布的独立随机序列的均值向量、自相关矩阵与协方差矩阵，设 $N=3$。

解：由题意得知，X_j 的一维概率密度函数为

$$p_{X_j}(x)=\begin{cases} 1, & 0\leqslant x<1 \\ 0, & \text{其他} \end{cases}$$

则均值

$$m_{X_j}=E[X_j]=\int_{-\infty}^{+\infty}xp_{X_j}(x)\mathrm{d}x=\frac{1}{2}$$

自相关函数为

$$r_{ij}=E[X_iX_j]=\int_{-\infty}^{+\infty}\int_{-\infty}^{+\infty}x_ix_jp_X(x_i,\ x_j)\mathrm{d}x_i\mathrm{d}x_j$$

若 $i=j$，则

$$r_{ij}=E[X_i^2]=\int_{-\infty}^{+\infty}x^2p_{X_i}(x)\mathrm{d}x=\frac{1}{3}$$

若 $i\neq j$，因为

$$p_X(x_i,\ x_j)=p_{X_i}(x_i)p_{X_j}(x_j)$$

则

$$r_{ij}=E[X_iX_j]=\int_{-\infty}^{+\infty}x_ip_{X_i}(x_i)\mathrm{d}x_i\int_{-\infty}^{+\infty}x_jp_{X_j}(x_j)\mathrm{d}x_j=\frac{1}{4}$$

于是均值向量与自相关矩阵分别为

$$\boldsymbol{M}_X=\begin{bmatrix}\frac{1}{2} & \frac{1}{2} & \frac{1}{2}\end{bmatrix}$$

$$\boldsymbol{R}_X=\begin{bmatrix}\frac{1}{3} & \frac{1}{4} & \frac{1}{4}\\ \frac{1}{4} & \frac{1}{3} & \frac{1}{4}\\ \frac{1}{4} & \frac{1}{4} & \frac{1}{3}\end{bmatrix}$$

协方差矩阵为

$$\boldsymbol{C}_X=\begin{bmatrix}\frac{1}{12} & 0 & 0\\ 0 & \frac{1}{12} & 0\\ 0 & 0 & \frac{1}{12}\end{bmatrix}$$

注意：任何独立随机序列的协方差矩阵均为对角阵，且对角元素为该随机序列的方差。

2.6.4　离散时间随机序列的平稳性和遍历性

若离散时间随机信号的均值为一常数，其自相关函数只与时间差 $m=n_2-n_1$ 有关，且它的均方值有限，即满足

$$\begin{cases}m_{X_n}=E[X_n]=m_X\\ R_X(n_1,\ n_2)=E[X_{n_1}X_{n_2}]=R_X(m)\\ \Psi_{X_n}^2=E[X_n^2]=\Psi_X^2<\infty\end{cases}\tag{2.6.19}$$

则称这样的离散时间随机信号为广义平稳的，也可称为平稳的。

对于均值与方差均存在的严平稳随机信号，必同时也是广义的平稳随机信号，反之则不一定成立。

如果两个离散随机信号各自平稳且联合平稳，则其互相关函数定义为

$$R_{XY}(m)=R_{XY}(n_1,\ n_2)=R_{XY}(n_1,\ n_1+m)$$

从信号处理的角度来说，无限能量信号集合的概念是一个很方便的数学概念，它可以使我们利用概率论来表示无限能量信号。但是，实际上，我们情愿只研究一个序列，不希望研究一个无限序列的集合。例如：我们希望根据对集合中一个序列的测量结果，来推断离散时间随机信号的概率特性或是某些集合平均量。

如果一个随机序列 $X(n)$，它的各种时间平均（时间足够长）以概率 1 收敛于相应的集合平均，则称序列 $X(n)$ 具有严格（或狭义）遍历性，并简称此序列为严遍历序列。

实离散时间随机信号 $X(n)$ 的时间均值定义为

$$A(X(n))=\overline{X(n)}=\lim_{N\to\infty}\frac{1}{2N+1}\sum_{n=-N}^{N}X_n \tag{2.6.20}$$

类似地，随机序列 $X(n)$ 的时间自相关函数定义为

$$R_X(n,\ n+m)=\overline{X(n)X(n+m)}=\lim_{N\to\infty}\frac{1}{2N+1}\sum_{n=-N}^{N}X_nX_{n+m} \tag{2.6.21}$$

设 $X(n)$ 是一个平稳随机序列，如果

$$A(X(n))=\overline{X(n)}=E[X(n)]=m_X \tag{2.6.22}$$

$$R_X(n,\ n+m)=\overline{X(n)X(n+m)}=E[X(n)X(n+m)]=R_X(m) \tag{2.6.23}$$

两式皆以概率 1 成立，则称 $X(n)$ 为宽（或广义）遍历序列，简称遍历序列。

2.7 正态随机信号

2.7.1 正态随机信号的一般概念

在电子技术中遇到的热噪声是由大量电子的热运动所引起的，因而这类噪声的分布是高斯分布。在许多实际问题中，很多重要的随机信号都是高斯信号，或者都可以用高斯信号来近似表示，而且，高斯信号具有良好的统计特性。

中心极限定理已经证明：如果 n 个独立随机变量的分布式相同，并且具有有限的均值和方差，当 n 无穷大时，它们之和的分布趋近于高斯分布。

中心极限定理还指出：即使 n 个独立随机变量不是相同分布时，当 n 无穷大时，如果满足任意一个随机变量都不占优或者对和的影响足够小，那么它们之和的分布依然趋于高斯分布。

1. 高斯随机变量

一维高斯分布的概率密度函数为

$$f_X(x)=\frac{1}{\sqrt{2\pi}\sigma}\mathrm{e}^{-\frac{(x-\mu)^2}{2\sigma^2}} \tag{2.7.1}$$

记为 $X\sim N(\mu,\ \sigma^2)$，其中 μ 和 σ^2 是均值与方差。

二维高斯分布的概率密度函数为

$$f_{XY}(x,\ y)=\frac{1}{2\pi\sigma_1\sigma_2\sqrt{1-\rho^2}}\mathrm{e}^{-\frac{1}{2(1-\rho^2)}\left[\frac{(x-\mu_1)^2}{\sigma_1^2}-2\rho\frac{(x-\mu_1)(y-\mu_2)}{\sigma_1\sigma_2}+\frac{(y-\mu_2)^2}{\sigma_2^2}\right]} \tag{2.7.2}$$

记为$(X, Y) \sim N(\mu_1, \sigma_1^2; \mu_2, \sigma_2^2; \rho)$，其中，$\mu_1$、$\mu_2$ 和 σ_1^2、σ_2^2 是各自的均值和方差，ρ 是互相关系数。

对多维高斯分布，采用向量与矩阵形式，令

$$\boldsymbol{X}=\begin{bmatrix} X_1 \\ X_2 \\ \vdots \\ X_n \end{bmatrix}, \quad \boldsymbol{x}=\begin{bmatrix} x_1 \\ x_2 \\ \vdots \\ x_n \end{bmatrix}, \quad \boldsymbol{v}=\begin{bmatrix} v_1 \\ v_2 \\ \vdots \\ v_n \end{bmatrix}$$

其均值矩阵

$$\boldsymbol{m}=\begin{bmatrix} m_1 \\ m_2 \\ \vdots \\ m_n \end{bmatrix}$$

其协方差矩阵

$$\boldsymbol{C}=(c_{ij})_{n\times n}=E[(\boldsymbol{X}-\boldsymbol{m})(\boldsymbol{X}-\boldsymbol{m})^{\mathrm{T}}]$$

多维高斯分布的概率密度函数为

$$f_X(\boldsymbol{x})=\frac{1}{(2\pi)^{n/2}|\boldsymbol{C}|^{1/2}}\exp\left[-\frac{(\boldsymbol{x}-\boldsymbol{m})^{\mathrm{T}}\boldsymbol{C}^{-1}(\boldsymbol{x}-\boldsymbol{m})}{2}\right] \tag{2.7.3}$$

记为$\boldsymbol{X} \sim N(\boldsymbol{m}, \boldsymbol{C})$。

2. 正态随机信号

如果一个实随机信号 $X(t)$ 的任意 n 个时刻 $t_1, t_2, \cdots, t_n$ 的状态的联合概率密度都可用 n 维高斯分布概率密度

$$f_X(x_1, x_2, \cdots, x_n; t_1, t_2, \cdots, t_n)=\frac{1}{(2\pi)^{n/2}|\boldsymbol{C}|^{1/2}}\exp\left[-\frac{(\boldsymbol{x}-\boldsymbol{m}_X)^{\mathrm{T}}\boldsymbol{C}^{-1}(\boldsymbol{x}-\boldsymbol{m}_X)}{2}\right] \tag{2.7.4}$$

描述，式中$\boldsymbol{m}_X$是 n 维均值向量，$\boldsymbol{C}$ 是 n 维协方差矩阵

$$\boldsymbol{C}=\begin{bmatrix} C_{11} & C_{12} & \cdots & C_{1n} \\ C_{21} & C_{22} & \cdots & C_{2n} \\ \vdots & \vdots & & \vdots \\ C_{n1} & C_{n2} & \cdots & C_{nn} \end{bmatrix}$$

$$C_{ij}=C_X(t_i, t_j)=E[(X_i-m_X(t_i))(X_j-m_X(t_j))]$$

则称 $X(t)$ 为正态随机信号（高斯随机信号）。

从上式可以看出：高斯随机信号的 n 维概率密度只取决于它的均值和协方差，因此它是二阶矩信号的一个重要子类，只需运用相关理论就能解决有关问题。

2.7.2 平稳正态随机信号

如果高斯随机信号 $X(t)$ 满足：

(1) $m_X(t_i)=m_X$

(2) $R_X(t_i, t_j)=R_X(\tau_{j-i})$，$\tau_{j-i}=t_j-t_i$，$i, j=1, 2, \cdots, n$

则此正态高斯信号是宽平稳的，称为宽平稳高斯随机信号，这时其概率密度函数可转化为

下式：

$$f_X(x_1,x_2,\cdots,x_n;\tau_1,\tau_2,\cdots,\tau_n)=\frac{1}{(2\pi)^{n/2}R^{1/2}\sigma_X^n}\exp\left[-\frac{1}{2R\sigma_X^2}\sum_{i=1}^{n}\sum_{j=1}^{n}R_{ij}(x_i-m_X)(x_j-m_X)\right]$$

式中 R 是由相关系数 r_{ij} 构成的行列式，由上式可知，此时的概率密度函数仅取决于时间差值，而与计时起点无关，所以也是严平稳的。也就是说，对于高斯随机信号宽平稳和严平稳是等价的。

2.7.3 正态随机信号的性质

高斯随机信号的性质：

(1) 高斯随机信号完全由它的均值和协方差函数（相关函数）决定。

(2) 高斯随机信号在 n 个不同时刻 t_1，t_2，…，t_n 上的取值互不相关与相互独立等价。

(3) 高斯随机信号与确定信号之和的概率密度函数仍然服从高斯分布。

(4) 若 $\boldsymbol{X}^{(k)}=[X_1^{(k)}\quad X_2^{(k)}\quad\cdots\quad X_n^{(k)}]^{\mathrm{T}}$ 为 n 维高斯随机变量，且 $\boldsymbol{X}^{(k)}$ 均方收敛于 $\boldsymbol{X}=[X_1\quad X_2\quad\cdots\quad X_n]^T$，则 $\boldsymbol{X}$ 为高斯分布的随机变量。

(5) 若高斯随机信号是均方可微的，则其导数也是高斯随机信号。

(6) 若高斯随机信号是均方可积的，则其区间内的积分也是高斯随机信号。

习　题

2.1　设有正弦波随机过程 $X(t)=V\cos\omega t$，其中 $0\leqslant t<\infty$，ω 为常数，V 是均匀分布于 $[0，1]$ 区间的随机变量。

(1) 画出该过程两条样本函数；

(2) 确定随机变量 $X(t_i)$ 的概率密度，画出 $t_i=0$，$\frac{\pi}{4\omega}$，$\frac{3\pi}{4\omega}$，$\frac{\pi}{\omega}$ 时概率密度的图形；

(3) 当 $t_i=\frac{\omega}{2\pi}$ 时，求 $X(t_i)$ 的概率密度。

2.2　设随机过程 $X(t)=b+Nt$，已知 b 为常量，N 为正态随机变量，其均值为 m，方差为 σ^2。试求随机过程 $X(t)$ 的一维概率密度及其均值和方差。

2.3　设随机过程 $X(t)=At+Bt^2$，式中 A、B 为两个互不相关的随机变量，且有 $E[A]=4$，$E[B]=7$，$D[A]=0.1$，$D[B]=2$。求过程 $X(t)$ 的均值、相关函数、协方差函数和方差。

2.4　设随机信号 $X(t)=Vt$，其中 V 是在 (0，1) 均匀分布的随机变量，求信号 $X(t)$ 的均值和自相关函数。

2.5　设随机信号 $X(t)=At+Bt^2$，式中 A、B 为两个互不相关的随机变量，且有 $E[A]=4$，$E[B]=7$，$D[A]=0.1$，$D[B]=2$。求信号 $X(t)$ 的均值、相关函数、协方差函数和方差。

2.6　随机过程由下述三个样本函数组成，且等概率发生：

$$X(t，e_1)=1，X(t，e_2)=\sin t，X(t，e_3)=\cos t$$

(1) 计算均值 $m_X(t)$ 和自相关函数 $R_X(t_1，t_2)$；

(2) 该过程是否为平稳随机过程?

2.7 两个随机信号 $X(t)$、$Y(t)$ 都是非平稳信号，$X(t)=A(t)\cos t$，$Y(t)=B(t)\sin t$。其中 $A(t)$、$B(t)$ 为相互独立、各自平稳的随机信号，且它们的均值均为0，自相关函数相等。试证明这两个信号之和 $Z(t)=X(t)+Y(t)$ 是宽平稳的。

2.8 设随机信号 $X(t)=a\sin(\omega_0 t+\Phi)$，式中 a、ω_0 均为正的常数；Φ 为正态随机变量，其概率密度为

$$f_\Phi(\varphi)=\frac{1}{\sqrt{2\pi}}e^{-\varphi^2/2}$$

试讨论 $X(t)$ 的平稳性。

2.9 已知随机信号 $X(t)=A\cos\omega_0 t+B\sin\omega_0 t$，式中 ω_0 为常数；而 A 与 B 是具有不同概率密度，但有相同方差 σ^2、均值为零的不相关的随机变量。证明 $X(t)$ 是宽平稳而不是严平稳的随机信号。

2.10 已知两个随机信号

$$X(t)=A\cos t-B\sin t,\ Y(t)=B\cos t+A\sin t$$

其中 A、B 是均值为0、方差为5的不相关的两个随机变量，试证信号 $X(t)$、$Y(t)$ 各自平稳，而且是联合平稳的；并求出它们的互相关系数。

2.11 设随机信号 $X(t)=a\cos(t+\Phi)$，其中 a 可以是、也可以不是随机变量，Φ 是在 $(0,\ 2\pi)$ 上均匀分布的随机变量；并且 a 为随机变量时，它与 Φ 统计独立。求：(1) 时间自相关函数和统计自相关函数；(2) a 具备什么条件时两种自相关函数相等。

2.12 设随机信号 $X(t)=A\sin t+B\cos t$，其中 A，B 均为零均值的随机变量。试证：$X(t)$ 是均值遍历的，而方差无遍历性。

2.13 设随机信号 $X(t)=A\cos(Qt+\Phi)$，式中 A、Q 和 Φ 为统计独立的随机变量；而且，A 的均值为2、方差为4，Φ 在 $(-\pi,\ \pi)$ 上均匀分布，Q 在 $(-5,\ 5)$ 上均匀分布。试问信号 $X(t)$ 是否平稳？是否遍历？并求出 $X(t)$ 的自相关函数。

2.14 对于零均值广义平稳随机信号 $Y(t)$，已知 $\sigma_Y^2=10$，问下述函数可否作为其自相关函数，为什么?

(1) $R_Y(\tau)=10u(\tau)\exp(-3\tau)$；

(2) $R_Y(\tau)=8(1+2\tau^2)^{-1}$；

(3) $R_Y(\tau)=6+4\left[\frac{\sin(10\tau)}{10\tau}\right]$。

2.15 设随机过程 $Z(t)=X(t)\cos\omega t-Y(t)\sin\omega t$，其中 ω 为常量，$X(t)$、$Y(t)$ 为平稳随机过程，且相关函数分别为 $R_X(\tau)$ 和 $R_Y(\tau)$。试求：

(1) $Z(t)$ 的自相关函数 $R_Z(t_1,\ t_2)$；

(2) 如果 $R_X(\tau)=R_Y(\tau)$，$R_{XY}(\tau)=0$，求 $R_Z(t_1,\ t_2)$。

2.16 设 $X(t)$ 是雷达的发射信号，遇目标后返回接收机的微弱信号是 $aX(t-\tau_1)$，$a\ll 1$，τ_1 是信号返回时间，由于接收到的信号总是伴有噪声，记噪声为 $N(t)$，故接收机接收到的全信号为

$$Y(t)=aX(t-\tau_1)+N(t)$$

(1) 若信号 $X(t)$、$N(t)$ 单独平稳且联合平稳，求互相关函数 $R_{XY}(t_1,\ t_2)$。

（2）在（1）条件下，假如 $N(t)$ 的均值为零，且与 $X(t)$ 是互相独立的，求 $R_{XY}(t_1, t_2)$。

2.17　设复随机信号为

$$Z(t)=Ve^{j\omega_0 t}$$

其中 ω_0 为正常数，V 为实随机变量。求复信号 $Z(t)$ 的自相关函数。

2.18　令 $X(n)$ 和 $Y(n)$ 为不相关的随机信号，试证：如果 $Z(n)=X(m)+Y(n)$，则 $m_Z=m_X+m_Y$ 及 $\sigma_Z^2=\sigma_X^2+\sigma_Y^2$。

2.19　有两个独立且联合平稳的随机序列 $X(n)$ 和 $Y(n)$，它的均值分别是 m_X 和 m_Y，方差分别是 σ_X^2 和 σ_Y^2，试证明

$$|R_{XY}(m)|\leqslant[R_X(0)R_Y(0)]^{1/2},\ |K_{XY}(m)|\leqslant[K_X(0)K_Y(0)]^{1/2}$$

$$|R_X(m)|\leqslant R_X(0),\ |K_X(m)|\leqslant K_X(0)$$

[提示：可利用不等式 $E\left[\left(\frac{X_n}{[E(X_n^2)]^{1/2}}\pm\frac{Y_{m+n}}{[E(Y_{m+n}^2)]^{1/2}}\right)\right]\geqslant 0$]

2.20　若正态随机信号 $X(t)$ 有自相关函数

（1）$R_X(\tau)=6e^{-|\tau|/2}$

（2）$R_X(\tau)=6\ \dfrac{\sin\pi\tau}{\pi\tau}$

试确定随机变量 $X(t)$、$X(t+1)$、$X(t+2)$、$X(t+3)$ 的协方差矩阵。

第3章

平稳随机信号谱分析

在信号与系统、信号处理、通信理论以及其他许多领域的理论与实际应用问题中，广泛用到傅里叶变换这一工具。一方面由于确定信号的频谱、线性系统的频率响应等具有鲜明的物理意义，另一方面在时域上计算确定信号通过线性系统须采用运算量很大的卷积积分，转换到频域上分析时，可变换成简单的乘积运算，从而使运算量大为减少。因此傅里叶变换是确定信号分析的重要工具。

当我们对比确定性信号和随机信号二者之间关系的时候，不由地会提出下面的问题：

(1) 随机信号是否也可以应用频域分析方法？

(2) 傅里叶变换能否应用于随机信号？

(3) 随机信号是否也存在谱的概念？

3.1 随机信号功率谱定义

3.1.1 随机信号功率谱研究的意义

从频域分析方法的重要性和有效性考虑，自然会提出这样的问题：随机信号能否进行傅里叶变换？随机信号是否也存在某种谱特性？回答是肯定的。傅里叶变换及频域分析方法，对随机信号而言，同样是重要而有效的。不过，在随机信号的情况下，必须进行某种处理后，才能应用傅里叶变换这个工具。因为一般随机信号的样本函数不满足傅里叶变换的绝对可积条件，即

$$\int_{-\infty}^{+\infty} |x(t)|\,\mathrm{d}t < \infty \tag{3.1.1}$$

在“信号与系统”课程中，对于傅里叶变换的讨论研究是基于一个特定的数学定义。该定义是，设 $x(t)$ 是时间 t 的非周期实函数，当且仅当 $x(t)$ 满足以下三个条件：第一，$x(t)$ 在 $(-\infty, \infty)$ 范围内满足狄里赫利条件；第二，$x(t)$ 绝对可积；第三，$x(t)$ 总能量有限。在满足上述条件后，$x(t)$ 的傅里叶变换为

$$X_X(\omega) = \int_{-\infty}^{\infty} x(t)\mathrm{e}^{-\mathrm{j}\omega t}\,\mathrm{d}t \tag{3.1.2}$$

$X_X(\omega)$ 就称为 $x(t)$ 的频谱密度，也就是常说的频谱，一般来说，$X_X(\omega)$ 是 ω 的复函数，即 $X_X(\omega)$ 包含了振幅谱和相位谱。

仔细分析傅里叶变换存在的三个基本条件，可以推出如下的结论：

(1) 满足狄里赫利条件就意味着信号在时域应该具有三大特征，即：有限个极值；有限个断点；断点为有限值。这三大特征必须同时成立，否则就不能满足傅里叶变换的积分条件。

(2) 满足绝对可积，即意味着$\int_{-\infty}^{\infty} |X(t)| \mathrm{d}t < \infty$。

(3) 满足总能量有限，即表示$\int_{-\infty}^{\infty} |X(t)|^2 \mathrm{d}t < \infty$。

这三个条件在信号研究中具有里程碑式的意义。在这样的前提下，一些在数学领域不可积分的时域信号通过该条件的修正变得可积，实现了这些信号的频域研究。但是上面的这些条件是基于确定规律下的信号研究的，并不适用于随机信号。这就要求针对随机信号的不确定特性，探索出相适应的频谱研究方法。

3.1.2 随机过程的功率谱密度

如果一个确定信号是 $s(t)$，$-\infty < t < \infty$，满足狄氏条件（绝对可积），即满足$\int_{-\infty}^{+\infty} |s(t)| \mathrm{d}t < \infty$，或等价条件$\int_{-\infty}^{+\infty} |s(t)|^2 \mathrm{d}t < \infty$，则 $s(t)$ 的傅里叶变换存在，或说具有频谱

$$S(\omega) = \int_{-\infty}^{+\infty} s(t) \mathrm{e}^{-\mathrm{j}\omega t} \mathrm{d}t$$

在 $s(t)$ 和 $S(\omega)$ 之间满足帕塞瓦尔公式

$$\int_{-\infty}^{+\infty} s^2(t) \mathrm{d}t = \frac{1}{2\pi} \int_{-\infty}^{+\infty} |S(\omega)|^2 \mathrm{d}\omega$$

等式左边表示 $s(t)$ 在无穷范围上的总能量，等式右边则表明信号的总能量也可以在频域把每单位频带内的能量在整个频谱范围内积分得到。

然而，在工程技术上有许多重要的时间函数总能量是无限的，不能满足傅里叶变换的条件。那么随机过程是如何运用傅里叶变换呢？一个随机过程的样本函数，尽管它的总能量是无限的，但其平均功率却是有限值，即

$$W_\xi = \lim_{T \to \infty} \frac{1}{2T} \int_{-T}^{T} |x(t)|^2 \mathrm{d}t < \infty \tag{3.1.3}$$

若 $x(t)$ 为随机过程 $X(t)$ 的样本函数，$X(t)$ 代表噪声电流或电压，则 W_ξ 表示 $x(t)$ 消耗在 1Ω 电阻上的平均功率。这样，对随机过程的样本函数而言，研究它的频谱没有意义，研究其平均功率的分布则有意义。为了将傅里叶变换方法应用于随机信号，必须对过程的样本函数做某些限制，最简单的一种方法是应用截断函数。

首先把随机过程 $X(t)$ 的样本函数 $x(t)$ 任意截取一段，长度为 $2T$，并记为 $x_T(t)$ 为 $x(t)$ 的截断函数，该截断函数定义如下：

$$x_T(t) = \begin{cases} x(t), & |t| \leqslant T \leqslant \infty \\ 0, & |t| > T \end{cases} \tag{3.1.4}$$

其函数如图 3.1 所示。

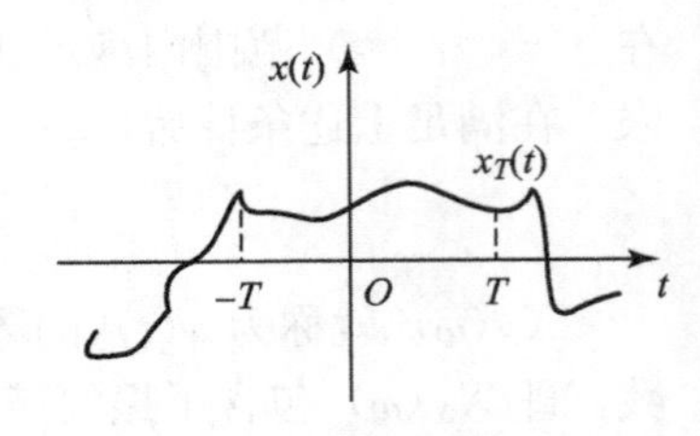

图 3.1 $x(t)$ 及其截断函数 $x_T(t)$

由图 3.1 可以看出，对于有限持续时间的 $x_T(t)$ 而言，傅里叶变换是存在的。

$$\begin{aligned} X_T(\omega) &= \int_{-\infty}^{+\infty} x_T(t) \mathrm{e}^{-\mathrm{j}\omega t} \mathrm{d}t \\ &= \int_{-T}^{T} x_T(t) \mathrm{e}^{-\mathrm{j}\omega t} \mathrm{d}t \end{aligned} \tag{3.1.5}$$

$$x_T(t)=\frac{1}{2\pi}\int_{-\infty}^{+\infty}X_T(\omega)\mathrm{e}^{\mathrm{j}\omega t}\,\mathrm{d}t \tag{3.1.6}$$

$X_T(\omega)$ 即为 $x_T(t)$ 的频谱函数。

根据帕塞瓦尔定理，信号的时域能量和频域能量相等，即

$$E_X(T)=\int_{-\infty}^{\infty}|x_T(t)|^2\mathrm{d}t=\frac{1}{2\pi}\int_{-\infty}^{\infty}|X_T(\omega)|^2\mathrm{d}\omega \tag{3.1.7}$$

能量的频域描述

$$E_X(\omega)=\frac{1}{2\pi}\int_{-\infty}^{\infty}|X_T(\omega)|^2\mathrm{d}\omega \tag{3.1.8}$$

在实际的工程应用中，我们要解决的是随机信号如何运用傅里叶变换的问题，下面就这个问题予以讨论。

（1）随机信号样本截断函数功率的定义

$$P_X(T)=\frac{E_X(\omega)}{2T} \tag{3.1.9}$$

（2）随机信号的样本功率。

样本函数的功率定义为

$$P_X=\lim_{T\to\infty}P_X(T) \tag{3.1.10}$$

由帕塞瓦尔定理

$$\begin{aligned}P_X&=\lim_{T\to\infty}\frac{E_X(T)}{2T}=\lim_{T\to\infty}\frac{E_\omega(T)}{2T}\\&=\lim_{T\to\infty}\frac{1}{2T}\left[\frac{1}{2\pi}\int_{-\infty}^{\infty}|X_T(\omega)|^2\mathrm{d}\omega\right]\\&=\int_{-\infty}^{\infty}\lim_{T\to\infty}\frac{1}{2\pi}\cdot\frac{|X_T(\omega)|^2}{2T}\mathrm{d}\omega\\&=\frac{1}{2\pi}\int_{-\infty}^{\infty}\left(\lim_{T\to\infty}\frac{|X_T(\omega)|^2}{2T}\right)\mathrm{d}\omega\end{aligned}$$

由上述结论，对给定的随机信号，存在定义

$$G_X(\omega,\xi)=\lim_{T\to\infty}\frac{1}{2T}|X_T(\omega,\ \xi)|^2 \tag{3.1.11}$$

把该定义视为随机信号的样本功率谱。由上可得 $G_X(\omega,\ \xi)$ 随样本不同而不同。所谓信号的功率谱密度函数是指这样的频率函数：①当在整个频率范围内对它进行积分后，就给出了信号的总功率；②它描述了信号功率在各个不同频率上分布的情况。

$\lim\limits_{T\to\infty}\frac{1}{2T}|X_T(\omega,\ \xi)|^2$ 具备了上述特性。它代表了随机过程的某一个样本函数 $x(t,\ \xi)$ 在单位频带内、消耗在 1 Ω 电阻上的平均功率。因此可称它为样本函数的功率谱密度函数，记为 $G_X(\omega,\ \xi)$。

$$G_X(\omega,\ \xi)=\lim_{T\to\infty}\frac{1}{2T}|X_T(\omega,\ \xi)|^2 \tag{3.1.12}$$

如果对所有的试验结果取统计平均，得

$$G_X(\omega)=E[G_X(\omega,\ \xi)]$$
$$=E\left[\lim_{T\to\infty}\frac{1}{2T}|X_T(\omega,\ \xi)|^2\right] \tag{3.1.13}$$
$$=\lim_{T\to\infty}\frac{1}{2T}E[|X_T(\omega,\ \xi)|^2]$$

这里的 $G_X(\omega)$ 是 ω 的确定函数，不再具有随机性。

$G_X(\omega)$ 的物理意义：表示单位频带内随机过程 $X(t)$ 的频谱分量消耗在单位电阻上的平均功率的统计平均值。因而 $G_X(\omega)$ 被称为随机过程 $X(t)$ 的功率谱密度函数，简称功率谱密度。功率谱密度是从频域的角度描述 $X(t)$ 统计特性的重要数字特征，但是其仅表示 $X(t)$ 的平均功率在频域上的分布情况，不包含 $X(t)$ 的相位信息。

$$W=\frac{1}{2\pi}\int_{-\infty}^{+\infty}G_X(\omega)\mathrm{d}\omega \tag{3.1.14}$$

这里 W 是随机过程 $X(t)$ 的平均功率。由此可见，随机过程的平均功率可以由它的均方值的时间平均得到，也可以由它的功率谱密度在整个频率域上积分得到。

3.2 随机信号功率谱特征

3.2.1 平稳随机过程的功率谱密度与自相关函数的关系

通过前面的讨论可知相关函数是从时间角度描述过程统计特性的最主要数字特征；而功率谱密度则是从频率角度描述过程统计特性的数字特征。两者描述的对象是一个，它们之间必然有一定的关系。

下面将证明平稳过程在一定的条件下，自相关函数 $R_X(\tau)$ 和功率谱密度 $G_X(\omega)$ 构成傅里叶变换对。

$$G_X(\omega)=\int_{-\infty}^{+\infty}R_X(\tau)\mathrm{e}^{-\mathrm{j}\omega\tau}\mathrm{d}\tau \tag{3.2.1}$$

可见，平稳过程的功率谱密度就是其自相关函数的傅里叶变换。若进行傅氏反变换，则有

$$R_X(\tau)=\frac{1}{2\pi}\int_{-\infty}^{+\infty}G_X(\omega)\mathrm{e}^{\mathrm{j}\omega\tau}\mathrm{d}\omega \tag{3.2.2}$$

这就是著名的维纳—辛钦定理，或称维纳—辛钦公式。它给出了平稳随机过程的时域统计特性和频域统计特性之间的联系。可以说，它是分析随机信号的一个最重要、最基本的公式。

按照功率谱密度函数的定义 $G_X(\omega)=\lim\limits_{T\to\infty}\frac{1}{2T}E[|X_T(\omega,\ \xi)|^2]$，其中 $X_T(\omega)=\int_{-T}^{T}x_T(t)\mathrm{e}^{-\mathrm{j}\omega t}\mathrm{d}t$，下面进行推导。

$$G_X(\omega)=\lim_{T\to\infty}\frac{1}{2T}E[|X_T(\omega)|^2]$$
$$=\lim_{T\to\infty}\frac{1}{2T}E\left[\left(\int_{-T}^{T}x_T(t_1)\mathrm{e}^{-\mathrm{j}\omega t_1}\mathrm{d}t_1\right)^*\int_{-T}^{T}x_T(t_2)\mathrm{e}^{-\mathrm{j}\omega t_2}\mathrm{d}t_2\right] \tag{3.2.3}$$
$$=\lim_{T\to\infty}\frac{1}{2T}\int_{-T}^{T}\int_{-T}^{T}R_X(t_2-t_1)\mathrm{e}^{-\mathrm{j}\omega(t_2-t_1)}\mathrm{d}t_1\mathrm{d}t_2$$

作积分变换 $\tau_1=t_1+t_2$，$\tau_2=t_2-t_1$，即 $t_1=\frac{1}{2}(\tau_1-\tau_2)$，$t_2=\frac{1}{2}(\tau_1+\tau_2)$，该变换的雅可比式为

$$\left|\frac{\partial(t_1,t_2)}{\partial(\tau_1,\tau_2)}\right|=\begin{vmatrix}\frac{1}{2} & -\frac{1}{2}\\ \frac{1}{2} & \frac{1}{2}\end{vmatrix}=\frac{1}{2} \tag{3.2.4}$$

$$\begin{aligned}G_X(\omega)&=\lim_{T\to\infty}\frac{1}{2T}\iint_{G_2}\frac{1}{2}R_X(\tau_2)\mathrm{e}^{-\mathrm{j}\omega\tau_2}\mathrm{d}\tau_1\mathrm{d}\tau_2\\&=\lim_{T\to\infty}\frac{1}{2T}\int_{-2T}^{2T}\int_{-2T+|\tau_2|}^{2T-|\tau_2|}\frac{1}{2}R_X(\tau_2)\mathrm{e}^{-\mathrm{j}\omega\tau_2}\mathrm{d}\tau_1\mathrm{d}\tau_2\\&=\lim_{T\to\infty}\frac{1}{2T}\int_{-2T}^{2T}\left(1-\frac{|\tau_2|}{2T}\right)R_X(\tau_2)\mathrm{e}^{-\mathrm{j}\omega\tau_2}\mathrm{d}\tau_2\\&=\lim_{T\to\infty}\int_{-2T}^{2T}R_X(\tau)\mathrm{e}^{-\mathrm{j}\omega\tau}\mathrm{d}\tau-\lim_{T\to\infty}\frac{1}{2T}\int_{-2T}^{2T}|\tau|R_X(\tau)\mathrm{e}^{-\mathrm{j}\omega\tau}\mathrm{d}\tau\end{aligned} \tag{3.2.5}$$

假设 $\int_{-\infty}^{\infty}|\tau R_X(\tau)|<\infty$，上式第二个积分是有界的，故除以 $2T$ 后的极限为零，因此

$$G_X(\omega)=\int_{-\infty}^{\infty}R_X(\tau)\mathrm{e}^{-\mathrm{j}\omega\tau}\mathrm{d}\tau \tag{3.2.6}$$

若进行傅氏反变换，则有

$$R_X(\tau)=\frac{1}{2\pi}\int_{-\infty}^{+\infty}G_X(\omega)\mathrm{e}^{\mathrm{j}\omega\tau}\mathrm{d}\omega \tag{3.2.7}$$

上式中令 $\tau=0$，则 $R_X(0)=\frac{1}{2\pi}\int_{-\infty}^{\infty}G_X(\omega)\mathrm{d}\omega$，这是用功率谱来表示随机过程的总的平均功率，总的平均功率等于功率谱密度在整个频率轴上的积分。

由于平稳随机过程的相关函数是偶函数，因此，有

$$G_X(\omega)=2\int_0^{\infty}R_X(\tau)\cos\omega\tau\,\mathrm{d}\tau \tag{3.2.8}$$

由此可以看出，功率谱是实函数，而且是偶函数，从功率谱的定义可知功率谱是非负的。

功率谱是在整个频率轴上定义的，但负频率实际上是不存在的，因此也可以只在正频率范围内定义一个物理功率谱 $F_X(\omega)$，简称为物理谱：

$$F_X(\omega)=\begin{cases}2G_X(\omega), & \omega\geqslant0\\0, & \omega<0\end{cases} \tag{3.2.9}$$

那么

$$F_X(\omega)=4\int_0^{+\infty}R_X(\tau)\cos\omega\tau\,\mathrm{d}\tau \tag{3.2.10}$$

$$R_X(\tau)=\frac{1}{2\pi}\int_0^{+\infty}F_X(\omega)\cos\omega\tau\,\mathrm{d}\omega \tag{3.2.11}$$

以上所讨论的功率谱密度都属于连续情况，这意味着相应的随机过程不能含有直流成分或周期性成分，这是因为功率谱密度是指“单位带宽上的平均功率”，而任何直流分量和周

期性分量，在频域上都表现为频率轴上某点的零带宽内的有限平均功率，都会在频域的相应位置上产生离散谱线。而且在零带宽上的有限功率等效于无限的功率谱密度。于是当平稳过程包含有直流成分时，其功率谱密度在零频率上应是无限的，而在其他频率上是有限的。含有直流分量和周期分量的随机过程是很多的，这就限制了定理的应用。但是引入 δ 函数，当平稳过程包含有直流分量和周期分量时，该过程的功率谱密度函数曲线将在 $\omega=0$ 处存在一个 δ 函数。同理，若平稳过程含有某个周期成分，则其功率谱密度函数曲线将在相应的离散频率点上存在 δ 函数。类似信号与系统相关的讨论那样，若借助于 δ 函数，维纳一辛钦公式就可推广到这种含有直流或周期性成分的平稳过程中来。

δ 函数的时域和频域傅里叶变换为

$$\begin{cases}\delta(\tau)\Leftrightarrow 1\\ \dfrac{1}{2\pi}\Leftrightarrow\delta(\omega)\end{cases}\tag{3.2.12}$$

周期函数的傅里叶变换为

$$\begin{cases}\cos(\omega_0\tau)\Leftrightarrow\pi[\delta(\omega-\omega_0)+\delta(\omega+\omega_0)]\\ \sin(\omega_0\tau)\Leftrightarrow \mathrm{j}\pi[\delta(\omega-\omega_0)+\delta(\omega+\omega_0)]\end{cases}\tag{3.2.13}$$

δ 函数与连续函数 $s(t)$ 的乘积公式为

$$\begin{cases}s(t)\delta(t-\tau)=s(\tau)\delta(t-\tau)\\ s(t)\delta(t)=s(0)\delta(t)\end{cases}\tag{3.2.14}$$

例题 1 已知一个电报信号是平稳随机过程，其自相关函数 $R_X(\tau)=A\mathrm{e}^{-\beta|\tau|}$，$A>0$，$\beta>0$，求该信号的功率谱密度。

解：因为在 $R_X(\tau)$ 的表示式中包含有 $|\tau|$，因此在应用维纳一辛钦公式求积分时，应将 $|\tau|$ 分成 $+\tau$ 和 $-\tau$ 两部分进行积分。

$$\begin{aligned}G_X(\omega)&=\int_{-\infty}^{0}A\mathrm{e}^{\beta\tau}\mathrm{e}^{-\mathrm{j}\omega\tau}\mathrm{d}\tau+\int_{0}^{\infty}A\mathrm{e}^{-\beta\tau}\mathrm{e}^{-\mathrm{j}\omega\tau}\mathrm{d}\tau\\&=A\left.\frac{\mathrm{e}^{(\beta-\mathrm{j}\omega)\tau}}{\beta-\mathrm{j}\omega}\right|_{-\infty}^{0}+A\left.\frac{\mathrm{e}^{-(\beta+\mathrm{j}\omega)\tau}}{-(\beta+\mathrm{j}\omega)}\right|_{0}^{\infty}\\&=A\left[\frac{1}{\beta-\mathrm{j}\omega}+\frac{1}{\beta+\mathrm{j}\omega}\right]=\frac{2A\beta}{\beta^2+\omega^2}\end{aligned}$$

例题 2 已知随机相位过程 $X(t)=A\cos(\omega_0t+\theta)$，其中 A、ω_0 为实常数，θ 为随机相位，服从（0，2π）上的均匀分布。可证其为平稳随机过程，且自相关函数为 $R_X(\tau)=\dfrac{A^2}{2}\cos(\omega_0\tau)$，求 $X(t)$ 的功率谱密度 $G_X(\omega)$。

解：$R_X(\tau)$ 含有周期分量，引入 δ 函数可得

$$G_X(\omega)=\frac{A^2}{4}\int_{-\infty}^{+\infty}(\mathrm{e}^{\mathrm{j}\omega_0\tau}+\mathrm{e}^{-\mathrm{j}\omega_0\tau})\mathrm{e}^{-\mathrm{j}\omega\tau}\mathrm{d}\tau=\frac{A^2\pi}{2}[\delta(\omega-\omega_0)+\delta(\omega+\omega_0)]$$

表示 $X(t)$ 的功率谱密度为在 $\pm\omega_0$ 处的 δ 函数。

例题 3 已知平稳随机过程，具有功率谱密度为 $G_X(\omega)=\dfrac{16}{\omega^4+13\omega^2+36}$，求该过程的自相关函数和均方值。

解：由 $R_X(\tau)=Ae^{-\beta|\tau|}\Leftrightarrow G_X(\omega)=\dfrac{2A\beta}{\beta^2+\omega^2}$，为了利用这个傅里叶变换关系，可以将 $G_X(\omega)$ 用部分分式展开为

$$G_X(\omega)=\frac{16}{\omega^4+13\omega^2+36}=\frac{16}{(\omega^2+4)(\omega^2+9)}=\frac{16/5}{\omega^2+4}-\frac{16/5}{\omega^2+9}$$

于是，$R_X(\tau)$ 应当具有如下形式：

$$R_X(\tau)=F^{-1}[G_X(\omega)]=F^{-1}\left[\frac{16/5}{\omega^2+4}\right]-F^{-1}\left[\frac{16/5}{\omega^2+9}\right]$$

由于

$$\frac{16/5}{\omega^2+4}=\frac{2\times2\times4/5}{\omega^2+4},\ \frac{16/5}{\omega^2+9}=\frac{2\times3\times8/15}{\omega^2+9}$$

故 $A_1=\dfrac{4}{5}$，$\beta_1=2$；$A_2=\dfrac{8}{15}$，$\beta_2=3$，可得

$$R_X(\tau)=\frac{4}{5}e^{-2|\tau|}-\frac{8}{15}e^{-3|\tau|}$$

$X(t)$ 的均方值为

$$E[X^2(t)]=R_X(0)=\frac{4}{5}-\frac{8}{15}=\frac{4}{15}$$

例题 4　平稳随机信号 $X(t)$ 的功率谱密度为 $G_X(\omega)=\dfrac{32}{\omega^2+16}$，求：

(1) 该随机信号的平均功率；

(2) ω 取值在 $(-4,4)$ 范围内的平均功率。

解：(1) $P=E[X^2(t)]=\dfrac{1}{2\pi}\displaystyle\int_{-\infty}^{\infty}G_X(\omega)d\omega$。

方法一（时域法）：

$$R(\tau)=F^{-1}[G_X(\omega)]=4\cdot F^{-1}\left[\frac{2\times4}{4^2+\omega^2}\right]=4\cdot e^{-4|\tau|}$$

$$P_1=R(0)=4$$

方法二（频域法）：

因为

$$(\arctan x)'=\frac{1}{1+x^2}$$

因此

$$P_1=\frac{1}{2\pi}\int_{-\infty}^{\infty}G_X(\omega)d\omega=\frac{1}{2\pi}\int_{-\infty}^{\infty}\frac{32}{4^2+\omega^2}d\omega$$

$$=\frac{4}{\pi}\int_{-\infty}^{\infty}\frac{1}{1+\left(\dfrac{\omega}{4}\right)^2}d\frac{\omega}{4}=4$$

(2) ω 取值在 $(-4,4)$ 范围内的平均功率为

$$P_2=\frac{1}{2\pi}\int_{-4}^{4}\frac{32}{4^2+\omega^2}d\omega=2$$

例题 5 已知平稳随机信号 $X(t)$ 的自相关函数 $R_X(\tau)=\mathrm{e}^{-2|\tau|}\cos\tau+1$，求其功率谱密度及平均功率。

解：$R_X(0)=\mathrm{e}^{-2|0|}\cos 0+1=1+1=2=P_X$。

又因为

$$\mathrm{e}^{-a|t|}\leftrightarrow\frac{2a}{\omega^2+a^2}$$

所以

$$\begin{aligned}G_X(\omega)&=F\left[R_X(\tau)\right]=F\left[\mathrm{e}^{-2|\tau|}\cos\tau+1\right]\\&=\frac{1}{2\pi}\left\{\frac{4}{\omega^2+4}*\pi[\delta(\omega+1)+\delta(\omega-1)]\right\}+2\pi\delta(\omega)\\&=\frac{2}{(\omega+1)^2+4}+\frac{2}{(\omega-1)^2+4}+2\pi\delta(\omega)\end{aligned}$$

例题 6 求用平稳随机信号 $X(t)$ 的自相关函数及功率谱密度表示的 $Y(t)=X(t)\cos(\omega_0 t+\Phi)$ 的自相关函数及功率谱密度。其中，Φ 为在 $[0,2\pi]$ 内均匀分布的随机变量，$X(t)$ 是与 Φ 相互独立的随机信号。

解：由题意得

$$\begin{aligned}R_X(t,t+\tau)&=E[Y(t)Y(t+\tau)]\\&=E\{X(t)\cos(\omega_0 t+\Phi)X(t+\tau)\cos[(\omega_0 t+\tau)+\Phi]\}\\&=E[X(t)X(t+\tau)]E\{\cos(\omega_0 t+\Phi)\cos[(\omega_0 t+\tau)+\Phi]\}\\&=\frac{1}{2}R_X(\tau)\cos\omega_0\tau\\&=R_Y(\tau)\end{aligned}$$

综上可得

$$\begin{aligned}G_X(\omega)&=\int_{-\infty}^{\infty}R_Y(\tau)\mathrm{e}^{-\mathrm{j}\omega\tau}\mathrm{d}\tau=\frac{1}{2}\int_{-\infty}^{\infty}R_X(\tau)\cos\omega_0\tau\mathrm{e}^{-\mathrm{j}\omega\tau}\mathrm{d}\tau\\&=\frac{1}{4}\int_{-\infty}^{\infty}R_X(\tau)(\mathrm{e}^{-\mathrm{j}\omega_0\tau}+\mathrm{e}^{\mathrm{j}\omega_0\tau})\mathrm{e}^{-\mathrm{j}\omega\tau}\mathrm{d}\tau\\&=\frac{1}{4}\int_{-\infty}^{\infty}R_X(\tau)(\mathrm{e}^{-\mathrm{j}(\omega+\omega_0)\tau}+\mathrm{e}^{\mathrm{j}(\omega-\omega_0)\tau})\mathrm{d}\tau\\&=\frac{1}{4}[G_X(\omega+\omega_0)+G_X(\omega-\omega_0)]\end{aligned}$$

3.2.2 平稳随机信号功率谱的基本性质

平稳随机过程的功率谱密度是平稳过程在频率域内的重要统计参量，功率谱密度函数具有以下性质：

(1) 非负性 $G_X(\omega)\geqslant 0$。

根据功率谱密度函数的定义，其是 $E[|X_T(\omega,\xi)|^2]$ 做平均，因为 $E[|X_T(\omega,\xi)|^2]\geqslant 0$，因此功率谱密度函数是非负的。

(2) $G_X(\omega)$ 是实函数。

根据定义知，$E[|X_T(\omega,\xi)|^2]$ 是实函数，所以 $G_X(\omega)$ 也是实函数。

(3) $G_X(\omega)$ 是偶函数。

根据傅里叶变换的性质，当 $x_T(t)$ 为 t 的实函数时，其频谱满足

$$X_T^*(\omega,\ \xi)=X_T(-\omega,\ \xi)$$

式中，* 表示复共轭。于是有

$$\begin{aligned}|X_T(\omega,\ \xi)|^2&=X_T(\omega,\ \xi)X_T^*(\omega,\ \xi)\\&=X_T^*(-\omega,\ \xi)X_T(-\omega,\ \xi)=|X_T(-\omega,\ \xi)|^2\end{aligned}$$

可证 $G_X(\omega)=G_X(-\omega)$。

(4) $G_{X'}(\omega)=\omega^2G_X(\omega)$，其中 $X'(t)=\mathrm{d}X(t)/\mathrm{d}t$。

(5) 有理谱密度是实际应用中最常见的一类功率谱密度，自然界和工程实际应用中的有色噪声常常可用有理函数形式的功率谱密度来逼近。

$$G_X(\omega)=G_0\frac{\omega^{2n}+a_{2n-2}\omega^{2n-2}+\cdots+a_0}{\omega^{2m}+b_{2m-2}\omega^{2m-2}+\cdots+b_0}$$

注意到上式中自变量都是以 ω^2 项出现的。由于平均功率总是有限的，所以分母的阶数要高于分子的阶数，即 $m>n$。根据平稳随机过程功率谱具有非负和实偶函数的特性可知，G_0 是实数，且分母多项式无实根。

3.3　联合平稳随机信号的互功率谱

3.3.1　随机信号互功率谱的基本概念

随机信号自相关的本质，就是研究一个信号任意两个不同时刻点之间的性质。这时，我们不妨更加深入地思考一下，如果存在两个不同时刻的随机信号，当这两个信号在某一时刻同时通过一个线性系统时，它们共同产生的功率是怎样的呢？它们之间存在哪些内在联系？为了更好地研究两个不同的随机信号之间的关系，专门引入互功率谱的概念。

在实际应用中还经常需要研究两个随机过程之和构成的新的随机过程。

例如 $Z(t)=X(t)+Y(t)$。随机过程 $Z(t)$ 的自相关函数为

$$\begin{aligned}R_Z(t,\ t+\tau)&=E\{[X(t)+Y(t)][X(t+\tau)+Y(t+\tau)]\}\\&=R_X(t,\ t+\tau)+R_Y(t,\ t+\tau)+R_{XY}(t,\ t+\tau)+R_{YX}(t,\ t+\tau)\end{aligned}\tag{3.3.1}$$

若两个随机过程 $X(t)$，$Y(t)$ 单独平稳且联合平稳，则 $Z(t)$ 必然也是平稳的，并且有

$$R_Z(\tau)=R_X(\tau)+R_Y(\tau)+R_{XY}(\tau)+R_{YX}(\tau)\tag{3.3.2}$$

取傅里叶变换，得新过程 $Z(t)$ 的谱密度 $G_Z(\omega)$ 为

$$\begin{aligned}G_Z(\omega)=&\ G_X(\omega)+G_Y(\omega)+\\&\int_{-\infty}^{+\infty}R_{XY}(\tau)\mathrm{e}^{-\mathrm{j}\omega\tau}\mathrm{d}\tau+\int_{-\infty}^{+\infty}R_{YX}(\tau)\mathrm{e}^{-\mathrm{j}\omega\tau}\mathrm{d}\tau\end{aligned}\tag{3.3.3}$$

$$\begin{aligned}G_{XY}(\omega)&=\int_{-\infty}^{+\infty}R_{XY}(\tau)\mathrm{e}^{-\mathrm{j}\omega\tau}\mathrm{d}\tau\\G_{YX}(\omega)&=\int_{-\infty}^{\infty}R_{YX}(\tau)\mathrm{e}^{-\mathrm{j}\omega\tau\mathrm{d}\tau}\end{aligned}\tag{3.3.4}$$

设有两个联合平稳的随机过程 $X(t)$ 和 $Y(t)$，若 $X(t,\ \xi)$ 和 $Y(t,\ \xi)$ 分别为 $X(t)$ 和

$Y(t)$ 的某一个样本函数，相应的截取函数是 $X_T(t, \xi)$ 和 $Y_T(t, \xi)$，而 $X_T(t, \xi)$ 和 $Y_T(t, \xi)$ 的傅里叶变换分别是 $X_T(\omega, \xi)$ 和 $Y_T(\omega, \xi)$。

定义 $X(t)$ 和 $Y(t)$ 的互谱密度函数为

$$\begin{aligned} G_{XY}(\omega) &= \lim_{T\to\infty}\frac{E[X_T(-\omega, \xi)Y_T(\omega, \xi)]}{2T} \\ G_{YX}(\omega) &= \lim_{T\to\infty}\frac{E[Y_T(-\omega, \xi)X_T(\omega, \xi)]}{2T} \end{aligned} \tag{3.3.5}$$

3.3.2 随机信号平均互功率谱的性质

性质 1：$G_{XY}(\omega)=G_{YX}(-\omega)=G_{YX}^*(\omega)$。

证明：

$$\begin{aligned} G_{XY}(\omega) &= \int_{-\infty}^{\infty} R_{XY}(\tau)\mathrm{e}^{-\mathrm{j}\omega\tau}\mathrm{d}\tau \\ &= \int_{-\infty}^{\infty} R_{YX}(-\tau)\mathrm{e}^{-\mathrm{j}\omega\tau}\mathrm{d}\tau \end{aligned}$$

令 $\tau=-\tau$

$$\begin{aligned} G_{XY}(\omega) &= \int_{-\infty}^{\infty} R_{YX}(\tau)\mathrm{e}^{\mathrm{j}\omega\tau}\mathrm{d}\tau \\ &= G_{YX}^*(\omega) \\ &= \int_{-\infty}^{\infty} R_{YX}(\tau)\mathrm{e}^{-\mathrm{j}(-\omega)\tau}\mathrm{d}\tau \\ &= G_{YX}(-\omega) \end{aligned}$$

性质 2：$\mathrm{Re}[G_{XY}(\omega)]$和 $\mathrm{Re}[G_{YX}(\omega)]$是 ω 的偶函数。

证明：

$$G_{XY}(\omega)=\int_{-\infty}^{\infty} R_{XY}(\tau)\mathrm{e}^{-\mathrm{j}\omega\tau}\mathrm{d}\tau=\int_{-\infty}^{\infty} R_{XY}(\tau)[\cos\omega\tau+\mathrm{j}\sin(-\omega\tau)]\mathrm{d}\tau$$

$$\mathrm{Re}[G_{XY}(\omega)]=\int_{-\infty}^{\infty} R_{XY}(\tau)\cos\omega\tau\mathrm{d}\tau=\int_{-\infty}^{\infty} R_{YX}(-\tau)\cos\omega\tau\mathrm{d}\tau=\mathrm{Re}[G_{YX}(-\omega)]$$

$\mathrm{Im}[G_{XY}(\omega)]$和 $\mathrm{Im}[G_{YX}(\omega)]$是 ω 的奇函数。

性质 3：若平稳过程 $X(t)$ 和 $Y(t)$ 相互正交，则有

$$G_{XY}(\omega)=G_{YX}(\omega)=0$$

证明：若 $X(t)$ 和 $Y(t)$ 相互正交，则有

$$R_{XY}(\tau)=R_{YX}(\tau)=0$$

所以存在下面的关系：

$$G_{XY}(\omega)=G_{YX}(\omega)=0$$

性质 4：若 $X(t)$ 和 $Y(t)$ 是两个不相关的平稳过程，分别有均值 m_X 和 m_Y，则

$$G_{XY}(\omega)=G_{YX}(\omega)=2\pi m_X m_Y\delta(\omega)$$

证明：

因为 $X(t)$ 和 $Y(t)$ 不相关，由定义式得

$$R_{XY}(\tau)=m_X m_Y$$

所以有

$$G_{XY}(\omega)=\int_{-\infty}^{\infty}R_{XY}(\tau)\mathrm{e}^{-\mathrm{j}\omega\tau}\mathrm{d}\tau=m_X m_Y\int_{-\infty}^{\infty}\mathrm{e}^{-\mathrm{j}\omega\tau}\mathrm{d}\tau$$

由于存在傅里叶变换对

$$1\xrightarrow{F}2\pi\delta(\omega)$$

因此

$$G_{XY}(\omega)=2\pi m_X m_Y\delta(\omega)$$

同理

$$G_{YX}(\omega)=2\pi m_X m_Y\delta(\omega)$$

性质5：若随机过程 $X(t)$ 和 $Y(t)$ 是联合平稳的，$R_{XY}(\tau)$ 绝对可积，则互谱密度和互相关函数构成傅里叶变换对，即

$$G_{XY}(\omega)=\int_{-\infty}^{+\infty}R_{XY}(\tau)\mathrm{e}^{-\mathrm{j}\omega\tau}\mathrm{d}\tau$$

$$G_{YX}(\omega)=\int_{-\infty}^{+\infty}R_{YX}(\tau)\mathrm{e}^{-\mathrm{j}\omega\tau}\mathrm{d}\tau$$

$$R_{XY}(\omega)=\frac{1}{2\pi}\int_{-\infty}^{+\infty}G_{XY}(\omega)\mathrm{e}^{\mathrm{j}\omega\tau}\mathrm{d}\omega$$

$$R_{YX}(\omega)=\frac{1}{2\pi}\int_{-\infty}^{+\infty}G_{YX}(\omega)\mathrm{e}^{\mathrm{j}\omega\tau}\mathrm{d}\omega$$

例题7 已知平稳随机信号 $X(t)$、$Y(t)$ 相互独立，它们的均值至少有一个为零，功率谱密度分别为 $G_X(\omega)=\dfrac{16}{\omega^2+16}$，$G_Y(\omega)=\dfrac{\omega^2}{\omega^2+16}$，令新的随机信号

$$\begin{cases}Z(t)=X(t)+Y(t)\\V(t)=X(t)-Y(t)\end{cases}$$

(1) 证明(t) 和 $Y(t)$ 联合平稳；
(2) 求 $Z(t)$ 的功率谱密度；
(3) 求 $X(t)$ 和 $Y(t)$ 的互谱密度；
(4) 求 $X(t)$ 和 $Z(t)$ 的互相关函数；
(5) 求 $V(t)$ 和 $Z(t)$ 的互相关函数。

解：

(1) $R_X(\tau)=F^{-1}[G_X(\omega)]=2\mathrm{e}^{-4|\tau|}$

$R_Y(\tau)=F^{-1}[G_Y(\omega)]=\delta(\tau)-2\mathrm{e}^{-4|\tau|}$

因为 $X(t)$、$Y(t)$ 相互独立，所以

$$R_{XY}(t,\ t+\tau)=E[X(t)]E[Y(t+\tau)]=0$$

因此，$X(t)$ 和 $Y(t)$ 联合平稳。

(2)
$$\begin{aligned}R_Z(\tau)&=E[Z(t)Z(t+\tau)]\\&=E[(X(t)+Y(t))(X(t+\tau)+Y(t+\tau))]\\&=R_X(\tau)+R_{YX}(\tau)+R_{XY}(\tau)+R_Y(\tau)\\&=R_X(\tau)+R_Y(\tau)\end{aligned}$$

$G_Z(\omega)=G_X(\omega)+G_Y(\omega)=1$

(3) $R_{XY}(\tau)=0\Rightarrow G_{XY}(\omega)=0$

(4) $R_{XZ}(\tau)=E[X(t)Z(t+\tau)]$
$=E[X(t)(X(t+\tau)+Y(t+\tau))]$
$=R_X(\tau)+R_{XY}(\tau)=R_X(\tau)$

(5) $R_{VZ}(\tau)=R_X(\tau)-R_Y(\tau)=-\delta(\tau)+4e^{-4|\tau|}$

3.4 离散平稳随机序列的功率谱

在本章的前几节中讨论了连续时间随机过程的功率谱密度及性质，并推导了一个非常重要的关系式——维纳一辛钦公式。随着数字技术的迅速发展，在电子工程领域中对离散时间随机过程的分析越来越重要。在这一节里，我们将把功率谱密度的概念及其分析方法推广到离散时间随机过程。

3.4.1 离散平稳随机序列的功率谱

设 $X(n)$ 为广义平稳离散时间随机过程，或简称为广义平稳随机序列，具有零均值，其自相关函数为

$$R_X(m)=E[X(nT)X(nT+mT)] \tag{3.4.1}$$

或简写为

$$R_X(m)=E[X(n)X(n+m)] \tag{3.4.2}$$

当 $R_X(m)$ 满足条件式 $\sum_{m=-\infty}^{\infty}|R_X(m)|<\infty$，则定义 $X(n)$ 的功率谱密度为 $R_X(m)$ 的离散傅里叶变换，并记为 $G_X(\omega)$。

$$G_X(\omega)=\sum_{m=-\infty}^{\infty}R_X(m)e^{-jm\omega T} \tag{3.4.3}$$

式中，T 是随机序列相邻各值的时间间隔。从上式可见，$G_X(\omega)$ 是频率为 ω 的周期性连续函数，其周期为 ω_q，$\omega_q=\pi/T$ 就是我们所熟悉的奈奎斯特频率。$G_X(\omega)$ 的傅里叶级数的系数恰为 $R_X(m)$。

根据奈奎斯特频率，不难得到

$$R_X(m)=\frac{1}{2\omega_q}\int_{-\omega_0}^{\omega_0}G_X(\omega)e^{jm\omega T}d\omega \tag{3.4.4}$$

在 $m=0$ 时，有

$$E[|X(n)|^2]=R_X(0)=\frac{1}{2\omega_q}\int_{-\omega_0}^{\omega_0}G_X(\omega)d\omega \tag{3.4.5}$$

在离散时间系统的分析中，有时用 z 变换更为方便，所以也常把广义平稳离散时间随机过程的功率谱密度定义为 $R_X(m)$ 的 z 变换，并记为 $G'_X(Z)$，即

$$G'_X(z)=\sum_{m=-\infty}^{\infty}R_X(m)z^{-m} \tag{3.4.6}$$

式中 $z=e^{j\omega T}$，且 $G'_X(e^{j\omega T})=G_X(\omega)$。

$R_X(m)$ 则为 G'_X 的逆 z 变换。即

$$R_X(m)=\frac{1}{2\pi j}\oint_D G'_X(z)z^{m-1}dz \tag{3.4.7}$$

上式中，D 为在 $G'_X(z)$ 的收敛域内环绕 z 平面原点反时针旋转的一条闭合围线。

3.4.2　平稳随机信号的采样定理

众所周知，在分析确定性的离散时间信号时，香农采样定理占有重要地位。它建立了连续信号与其采样离散信号之间的变换关系。现在，很自然地想到，是否可将香农采样定理应用于随机过程？在这一节里，我们将讨论这个问题。

在讨论随机过程的采样定理之前，我们先对确定性时间信号的采样定理做一简短回顾。

设 $X(t)$ 是一个确定性连续带限实信号，它的频带范围限于（$-\omega_c$，$+\omega_c$）之间。香农采样定理是，当采样周期小于或等于 $1/2f_c(\omega_c=2\pi f_c)$ 时，可将 $X(t)$ 展开成

$$X(t)=\sum_{n=-\infty}^{\infty}X(nT)\frac{\sin(\omega_c t-n\pi)}{\omega_c t-n\pi} \tag{3.4.8}$$

式中，T 为采样周期，$X(nT)$ 为在时间 $t=nT$ 时对 $X(t)$ 的振幅采样。

下面，将香农采样定理推广到随机信号。若 $X(t)$ 为平稳随机过程，具有零均值，它的功率谱密度 $G_X(\omega)$ 限于（$-\omega_c$，$+\omega_c$）之间，即

$$G_X(\omega)=\begin{cases}G_X(\omega), & |\omega|\leqslant\omega_0\\ 0, & |\omega|>\omega_0\end{cases} \tag{3.4.9}$$

可证明，当满足条件 $T\leqslant\frac{1}{2}f_c$，便可将 $X(t)$ 按它的振幅样本展开为

$$X(t)=\underset{N\to\infty}{\mathrm{l.i.m}}\sum_{n=-N}^{N}X(nT)\frac{\sin(\omega_c t-n\pi)}{\omega_c t-n\pi} \tag{3.4.10}$$

上式就是平稳随机过程的采样定理。式中，T 为采样周期；$X(nT)$ 表示在时间 $t=nT$ 时，对随机过程 $X(t)$ 的任一样本函数 $x(t)$ 的振幅采样；l. i. m 则表示均方意义下的极限。例如 $X(t)=\underset{N\to\infty}{\mathrm{l.i.m}}[\hat{X}(t)]$ 表示 $E[\lim\limits_{N\to\infty}[X(t)-\hat{X}(t)]^2]=0$。就是说，在 $N\to\infty$ 的极限条件下，$X(t)$ 与 $\hat{X}(t)$ 的均方误差为零。

3.4.3　功率谱密度的采样定理

在上一小节，讨论了平稳随机过程的采样定理。按照采样定理，可以通过对平稳随机过程 $X(t)$ 的采样而得到与之相对应的离散时间随机过程 $X(n)$。在这里将进一步讨论 $X(n)$ 的自相关函数（或称为自相关序列）、功率谱密度与 $X(t)$ 的自相关函数、功率谱密度之间的关系。

设 $X(t)$ 为广义平稳随机过程，用 $R_X(\tau)$ 和 $G_X(\omega)$ 分别表示它的自相关函数和功率谱密度函数，并设 $G_X(\omega)$ 的带宽有限。现在，应用采样定理对 $X(t)$ 采样，构成采样离散时间随机过程 $X(n)=X(nT)$。其中 T 为采样周期。我们用 $R(m)$ 和 $G(\omega)$ 分别表示 $X(n)$ 的自相关函数和功率谱密度。下面求 $R_X(\tau)$ 与 $R(m)$、$G_X(\omega)$ 与 $G(\omega)$ 之间的关系。

根据定义，$R(m)$ 为

$$R(m)=E[X(n)X(n+m)]=E[X(nT)X(nT+mT)]=R_X(mT) \tag{3.4.11}$$

可见，离散时间随机过程的自相关函数 $R(m)$ 正是对连续过程自相关函数 $R_X(\tau)$ 的采样。

进一步证明，$X(n)$ 的功率谱密度 $G(\omega)$ 与连续过程 $X(t)$ 的功率谱密度 $G_X(\omega)$ 之间的关系为

$$G(\omega)=\frac{1}{T}\sum_{n=-\infty}^{\infty}G_X(\omega+2n\omega_q) \tag{3.4.12}$$

式中，$\omega_q=\pi/T$。上式说明，$G(\omega)$ 等于 $G_X(\omega)$ 及 $G_X(\omega)$ 的周期延拓。这就是功率谱密度的采样定理，如图 3.2 所示。

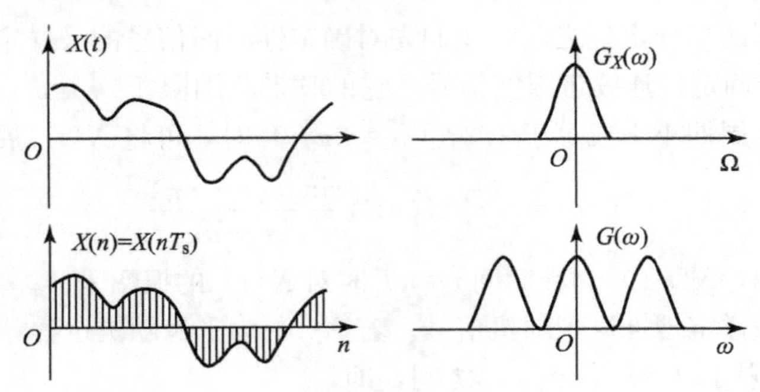

图 3.2　随机信号功率谱采样示意图

上述结论与数字信号处理理论是相吻合的。由数字信号处理理论可知，对连续信号进行等间隔采样形成采样信号，采样信号的频谱是原连续信号的频谱以采样频率为周期进行周期性延拓形成的。

3.5　噪声

在信息与信号处理领域，要想将有用信号不失真地变换和处理几乎是不可能的。比如，在信息的传输过程中，不论是有线传输还是无线传输，信号的传输过程都不可避免地存在某些误差。

误差的来源一方面是在进行信息传输处理时，信道或设备不理想造成的误差。另一方面，传输处理过程中进入一些其他信号也会引起误差。广义地说，人们称这些使信号产生失真的误差源为噪声，其中来自外部的噪声也称为干扰。

3.5.1　理想白噪声

随机过程通常可按它的概率密度和功率谱密度的函数形式来分类。就概率密度而言，正态分布（或称为高斯分布）的随机过程占有重要地位；就功率谱密度来说，则具有均匀功率谱密度的白噪声非常重要。

下面介绍白噪声的定义及特性。

一个均值为零、功率谱密度在整个频率轴上有非零常数，即

$$G_N(\omega)=\frac{N_0}{2},\ -\infty<\omega<\infty \tag{3.5.1}$$

的平稳过程 $N(t)$，被称为白噪声过程或简称白噪声。

利用傅里叶反变换可以求出白噪声的自相关函数为

$$R_N(\tau)=\frac{1}{2\pi}\int_{-\infty}^{+\infty}\frac{N_0}{2}e^{j\omega\tau}d\omega=\frac{N_0}{2}\delta(\tau) \tag{3.5.2}$$

式（3.5.2）说明，白噪声的自相关函数是一个 δ 函数，其面积等于功率谱密度。白噪声的“白”字是由光学中的“白光”借用而来的，白光在它的频谱上包含了所有可见光的频率成分。白噪声的功率谱密度和自相关函数的图形如图 3.3 所示。

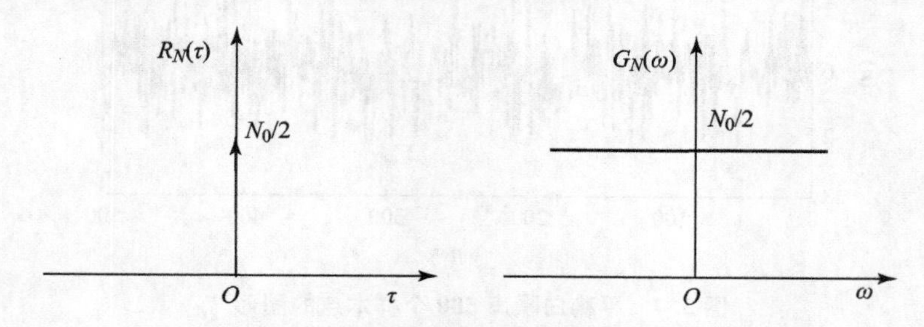

图 3.3　白噪声的自相关函数和功率谱密度

白噪声的相关系数为

$$\rho_N(\tau)=\frac{C_N(\tau)}{C_N(0)}=\frac{R_N(\tau)-R_N(\infty)}{R_N(0)-R_N(\infty)}=\frac{R_N(\tau)}{R_N(0)} \tag{3.5.3}$$

故有

$$\rho_N(\tau)=\begin{cases}1, & \tau=0\\0, & \tau\neq0\end{cases} \tag{3.5.4}$$

式（3.5.4）表明，白噪声在任何两个相邻时刻（不管这两个时刻多么相邻）的状态都是不相关的，即白噪声随时间的起伏变换极快，且过程的功率谱极宽。实际上这样定义的白噪声，只是一种理想化的模型，实际上是不存在的。

$$\frac{1}{2\pi}\int_{-\infty}^{+\infty}G_N(\omega)d\omega=\frac{N_0}{4\pi}\int_{-\infty}^{+\infty}d\omega=\infty \tag{3.5.5}$$

而在自然界和工程应用中，实际上存在的随机过程其平均功率总是有限的，同时实际随机过程在非常相邻的两个时刻的状态总存在一定的相关性，也就是说其相关函数不可能是一个严格的 δ 函数。实际中，如果噪声的功率谱密度在所关心的频带内是均匀的或变化较小，就可以把它近似看作白噪声来处理，这样可以使问题得到简化。在电子设备中，器件的热噪声与散弹噪声起伏都非常快，具有极宽的功率谱，可以认为是白噪声。

白噪声是从功率谱的角度定义的，并未涉及概率分布，因此可以有各种不同分布的白噪声，最常见的是正态分布的白噪声。

对于随机序列 $X(n)$，如果 $X(n)$ 的均值为零，自相关函数为

$$R_X(n_1, n_2)=\begin{cases}\sigma_X^2(n_1), & n_1=n_2\\0, & n_1\neq n_2\end{cases}=\sigma_X^2(n_1)\delta(n_1-n_2)$$

则称 $X(n)$ 为白噪声，其中，$\delta(n)$ 为单位抽样函数。如果 $\sigma_X^2(n_1)=\sigma_X^2$，则 $X(n)$ 称为平稳白噪声。与连续时间的平稳白噪声类似，离散时间平稳白噪声的功率谱为常数。产生平稳白噪声的程序如下：

```
x= randn(500,1);
plot(x);
```

```
xlabel('n')
ylabel('x(n)');
```

产生的平稳白噪声样本函数如图 3.4 所示，从图中可以看出，白噪声随时间变化非常快。

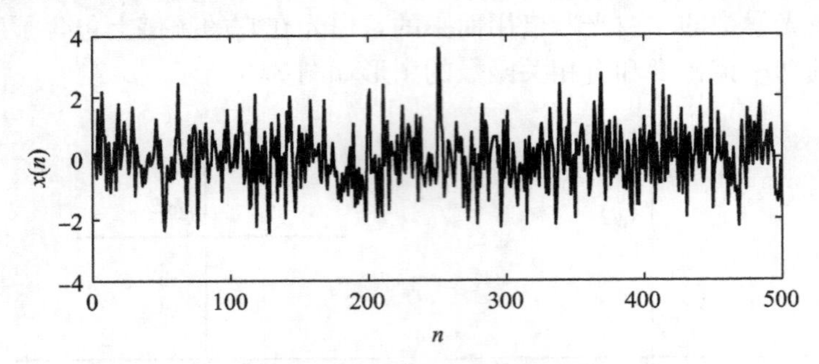

图 3.4　平稳白噪声 500 个样本点的图形

3.5.2　带限白噪声

带限白噪声是另外一个常用的概念。若一个具有零均值的平稳随机过程 $X(t)$，其功率谱密度在某一个有限频率范围内均匀分布，而在此范围外为零，则称这个过程为带限白噪声。带限白噪声又可分为低通型的和带通型的。

若过程的功率谱密度满足

$$G_N(\omega)=\begin{cases}G_0, & |\omega|\leqslant W\\ 0, & |\omega|<W\end{cases}\tag{3.5.6}$$

则称此过程为低通型带限白噪声。将白噪声通过一个理想低通滤波器，便可产生出低通型带限白噪声。

求 $G_N(\omega)$ 的傅里叶反变换，可得低通型带限白噪声的自相关函数为

$$\begin{aligned}R_N(\tau)&=\frac{1}{2\pi}\int_{-\infty}^{\infty}G_X(\omega)\mathrm{e}^{\mathrm{j}\omega\tau}\mathrm{d}\omega\\&=\frac{1}{2\pi}\int_{-W}^{W}G_0\mathrm{e}^{\mathrm{j}\omega\tau}\mathrm{d}\omega=\frac{WG_0}{\pi}\frac{\sin W\tau}{W\tau}\end{aligned}\tag{3.5.7}$$

图 3.5 给出了低通型带限白噪声的功率谱密度和自相关函数，可见，当 $\tau=\frac{\pi}{W}$，$\frac{2\pi}{W}$，$\frac{3\pi}{W}$，…时，$X(t)$ 和 $X(t+\tau)$ 是不相关的。

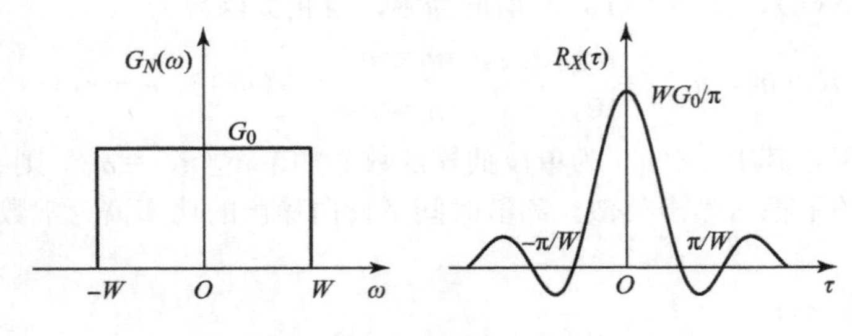

图 3.5　低通型带限白噪声

对于这种带限白噪声过程，时间间隔为 π/W 整数倍的那些随机变量，彼此是不相关的。而根据随机过程的采样定理，我们知道，当采样频率等于或大于 2 倍带宽时，一个带限平稳随机过程可以用它的一组样本值唯一地表示。因此，若对上述带限白噪声进行采样，而选择的采样周期正好等于 π/W 时，这些样本将互不相关。这一特点在随机信号的处理中，起着重要作用。

带通型带限白噪声的功率谱密度为

$$G_X(\omega)=\begin{cases}G_0, & \omega_0-W/2<|\omega|<\omega_0+W/2\\ 0, & \text{其他}\end{cases}$$

应用维纳－辛钦定理，不难导出相应的自相关函数为

$$R_X(\tau)=\frac{WG_0}{\pi}\frac{\sin(W\tau/2)}{(W\tau/2)}\cos\omega_0\tau$$

图 3.6 给出了其功率谱密度和自相关函数图形。不难看出，将白噪声通过一个理想带通滤波器便可产生上述这种带通型带限白噪声。

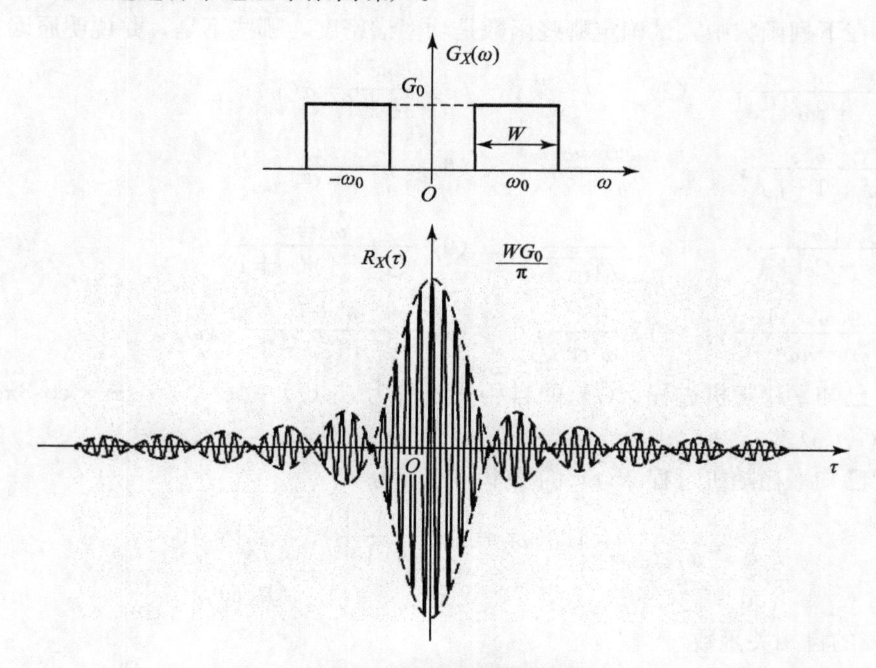

图 3.6　带通型带限白噪声

还应指出，白噪声只是从随机过程的功率谱密度的角度来定义的，并未涉及过程的概率分布，因此可以有各种不同分布的白噪声，其中，正态分布的白噪声最为常见和重要。如果白噪声的 n 维概率密度都服从正态分布，就称此类白噪声为高斯白噪声。

3.5.3　色噪声

按功率谱密度函数形式来区别随机过程，将除了白噪声以外的所有噪声都称为有色噪声或简称色噪声。如图 3.7 所示的自相关函数和功率谱密度就是一例色噪声。色噪声的功率谱密度函数必为频率的函数。

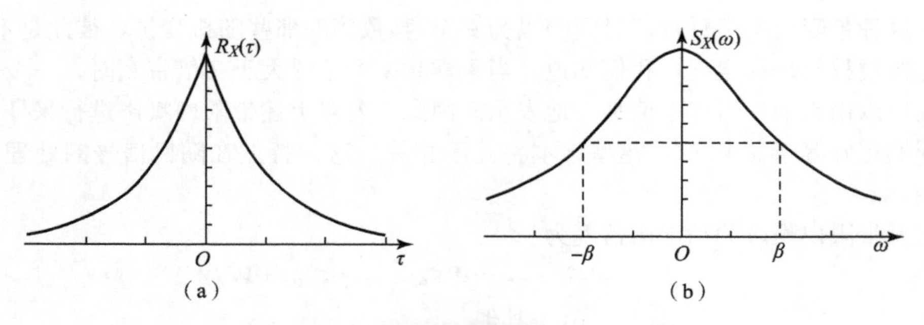

图 3.7　色噪声的自相关函数和功率谱密度

(a) 自相关函数；(b) 功率谱密度

习　题

3.1　在下列函数中，试确定哪些函数是功率谱密度，哪些不是，并说明原因。

(1) $\dfrac{\omega^2}{\omega^6+3\omega^2+3}$；　(2) $e^{-(\omega-1)^2}$；　(3) $\dfrac{\omega^2}{\omega^2+1}-\delta(\omega)$；

(4) $\dfrac{\omega^4}{\omega^2+1+j\omega^6}$；　(5) $\dfrac{\cos 3\omega}{\omega^2+1}$；　(6) $\dfrac{1}{(\omega^2+1)^2}$；

(7) $\dfrac{|\omega|}{\omega^2+2\omega+1}$；　(8) $\dfrac{1}{\sqrt{1-3\omega^2}}$；　(9) $\dfrac{\omega^2+9}{(\omega^2+4)(\omega+1)^2}$；

(10) $\dfrac{\omega^2+4}{\omega^4-4\omega^2+3}$；　(11) $\dfrac{e^{-j\omega^2}}{\omega^2+2}$；　(12) $\dfrac{\omega^2+1}{\omega^4+3\omega^3+2}+\delta(\omega)$。

3.2　已知平稳随机过程 $X(t)$ 的自相关函数为 $R_X(\tau)=4e^{-|\tau|}\cos\pi\tau+\cos 3\pi\tau$，试求功率谱密度 $G_X(\omega)$。

3.3　已知平稳随机过程 $X(t)$ 的功率谱密度为

$$G_X(\omega)=\begin{cases}8\delta(\omega)+20\left(1-\dfrac{|\omega|}{10}\right), & |\omega|\leqslant 10\\ 0, & \text{其他}\end{cases}$$

试求 $X(t)$ 的自相关函数。

3.4　平稳随机信号 $X(t)$ 的功率谱密度为

$$G_X(\omega)=\frac{\omega^2+1}{\omega^4+3\omega^2+2}$$

求该随机信号的自相关函数和平均功率。

3.5　若平稳随机信号 $X(t)$ 的功率谱为

$$G_X(\omega)=\begin{cases}0.1, & |\omega|\leqslant 5\pi\\ 0, & |\omega|>50\pi\end{cases}$$

试求：(1) 随机信号 $X(t)$ 的均方值；

(2) $X(t)$ 的自相关函数及使 $R_X(\tau)=0$ 的最小 τ 值。

3.6　已知平稳过程 $X(t)$ 的物理功率谱密度为

$$F_X(\omega)=\begin{cases}4, & \omega\geqslant 0\\0, & \text{其他}\end{cases}$$

（1）求 $X(t)$ 的功率谱密度 $G_X(\omega)$ 和自相关函数 $R_X(\tau)$。画出 $F_X(\omega)$、$G_X(\omega)$、$R_X(\tau)$ 的图形。

（2）判断过程 $X(t)$ 是白噪声还是色噪声，给出理由。

3.7 设 $X(t)$ 和 $Y(t)$ 是两个相互独立的平稳过程，均值 m_X 和 m_Y 都不为零，且已知 $G_X(\omega)$，定义

$$Z(t)=X(t)+Y(t)$$

试求 $G_{XY}(\omega)$ 和 $G_{XZ}(\omega)$。

3.8　设随机过程 $X(t)=a\cos(\Omega t+\Phi)$，式中 a 是实常数；Ω、Φ 是两个互相独立的随机变量，Ω 具有频谱密度 $f_\Omega(\omega)=f_\Omega(-\omega)$，$\Phi$ 在 $(0, 2\pi)$ 上均匀分布。试证 $X(t)$ 的功率谱密度为

$$G_X(\omega)=\frac{\pi a^2}{2}[f_\Omega(\omega)+f_\Omega(-\omega)]=\pi a^2 f_\Omega(\omega)$$

3.9　设 $X(t)$ 和 $Y(t)$ 是两个相互独立的平稳过程，它们的均值至少有一个为零，功率谱密度分别为

$$G_X(\omega)=\frac{16}{\omega^2+16},\ G_Y(\omega)=\frac{16}{\omega^2+16}$$

现设 $Z(t)=X(t)+Y(t)$，求：（1）$Z(t)$ 的功率谱密度；（2）$X(t)$ 和 $Y(t)$ 的互谱密度 $G_{XY}(\omega)$；（3）$X(t)$ 和 $Z(t)$ 的互谱密度 $G_{XZ}(\omega)$。

3.10　设 $X(t)$ 是复平稳过程，试证：

（1）$X(t)$ 的自相关函数 $R_X^*(-\tau)=R_X(\tau)$；

（2）$X(t)$ 的功率谱密度为实函数。

3.11　已知平稳随机过程 $X(t)$ 的自相关函数为 $R_X(\tau)=a\cos^4\omega_0\tau$，其中 a 和 ω_0 皆为正常数。求 $X(t)$ 的功率谱密度及其功率。

3.12　平稳过程 $X(t)$ 的双边功率谱密度为 $G_X(\omega)=\dfrac{32}{\omega^2+16}$。求：（1）该过程的平均功率（在 1 Ω 负载上）；（2）ω 取值范围为 $(-4, 4)$ 的平均功率。

3.13　设平稳过程 $X(t)$ 的功率谱密度为

$$G_X(\omega)=\frac{16(\omega^2+36)}{\omega^4+13\omega^2+36}$$

（1）把该功率谱密度写成复频率 s 的函数；（2）列出 $G_X(s)$ 的所有零、极点频率。

3.14　设平稳过程 $X(t)$ 的功率谱密度为

$$G_X(s)=\frac{-s^2+16}{s^4-52s^2+576}$$

（1）写出作为 ω 的函数的功率谱密度；（2）求过程 $X(t)$ 的均方值。

3.15　设 A 和 B 为随机变量，构成随机过程 $X(t)=A\cos\omega_0 t+B\sin\omega_0 t$，式中 ω_0 为一实常数。（1）证明：若 A 和 B 具有零均值及相同的方差 σ^2，且不相关，则 $X(t)$ 为（宽）平稳过程；（2）求 $X(t)$ 的自相关函数；（3）求该过程的功率谱密度。

3.16 设两个随机信号 $X(t)$ 和 $Y(t)$ 联合平稳，其互相关函数 $R_{XY}(\tau)$ 为

$$R_{XY}(\tau)=\begin{cases}9\mathrm{e}^{-3\tau}, & \tau\geqslant 0\\ 0, & \tau<0\end{cases}$$

求互谱密度 $G_{XY}(w)$ 和 $G_{YX}(w)$。

3.17 定义两个随机过程为 $X(t)=a\cos(\omega_0 t+\Phi)$，$Y(t)=V(t)\times\cos(\omega_0 t+\Phi)$，式中 a 和 ω_0 皆为实正整数，Φ 为与 $V(t)$ 无关的随机变量，$V(t)$ 为具有恒定的均值 m_V 的随机过程。

(1) 证明 $X(t)$ 与 $Y(t)$ 的互相关函数为

$$R_{XY}(t,\ t+\tau)=\frac{am_V}{2}\{\cos\omega_0\tau+E[\cos 2\Phi]\cos(2\omega_0 t+\omega_0\tau)-E[\sin 2\Phi]\sin(2\omega_0 t+\omega_0\tau)\}$$

(2) 求 $R_{XY}(t,\ t+\tau)$ 的时间平均，并确定互功率谱密度 $S_{XY}(\omega)$。

第 4 章
随机信号通过线性系统

前面章节对随机信号本身的定义与一般特性进行了讨论。实际应用中的各种信息与信号本质上大都是随机信号，信息的获取、变换、传输与处理都要应用各种系统。信息与信号的处理过程其实就是其通过相应系统的过程。在确知信号与系统分析中，讨论的是确知信号，建立了它们通过系统的丰富理论结果，尤其是当通过线性时不变系统的时候。本章基于这样一些结果，主要讨论更为一般的随机信号通过线性时不变系统的问题。

本章讨论的问题是：

（1）随机信号通过线性系统后其统计特性是否发生变化。

（2）如何由输入随机信号的统计特性来描述确定输出随机信号的统计特性（时域与频域）。

（3）输入的随机信号与输出的随机信号有什么样的统计关系（时域与频域）。

4.1　线性系统的基本性质

为了便于本章内容的叙述，首先简要回顾一下线性系统的基本理论与性质。

4.1.1　一般线性系统

以单输入和单输出线性系统为例，所谓系统在本质上应该理解为将一个激励信号输入其中后，对应的输出相应的映射或运算，如图 4.1 所示。

$x(t)$ 经过系统映射为 $y(t)$ 的过程可表示为

$$y(t)=L[x(t)] \tag{4.1.1}$$

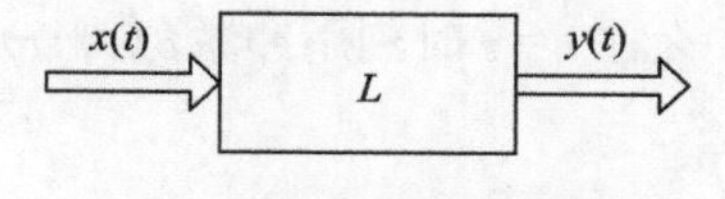

图 4.1　线性系统框图

式中，$y(t)$ 是系统的输入，$L[x(t)]$ 表示系统对 $x(t)$ 的作用，它是对信号 $x(t)$ 进行运算的符号，称为运算子。$L[\cdot]$ 代表着各种可能的数学运算方法，如加法、乘法、微分、积分以及积分方程、微分方程的求解运算等。

若系统的输入和输出都是连续时间信号，则称该系统为连续时间系统；若系统的输入和输出都是离散时间信号，则称该系统为离散时间系统。如果输入信号是从 $t=-\infty$ 起一直作用于系统的，则称输入信号为双侧信号，这时的系统称为双侧系统；如果输入信号是在 $t=0$ 时刻开始作用于系统的，则称该信号为单侧信号，这时的系统被称为单侧系统。

1. 一般线性系统

1）线性系统的定义

当对一个系统输入 $x_k(t)(k=1, 2, \cdots, n)$ 的线性组合进行研究时，如果其响应等于系统对相应单个响应的线性组合，那么该系统就称为线性系统。换言之，满足叠加定理的系统即为线性系统，而在此时的 $L[\cdot]$ 称为线性运算子。叠加原理的数学表达式是

$$y(t)=L\left[\sum_{k=1}^{n}a_k x_k(t)\right]=\sum_{k=1}^{n}a_k L[x_k(t)]=\sum_{k=1}^{n}a_k y_k(t) \tag{4.1.2}$$

式中，a_k 为任意常数，n 可以是无穷大。该式所表达的物理意义是：信号通过系统的过程与其分量分别通过系统再汇合的过程等效。

2）线性系统的响应

在信号与系统的分析中，常常会利用冲激函数的性质，因此，我们利用冲激函数作进一步的推导。若冲激函数的表达式如下：

$$x(t)=\int_{-\infty}^{\infty}x(\tau)\delta(t-\tau)\mathrm{d}\tau \tag{4.1.3}$$

将此式代入叠加原理公式有

$$y(t)=L[x(t)]=L\left[\int_{-\infty}^{\infty}x(\tau)\delta(t-\tau)\mathrm{d}\tau\right]=\int_{-\infty}^{\infty}x(\tau)L[\delta(t-\tau)]\mathrm{d}\tau \tag{4.1.4}$$

其中 $L[\cdot]$ 移动至被积项上是利用其运算线性的结果。为了更方便研究，现在定义一个新函数 $h(t)$ 作为线性系统对 $\delta(t)$ 的冲激响应，即

$$h(t)=L[\delta(t)] \tag{4.1.5}$$

于是，可以得到进一步的响应表达式

$$y(t)=\int_{-\infty}^{\infty}x(\tau)h(t-\tau)\mathrm{d}\tau \tag{4.1.6}$$

由以上各式可见，线性系统的响应 $y(t)$ 完全由其各时刻的冲激响应和输入信号共同决定。因而，线性系统的数学表现形式就是其各时刻的冲激响应函数族 $\{h(\tau),\ \tau\in(-\infty,\ \infty)\}$。

2. 线性时不变系统

所谓时不变系统是指系统的响应只随输入信号时间的移动而移动，这样的移动不会改变信号的本质。也就是若输入信号 $x(t)$ 时移，使输出 $y(t)$ 也会有一个相同的时移，即

$$y(t-\varepsilon)=L[x(t-\varepsilon)] \tag{4.1.7}$$

因此，如果系统是时不变的，设 $t=0$ 时刻冲激 $\delta(t)$ 作用时，系统产生响应为 $h(t)$，那么在 $t=\tau$ 时刻用冲激 $\delta(t-\tau)$ 作用时，将产生响应 $h(t-\tau)$。于是一定有下式成立：

$$h(t)=L[\delta(t-\tau)]=h(t-\tau) \tag{4.1.8}$$

$$y(t)=\int_{-\infty}^{+\infty}h(\tau)x(t-\tau)\mathrm{d}\tau \tag{4.1.9}$$

$$y(t)=x(t)*h(t) \tag{4.1.10}$$

这是卷积公式，时不变的重要价值在于：线性系统的数学表现形式可进一步明确为单个函数零时刻的冲激响应 $h(t)$。

在频域线性时不变系统对于输入信号的作用具有特殊性质，也就是信号在时域相卷积相当于信号在频域相乘，具体是以 $H(\omega)$ 实施"乘积传输"。作为中间桥梁的函数 $H(\omega)$ 称为线性时不变系统的传输函数。它与系统的冲激响应函数 $h(t)$ 构成傅里叶变换对。

$$H(\omega)=\frac{Y(\omega)}{X(\omega)} \tag{4.1.11}$$

3. 系统的稳定性与因果性

实际应用中的系统，其本身必定是稳定和可实现的，它们应该具有下面两个共同特点。

1）系统稳定性

如果一个线性时不变系统对任意有界输入的响应必然也是有界的，那么，此系统是稳定的，由式有

$$|y(t)| = \left|\int_{-\infty}^{\infty} h(\tau)x(t-\tau)\mathrm{d}\tau\right| \leqslant \int_{-\infty}^{\infty} |h(\tau)|\,|x(t-\tau)|\mathrm{d}\tau \tag{4.1.12}$$

若输入信号有界，则必存在某正常数 M，对所有的 t 均满足 $|x(t)| \leqslant M < \infty$，于是，

$$|y(t)| \leqslant M\int_{-\infty}^{\infty} |h(\tau)|\mathrm{d}\tau \tag{4.1.13}$$

所以，如果系统的冲激响应 $h(t)$ 是绝对可积的，即

$$\int_{-\infty}^{\infty} |h(\tau)|\mathrm{d}\tau < \infty \tag{4.1.14}$$

那么，系统的输出必然是有界的，也就是说，系统是稳定的。

2）系统因果性

在讨论信号与系统时，我们往往会讨论系统是否具有因果性。那么什么是系统的因果性呢？在实际工程应用中，系统的因果性表现为物理上可能实现的系统在任何时刻的输出只取决于其现在和过去的输入，也就是说，系统的冲激响应函数应满足

$$h(t) = 0,\ t < 0 \tag{4.1.15}$$

这就是因果系统具有的基本性质，这样，式（4.1.9）可以改写为

$$y(t) = x(t) * h(t) = \int_{0}^{\infty} x(t-\tau)h(\tau)\mathrm{d}\tau \tag{4.1.16}$$

结论：

如果当 $t<0$ 时，$h(t)=0$，那么该系统称为因果系统，也即是所有实际的物理可实现系统都是因果的。

4.1.2 连续线性时不变系统的分析方法

1. 时域分析

设 $x(t)$ 是连续时不变线性系统的输入，则系统输出为

$$y(t) = \int_{-\infty}^{\infty} x(t-\tau)h(\tau)\mathrm{d}\tau = \int_{-\infty}^{\infty} x(\tau)h(t-\tau)\mathrm{d}\tau = x(t) * h(t) \tag{4.1.17}$$

式中 $h(t)$ 为系统的单位冲激响应。

2. 频域分析

如果 $x(t)$ 和 $h(t)$ 绝对可积，则它们的傅里叶变换存在，即

$$X(\omega) = \int_{-\infty}^{\infty} x(t)\mathrm{e}^{-\mathrm{j}\omega t}\mathrm{d}t \tag{4.1.18}$$

$$H(\omega) = \int_{-\infty}^{\infty} h(t)\mathrm{e}^{-\mathrm{j}\omega t}\mathrm{d}t \tag{4.1.19}$$

$H(\omega)$ 为线性系统的传输函数，$h(t)$ 为 $H(\omega)$ 的傅里叶反变换。

设 $Y(\omega)$ 是输出 $y(t)$ 的傅里叶变换，则有

$$Y(\omega) = X(\omega)H(\omega) \tag{4.1.20}$$

4.1.3　离散线性时不变系统的分析方法

1. 时域分析

设 $x(n)$ 是离散时不变线性系统的输入，则系统输出为

$$y(n)=\sum_{k=-\infty}^{\infty}x(n-k)h(k)=\sum_{k=-\infty}^{\infty}x(k)h(n-k)=x(n)*h(n) \tag{4.1.21}$$

式中 $h(n)$ 为系统的单位冲激响应。

2. 频域分析

如果 $x(n)$ 和 $h(n)$ 绝对可和，则它们的离散傅里叶变换存在，即

$$X(\mathrm{e}^{\mathrm{j}\omega})=\sum_{n=-\infty}^{\infty}x(n)\mathrm{e}^{-\mathrm{j}n\omega} \tag{4.1.22}$$

$$H(\mathrm{e}^{\mathrm{j}\omega})=\sum_{n=-\infty}^{\infty}h(n)\mathrm{e}^{-\mathrm{j}n\omega} \tag{4.1.23}$$

$H(\mathrm{e}^{\mathrm{j}\omega})$ 为线性系统的传输函数或频率响应，$h(n)$ 为 $H(\mathrm{e}^{\mathrm{j}\omega})$ 的傅里叶反变换。

设 $Y(\mathrm{e}^{\mathrm{j}\omega})$ 为线性系统输出 $y(n)$ 的离散傅里叶变换，则有

$$Y(\mathrm{e}^{\mathrm{j}\omega})=X(\mathrm{e}^{\mathrm{j}\omega})H(\mathrm{e}^{\mathrm{j}\omega}) \tag{4.1.24}$$

若在上式中令 $z=\mathrm{e}^{\mathrm{j}\omega}$，则有

$$Y(z)=H(z)X(z)$$

式中 $X(z)$、$H(z)$、$Y(z)$ 分别是 $x(n)$、$h(n)$、$y(n)$ 的 z 变换。

3. 物理可实现的稳定系统

如果系统的单位冲激响应满足当 $n<0$ 时，$h(n)=0$，那么称该系统为因果系统。物理可实现稳定系统的极点都位于 z 平面的单位圆内。

4.2　随机信号通过连续时间系统的分析

如果系统输入的不是确定信号而是随机信号，那么其输出也是随机信号，也具有一定的概率分布。由于随机信号通常用它的统计特性来描述，因而其输出信号往往也用统计特性来描述，且输出信号的统计特性和输入信号的统计特性具有一定的关系。当输入信号是平稳的，输出信号是否也是平稳的呢？它的统计特性和输入信号的统计特性之间有何关系？这就是下面要研究的问题。

随机过程通过线性系统分析的中心问题是：给定系统的输入函数和线性系统的特性，求输出函数，由于输入是随机过程，所以输出也是随机过程；对于随机过程，一般很难给出确切的函数形式，因此，通常只分析随机过程通过线性系统后输出的概率分布特性和某些数字特征。线性系统既可以用冲激响应描述，也可以用系统传递函数描述，因此，随机过程通过线性系统的常用分析方法也有两种：冲激响应法（时域分析法）和频域分析法。

4.2.1　时域分析法

1. 系统的输出

假定随机信号 $X(t)$ 输入某个（确知的）线性时不变系统 $h(t)$，由前面章节可知 $X(t)$

是不确定的，它可以视为很多样本函数的集合，即 $x(t, \xi_i)$，其中 ξ_i 表示它的某种可能结果，$i=1, 2, 3, \cdots$，而每一个样本函数都是确知的，当它输入系统 $h(t)$ 时，可得出相应响应信号为

$$y(t,\xi_i)=x(t,\xi_i)*h(t)=\int_{-\infty}^{\infty}h(t-\tau)x(\tau,\xi_i)\mathrm{d}\tau \tag{4.2.1}$$

于是，对于 $X(t)$ 每一种可能 ξ_i，有不同的输入信号与不同的响应信号。因此，从整体上看，响应信号也是不确定的。也就是说对于 $X(t)$ 的所有样本 $\{x_i(t), \xi\in\Omega\}$，系统输出一族样本函数 $\{y_i(t), \xi\in\Omega\}$ 与其对应，这族样本函数的总体构成一个新的随机信号 $Y(t)$。

所以，随机信号 $X(t)$ 通过线性时不变系统 $h(t)$ 的响应信号也是随机信号，它与输入随机信号 $X(t)$ 的关系可以更为简洁地表示为

$$Y(t)=\int_{-\infty}^{+\infty}h(\tau)X(t-\tau)\mathrm{d}\tau \tag{4.2.2}$$

上式可以理解为 $X(t)$ 的样本函数集合与 $h(t)$ 的卷积，得到 $Y(t)$ 的样本函数集合。

2. 系统输出的数字特征

在实际应用中经常遇到这样的情况：即仅知输入随机过程的某些统计特性，要求能够得到系统输出的统计特性。例如已知输入随机过程的均值与自相关函数，求系统输出随机过程的均值与自相关函数。

1）系统输出的均值

已知输入随机信号的均值，求系统输出的均值。

$$\begin{aligned}E[Y(t)]&=E\left[\int_{-\infty}^{+\infty}h(\tau)X(t-\tau)\mathrm{d}\tau\right]\\&=\int_{-\infty}^{+\infty}h(\tau)E[X(t-\tau)]\mathrm{d}\tau\\&=\int_{-\infty}^{+\infty}h(\tau)m_X(t-\tau)\mathrm{d}\tau=h(t)*m_X(t)\end{aligned} \tag{4.2.3}$$

这个关系式可用系统的术语给予解释：若把 $m_X(t)$ 加到一个具有单位冲激响应 $h(t)$ 的连续系统的输入端，则其输出端就是 $E[Y(t)]$。

如果 $X(t)$ 为平稳随机过程，则

$$m_Y=\int_{-\infty}^{+\infty}m_X h(\tau)\mathrm{d}\tau=m_X\int_{-\infty}^{+\infty}h(\tau)\mathrm{d}\tau=m_X H(0) \tag{4.2.4}$$

其中 $H(0)$ 为系统的传递函数在 $\omega=0$ 时的值。

2）系统输出的互相关函数

线性系统的输出必定以某种方式依赖于输入，即输入与输出必定是相关的，其相关性由输入与输出之间互相关函数描述。线性系统输入输出之间的互相关函数为

$$\begin{aligned}R_{XY}(t_1,t_2)&=E[X(t_1)Y(t_2)]\\&=E\left[X(t_1)\int_{-\infty}^{+\infty}h(\lambda)X(t_2-\lambda)\mathrm{d}\lambda\right]\\&=\int_{-\infty}^{+\infty}E[X(t_1)X(t_2-\lambda)]h(\lambda)\mathrm{d}\lambda\\&=R_X(t_1,t_2)*h(t_2)\end{aligned} \tag{4.2.5}$$

同理

$$R_{YX}(t_1,\ t_2)=R_X(t_1,\ t_2)*h(t_1) \tag{4.2.6}$$

3）系统输出的自相关函数

当系统是物理可实现系统时，已知输入随机信号的自相关函数，求给定系统输出端的自相关函数。计算如下：

$$\begin{aligned}R_Y(t_1,t_2)&=E[Y(t_1)Y(t_2)]\\&=E\left[\int_0^{\infty}h(u)X(t_1-u)\mathrm{d}u\int_0^{\infty}h(v)X(t_2-v)\mathrm{d}v\right]\\&=\int_0^{\infty}\int_0^{\infty}h(u)h(v)E[X(t_1-u)X(t_2-v)]\mathrm{d}u\mathrm{d}v\\&=\int_0^{\infty}\int_0^{\infty}h(u)h(v)R_X(t_1-u,t_2-v)\mathrm{d}u\mathrm{d}v\\&=h(t_1)*h(t_2)*R_X(t_1,t_2)\end{aligned} \tag{4.2.7}$$

这就是系统输出自相关函数与输入自相关函数之间的基本关系式。此外，比较 $R_X(t_1,\ t_2)$、$R_Y(t_1,\ t_2)$、$R_{XY}(t_1,\ t_2)$ 和 $R_{YX}(t_1,\ t_2)$，则有

$$R_Y(t_1,\ t_2)=h(t_1)*R_{XY}(t_1,\ t_2)=h(t_2)*R_{YX}(t_1,\ t_2)$$

输入输出相关函数的关系如图 4.2 所示

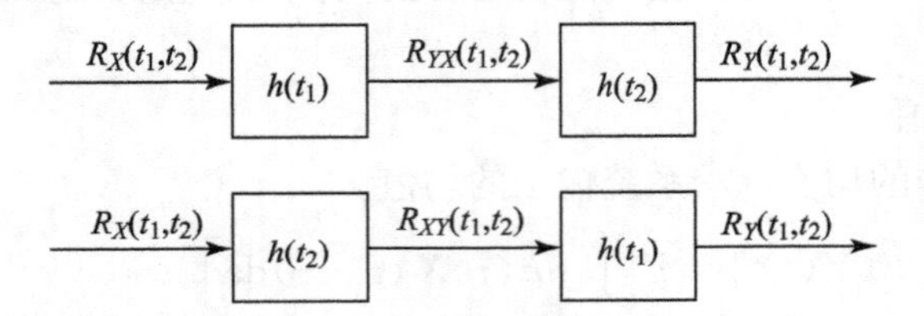

图 4.2　随机过程通过线性系统输入输出相关函数之间的关系

4）系统输出的平稳性及其统计特性的计算

有关输入为平稳随机信号时，系统输出信号的平稳性及统计特性的计算问题，包含两种情况，一种情况是平稳输入随机信号 $X(t)$ 在 $t=-\infty$ 时刻开始就一直作用于系统输入端，即输入是双侧随机信号；另一种情况是 $X(t)$ 在 $t=0$ 时刻开始作用于系统输入端（输入为 $X(t)U(t)$），即输入是单侧随机信号。对于同一个输入随机信号 $X(t)$，在上述两种情况下，同一系统的输出的结论是不同的。

（1）双侧随机信号。

假设 $x_k(t)$ 为输入的双侧信号 $X(t)$ 的任一样本函数，如图 4.3 所示。在这种情况下，系统输出响应在 $t=0$ 时已处于稳态。

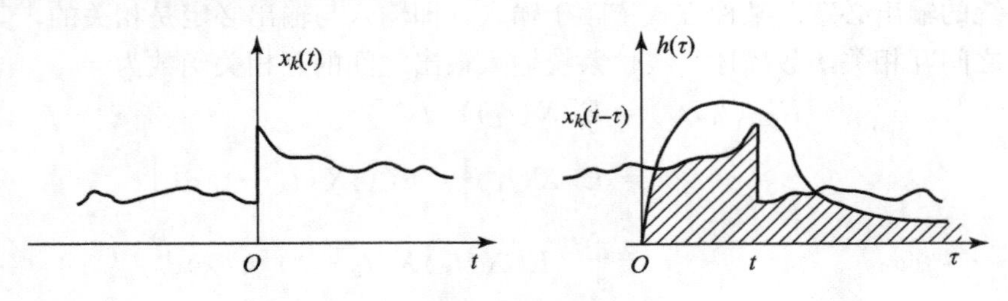

图 4.3　双侧随机信号

若 $X(t)$ 具有平稳性和遍历性，则在系统输出端可得到下列几条重要的结论。

①如果输入 $X(t)$ 是宽平稳的，则系统输出 $Y(t)$ 也是宽平稳的，且输入与输出联合宽平稳。

证：若输入 $X(t)$ 是宽平稳的随机信号，则有

$$m_X(t)=m_X=\text{常数}$$
$$R_X(t_1,t_2)=R_X(\tau),\ \tau=t_2-t_1$$
$$R_X(0)=E[X^2(t)]<\infty$$

于是，系统输出的均值、自相关函数、互相关函数可简化为

$$m_Y(t)=m_X\int_0^\infty h(\tau)\mathrm{d}\tau$$

$$\begin{aligned}R_{XY}(t_1,t_2)&=\int_0^\infty h(u)R_X(t_2-t_1-u)\mathrm{d}u\\&=\int_0^\infty h(u)R_X(\tau-u)\mathrm{d}u\\&=R_{XY}(\tau)\end{aligned}$$

$$\begin{aligned}R_Y(t_1,t_2)&=\int_0^\infty\int_0^\infty h(u)h(v)R_X(t_2-t_1-v+u)\mathrm{d}u\mathrm{d}v\\&=\int_0^\infty\int_0^\infty h(u)h(v)R_X(\tau-v+u)\mathrm{d}u\mathrm{d}v\\&=R_Y(\tau)\end{aligned}$$

此外，输出的均方值为

$$\begin{aligned}E[Y^2(t)]&=|E[Y^2(t)]|\\&=\left|\int_0^\infty\int_0^\infty h(u)h(v)R_X(u-v)\mathrm{d}u\mathrm{d}v\right|\\&\leqslant R_X(0)\int_0^\infty\int_0^\infty|h(u)||h(v)|\mathrm{d}u\mathrm{d}v\\&=R_X(0)\int_0^\infty|h(u)|\mathrm{d}u\cdot\int_0^\infty|h(v)|\mathrm{d}v\end{aligned}$$

由于假定连续系统是稳定的，所以

$$E[Y^2(t)]<\infty$$

可见，输出的均值是常数，而输出的相关函数 $R_Y(t_1,t_2)$、$R_{XY}(t_1,t_2)$ 只是时间差 (t_2-t_1) 的函数，且输出均方值有界。因此，可以得出结论：对于单位冲激响应为 $h(t)$ 的连续时不变、稳定的、线性的物理可实现系统，若输入信号是宽平稳随机信号，则由上面可以看出输出信号是宽平稳的随机信号，并且输入与输出之间是联合宽平稳的。

则系统输出的相关函数可用卷积来描述

$$R_{XY}(\tau)=R_X(\tau)*h(\tau)\tag{4.2.8}$$

$$R_{YX}(\tau)=R_X(\tau)*h(-\tau)\tag{4.2.9}$$

$$R_Y(\tau)=R_X(\tau)*h(\tau)*h(-\tau)\tag{4.2.10}$$

$$R_Y(\tau)=R_{XY}(\tau)*h(-\tau)\tag{4.2.11}$$

$$R_Y(\tau)=R_{YX}(\tau)*h(\tau)\tag{4.2.12}$$

输入输出相关函数的关系如图 4.4 所示。

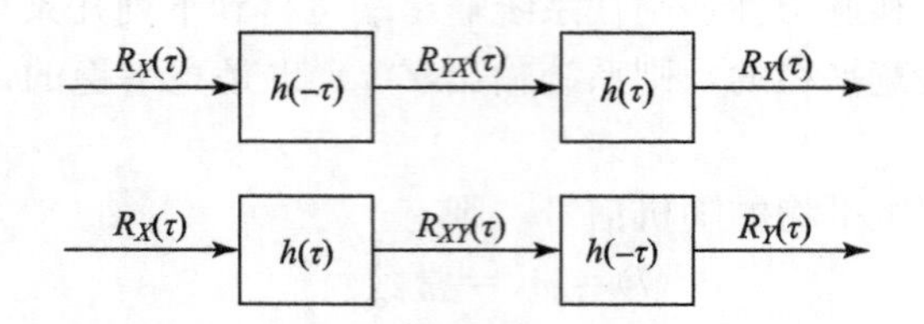

图 4.4　平稳随机过程通过线性系统输入输出相关函数之间的关系

②如果输入 $X(t)$ 是严平稳的，则系统输出 $Y(t)$ 也是严平稳的。

证：对于时移常数 ε 有 $Y(t+\varepsilon)=h(t)*X(t+\varepsilon)$，输出 $Y(t+\varepsilon)$ 和输入 $X(t+\varepsilon)$ 联系的方式与 $Y(t)$ 和 $X(t)$ 联系的方式是一样的。由于随机信号 $X(t)$ 是严平稳的，所以 $X(t+\varepsilon)$ 与 $X(t)$ 具有相同的 n 维概率密度函数。因而 $Y(t+\varepsilon)$ 与 $Y(t)$ 也具有相同的 n 维概率密度函数，即 $Y(t)$ 是严平稳的。

③如果输入 $X(t)$ 是宽遍历性的，则系统输出 $Y(t)$ 也是宽遍历性的。

证：由随机过程的宽各态历经性，输入 $X(t)$ 满足 $\overline{X(t)}=m_X$ 和 $\overline{X(t)X(t+\tau)}=R_X(\tau)$。则输出 $Y(t)$ 的时间平均有

$$\begin{aligned}
\overline{Y(t)} &= \lim_{T\to\infty}\frac{1}{2T}\int_{-T}^{T}Y(t)\,\mathrm{d}t \\
&= \lim_{T\to\infty}\frac{1}{2T}\int_{-T}^{T}\left[\int_{0}^{\infty}h(u)X(t-u)\,\mathrm{d}u\right]\mathrm{d}t \\
&= \int_{0}^{\infty}\left[\lim_{T\to\infty}\frac{1}{2T}\int_{-T}^{T}X(t-u)\,\mathrm{d}t\right]h(u)\,\mathrm{d}u \\
&= \int_{0}^{\infty}m_X h(u)\,\mathrm{d}u = m_Y
\end{aligned}$$

$$\begin{aligned}
\overline{Y(t)Y(t+\tau)} &= \lim_{T\to\infty}\frac{1}{2T}\int_{-T}^{T}Y(t)Y(t+\tau)\,\mathrm{d}t \\
&= \int_{0}^{\infty}\int_{0}^{\infty}\left[\lim_{T\to\infty}\frac{1}{2T}\int_{-T}^{T}X(t-u)X(t+\tau-v)\,\mathrm{d}t\right]h(u)h(v)\,\mathrm{d}u\mathrm{d}v \\
&= \int_{0}^{\infty}\int_{0}^{\infty}h(u)h(v)R_X(\tau+u-v)\,\mathrm{d}u\mathrm{d}v = R_Y(\tau)
\end{aligned}$$

故输出 $Y(t)$ 是宽各态历经的。

(2) 单侧随机信号。

设 $x_k(t)$ 为输入的单侧随机信号的一个样本，在 $t=0$ 时刻作用于系统，如图 4.5 所示。

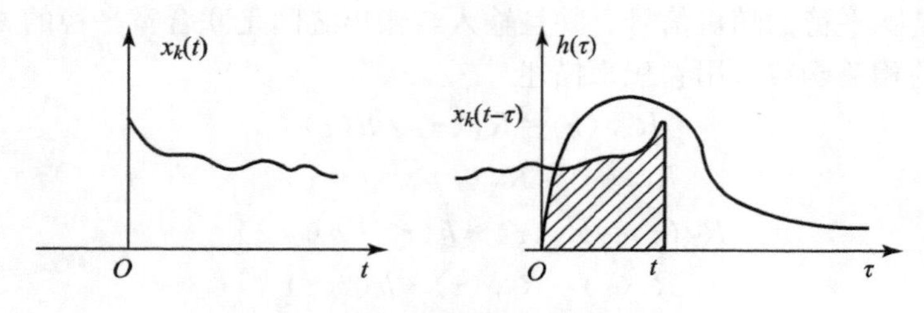

图 4.5　单侧随机信号

对于物理可实现系统，系统的输出

$$\begin{aligned} Y(t) &= \int_0^{\infty} h(u)X(t-u)U(t-u)\mathrm{d}u \\ &= \int_0^{t} h(u)X(t-u)\mathrm{d}u \end{aligned} \tag{4.2.13}$$

设 $X(t)$ 是宽平稳的，则有

$$E[Y(t)] = m_X \int_0^{t} h(u)\mathrm{d}u \tag{4.2.14}$$

$$R_Y(t_1,t_2) = \int_0^{t_1}\int_0^{t_2} R_X(\tau+u-v)h(v)h(u)\mathrm{d}v\mathrm{d}u \tag{4.2.15}$$

$$R_{XY}(t_1,t_2) = \int_0^{t_2} R_X(\tau-v)h(v)\mathrm{d}v \tag{4.2.16}$$

$$R_{YX}(t_1,t_2) = \int_0^{t_1} R_X(\tau+u)h(u)\mathrm{d}u \tag{4.2.17}$$

$$R_{YX}(t_1,t_2) = \int_0^{t_1} R_X(\tau+u)h(u)\mathrm{d}u \tag{4.2.18}$$

由以上各式可见，输出的均值是时间 t 的函数，相关函数 $R_Y(t_1,\ t_2)$ 不再只是（t_2-t_1）之差的函数，而与 t_1、t_2 有关，因此，输出响应也就不是平稳的。这是因为实际系统输入的信号 $X(t)U(t)$（即单侧信号）是非平稳的缘故。关于这一点，单侧系统可以理解为开关 K 在 $t=0$ 时刚闭合，如图 4.6 所示。由于系统惰性的影响，随机输出就像确定输出那样有一个建立的过程，这个过程是瞬态的，正是这种瞬态分量导致了非平稳输出。因此，以前讨论的双侧随机信号在 $t=-\infty$ 时作用于系统，输出的平稳性、遍历性等性质在此不再成立了。然而令 t、t_1、t_2 分别趋于无穷，而 t_2-t_1 保持有限时，此时输出是渐近平稳的。

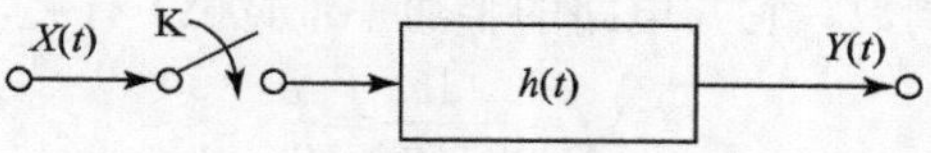

图 4.6　单侧随机信号作用于线性系统示意图

本书中除特殊说明外，通常系统输入的信号，均用双侧信号。

例题 1　如图 4.7 所示的低通 RC 电路，已知输入信号 $X(t)$ 是宽平稳的随机信号，其均值为 m_X，假设 $X(t)$ 是相关函数为$\dfrac{N_0}{2}\delta(\tau)$ 的白噪声，求：（1）输出均值；（2）输出的自相关函数；（3）输出平均功率；（4）输入与输出的互相关函数 $R_{XY}(\tau)$ 和 $R_{YX}(\tau)$。

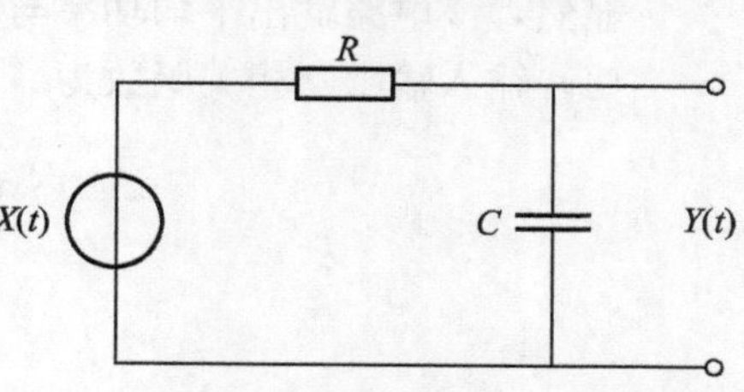

图 4.7　RC 电路

解：

（1）该电路的单位冲激响应为 $h(t)=b\mathrm{e}^{-bt}U(t)$，其中 $b=1/(RC)$。

输出的均值为

$$m_Y = m_X \int_0^{\infty} b\mathrm{e}^{-bu}\mathrm{d}u = -m_X \mathrm{e}^{-bu}\big|_0^{\infty} = m_X$$

（2）输出自相关函数为

$$R_Y(\tau)=\int_0^{\infty}\int_0^{\infty}h(u)h(v)R_X(u+\tau-v)\mathrm{d}u\mathrm{d}v$$
$$=\int_0^{\infty}h(u)\int_0^{\infty}h(v)\frac{N_0}{2}\delta(u+\tau-v)\mathrm{d}v\mathrm{d}u$$

上式要分别按 $\tau\geqslant0$ 和 $\tau<0$ 求解，当 $\tau\geqslant0$ 时，注意 $h(t)$ 的因果性，有

$$R_Y(\tau)=\frac{N_0}{2}\int_0^{\infty}h(u)h(u+\tau)\mathrm{d}u$$
$$=\frac{N_0}{2}\int_0^{\infty}(b\mathrm{e}^{-bu})(b\mathrm{e}^{-b(\tau+u)})\mathrm{d}u$$
$$=\frac{N_0b^2}{2}\mathrm{e}^{-b\tau}\int_0^{\infty}\mathrm{e}^{-2bu}\mathrm{d}u$$
$$=\frac{N_0b}{4}\mathrm{e}^{-b\tau}$$

利用自相关函数的偶对称性，$\tau<0$ 时有

$$R_Y(\tau)=\frac{N_0b}{4}\mathrm{e}^{b\tau}$$

显然，有

$$R_Y(\tau)=\frac{N_0b}{4}\mathrm{e}^{-b|\tau|}，\ |\tau|<\infty$$

(3) 输出的平均功率为

$$E[Y^2(t)]=R_Y(0)=\frac{N_0b}{4}$$

注意 b 是时间常数的倒数，它与电路的半功率带宽 Δf 有关，

$$\Delta f=\frac{1}{2\pi RC}=\frac{b}{2\pi}$$

因此，输出平均功率又可写为

$$E[Y^2(t)]=\frac{N_0\pi}{2}\Delta f$$

显然，该电路输出平均功率与电路的带宽成正比。

(4) 输入输出互相关函数为

$$R_{XY}(\tau)=\int_0^{\infty}\frac{N_0}{2}\delta(\tau-u)h(u)\mathrm{d}u$$
$$=\begin{cases}\frac{N_0}{2}h(\tau), & \tau\geqslant0\\ 0, & \tau<0\end{cases}$$

同理

$$R_{YX}(\tau)=\int_0^{\infty}\frac{N_0}{2}\delta(\tau+u)h(u)\mathrm{d}u$$
$$=\begin{cases}0, & >0\\ \frac{N_0}{2}h(-\tau), & \tau\leqslant0\end{cases}$$

例题 2　设 $X(t)$ 的自相关函数为 $R_X(\tau)=\frac{\beta N_0}{4}\mathrm{e}^{-\beta|\tau|}$，$h(t)=b\mathrm{e}^{-bt}U(t)$，这里 $\Delta f_\beta=\frac{\beta}{2\pi}$，$\Delta f_b=\frac{b}{2\pi}$为各自的半功率带宽，$\beta\gg b$，求输出的 $R_Y(\tau)$。

解：

$$R_Y(\tau)=\int_0^\infty\int_0^\infty R_X(\tau+u-v)h(u)h(v)\mathrm{d}u\mathrm{d}v$$
$$=\int_0^\infty\int_0^\infty\frac{\beta N_0}{4}\mathrm{e}^{-\beta|\tau+u-v|}b^2\mathrm{e}^{-bu}\mathrm{e}^{-bv}\mathrm{d}u\mathrm{d}v$$

当 $\tau\geqslant0$ 时，分 $\tau+u>v$ 和 $\tau+u<v$ 两部分积分，有

$$R_Y(\tau)=\frac{\beta N_0b^2}{4}\int_0^\infty\mathrm{e}^{-bu}\left[\int_0^{\tau+u}\mathrm{e}^{-\beta(\tau+u-v)}\mathrm{e}^{-bv}\mathrm{d}v+\int_{u+\tau}^\infty\mathrm{e}^{\beta(\tau+u-v)}\mathrm{e}^{-bv}\mathrm{d}v\right]\mathrm{d}u$$
$$=\frac{\beta N_0b^2}{4(b^2-\beta^2)}\left(\mathrm{e}^{-\beta\tau}-\frac{\beta}{b}\mathrm{e}^{-b\tau}\right),\quad\tau\geqslant0$$

因为 $R_Y(\tau)=R_Y(-\tau)$，所以

$$R_Y(\tau)=\frac{\beta N_0b^2}{4(b^2-\beta^2)}\left(\mathrm{e}^{-\beta|\tau|}-\frac{\beta}{b}\mathrm{e}^{-b|\tau|}\right)$$

因为 $\beta\gg b$，则 $b^2-\beta^2\approx-\beta^2$，$\mathrm{e}^{-\beta|\tau|}\approx0$，即

$$R_Y(\tau)\approx\frac{N_0b}{4}\mathrm{e}^{-b|\tau|}$$

比较例题 1 结果，可以看出，虽然这个 RC 系统的输入分别是白噪声和色噪声，但这个系统输出的自相关函数却相等。由此可以看出：在输入色噪声的带宽远大于系统带宽的情况下，分析系统输出的统计特性时，可以合理地利用白噪声来近似输入随机信号。

4.2.2　频域分析法

在确定信号输入线性时不变系统时，常常在频域里借助傅里叶变换这一有效工具分析系统输出的响应，避免了时域分析中计算卷积积分所遇到的困难，并且得出，输出的频谱等于输入确定信号的频谱与系统频率响应之乘积。在系统输入为随机信号的情况下，由于随机信号样本函数的傅里叶变换不存在，因此不能再直接利用分析确定输入时所得出的结果。然而，当系统的输入、输出均为平稳随机信号时，输入和输出的功率谱是存在的。这样就可以利用傅里叶变换分析系统输出的功率谱密度与输入功率谱密度之间的关系。这里假定下面所要讨论的输入信号是双侧平稳随机信号，根据上一小节的讨论结论可知，输出也是宽平稳的，且输入和输出是联合宽平稳的。因此，在下面的讨论中，可以直接利用傅里叶变换。

线性时不变系统输出的功率谱密度 $G_Y(\omega)$ 与输入功率谱密度 $G_X(\omega)$，具有如下关系

$$G_Y(\omega)=G_X(\omega)|H(\omega)|^2\tag{4.2.19}$$

式中，$H(\omega)$ 是系统的传输函数，其模的平方 $|H(\omega)|^2$ 被称为系统的功率传输函数。

证明：对 $R_Y(\tau)=R_X(\tau)*h(\tau)*h(-\tau)$ 两边取傅里叶变换，有

$$G_Y(\omega)=G_X(\omega)H(\omega)H(-\omega)$$

由于 $h(t)$ 是实函数，$H(-\omega)=H^*(\omega)$，则

$$G_Y(\omega)=H(\omega)H^*(\omega)G_X(\omega)=|H(\omega)|^2G_X(\omega)$$

上式表明，线性系统输出的功率谱密度等于输入功率谱密度乘以系统的功率传输函数。

通过傅里叶反变换可得到线性系统输出的自相关函数

$$R_Y(\tau)=\frac{1}{2\pi}\int_{-\infty}^{+\infty}G_Y(\omega)e^{j\omega\tau}d\omega =\frac{1}{2\pi}\int_{-\infty}^{+\infty}G_X(\omega)|H(\omega)|^2e^{j\omega\tau}d\omega \tag{4.2.20}$$

于是系统输出的均方值或平均功率可表示为

$$E[Y^2(t)]=R_Y(0)=\frac{1}{2\pi}\int_{-\infty}^{+\infty}G_X(\omega)|H(\omega)|^2d\omega \tag{4.2.21}$$

将输出信号互相关函数的卷积公式两边取傅里叶变换，有

$$G_{XY}(\omega)=H(\omega)G_X(\omega) \tag{4.2.22}$$

$$G_{YX}(\omega)=H(-\omega)G_X(\omega) \tag{4.2.23}$$

这两个公式是很有用的，因为它们既含有幅频特性，又含有相频特性。由自功率谱密度和互功率谱密度的测量可以确定线性系统传输函数，即

$$H(\omega)=\frac{G_{XY}(\omega)}{G_X(\omega)} \tag{4.2.24}$$

到目前为止，已经研究了随机信号经过线性系统后响应的两种方法。卷积积分法能够解得系统输入是平稳或非平稳时的输出响应。当系统的单位冲激响应函数 $h(t)$ 为比较简单的函数时，应用此法比较方便。而频域分析法只能计算平稳输出随机信号的统计特性，这就存在局限性，但是其简单易用。

例题 3 采用频域分析法重做例题 1。

解：白噪声功率谱密度为

$$G_X(\omega)=\frac{N_0}{2}$$

低通 RC 电路的传输函数为

$$H(\omega)=\frac{b}{b+j\omega}$$

电路的功率传输函数为

$$|H(\omega)|^2=\frac{b^2}{b^2+\omega^2}$$

于是

$$G_Y(\omega)=G_X(\omega)|H(\omega)|^2=\frac{N_0b^2}{2(b^2+\omega^2)}$$

$$G_{XY}(\omega)=G_X(\omega)H(\omega)=\frac{N_0b}{2(b+j\omega)}$$

$$G_{YX}(\omega)=G_X(\omega)H(-\omega)=\frac{N_0b}{2(b-j\omega)}$$

系统输出的自相关函数为

$$R_Y(\tau)=\frac{1}{2\pi}\int_{-\infty}^{\infty}G_Y(\omega)\mathrm{e}^{\mathrm{j}\omega\tau}\mathrm{d}\omega$$

$$=\frac{1}{2\pi}\int_{-\infty}^{\infty}\frac{N_0 b^2}{2(b^2+\omega^2)}\mathrm{e}^{\mathrm{j}\omega\tau}\mathrm{d}\omega$$

$$=\frac{N_0 b}{4}\mathrm{e}^{-b|\tau|}$$

互相关函数为

$$R_{XY}(\tau)=\frac{1}{2\pi}\int_{-\infty}^{\infty}G_{XY}(\omega)\mathrm{e}^{\mathrm{j}\omega\tau}\mathrm{d}\omega$$

$$=\frac{1}{2\pi}\int_{-\infty}^{\infty}\frac{N_0 b}{2(b+\mathrm{j}\omega)}\mathrm{e}^{\mathrm{j}\omega\tau}\mathrm{d}\omega$$

$$=\frac{bN_0}{2}\mathrm{e}^{-b\tau},\quad \tau\geqslant 0$$

同理

$$R_{YX}(\tau)=\frac{bN_0}{2}\mathrm{e}^{b\tau},\quad \tau\leqslant 0$$

与例题 1 相比，对于本例，采用频域分析法更为简单。

表 4.1 列出了常用线性电路的系统传输函数和冲激响应。

表 4.1　常用线性电路的系统传输函数和冲激响应对照表

电路	$H(\omega)$	$H(t)$
R 串联，C 并联	$\frac{1}{1+\mathrm{j}\omega RC}$	$\frac{1}{RC}\mathrm{e}^{-t/RC}u(t)$
C 串联，R 并联	$\frac{\mathrm{j}\omega RC}{1+\mathrm{j}\omega RC}$	$\delta(t)-\frac{1}{RC}\mathrm{e}^{-t/RC}u(t)$
L 串联，R 并联	$\frac{R}{R+\mathrm{j}\omega L}$	$\frac{R}{L}\mathrm{e}^{-Rt/L}u(t)$
R 串联，L 并联	$\frac{\mathrm{j}\omega L}{R+\mathrm{j}\omega L}$	$\delta(t)-\frac{R}{L}\mathrm{e}^{-Rt/L}u(t)$

4.3　随机信号通过离散时间系统的分析

现在讨论离散时间系统的分析。这里假定信号平稳，离散时间系统是线性的、时不变的、稳定的物理可实现及单输入单输出。同连续线性系统分析一样，主要分析方法为时域分析法和频域分析法。

4.3.1 时域分析法

如果离散随机信号 $X(n)$ 输入某个（确知的）线性时不变系统 $h(n)$，其情形与前面讨论过的连续随机信号情形相似。$X(n)$ 可以视为很多样本序列（函数）的集合，其每一个样本序列都是确知的，当它们输入系统 $h(n)$ 时，可按冲激响应法得出相应的响应序列。于是，对于 $X(n)$ 的每一种可能性，不同的输入信号引起不同的响应信号，输出信号也是不确定的。考虑某个固定的 n 参量时，它是一个不确定的量，即随机参量，记为 $Y(n)$。显然，对于给定的参量集 N（通常为 $-\infty\sim+\infty$ 的全部整数），随机变量族是一个离散随机信号，简记为 $Y(n)$。

所以，离散随机信号 $X(n)$ 通过线性时不变系统 $h(n)$ 的响应信号也是离散随机信号 $Y(n)$，它与输入随机信号 $X(n)$ 的关系可以更为简洁地表示为

$$Y(n)=X(n)*h(n)=\sum_{k=-\infty}^{\infty}h(n-k)X(k) \tag{4.3.1}$$

上式应该理解为 $X(n)$ 的样本序列集合与 $h(n)$ 的卷积，得到 $Y(n)$ 的样本序列集合。一般而言，输入随机信号 $X(n)$ 与线性时不变系统 $h(n)$ 都可以是复数的，其输出随机信号 $Y(n)$ 也将是复数的。

输出随机信号的时域特性如下。

1. 均值

$$E[Y(n)]=E[X(n)]*h(n) \tag{4.3.2}$$

如果输入随机信号是平稳的，其均值为常数，则其输出随机信号的均值也为常数，即

$$m_Y=E[Y(n)]=m_X\sum_{n=-\infty}^{\infty}h(n) \tag{4.3.3}$$

2. 相关函数

如果输入随机信号是平稳的，其输出随机信号的自相关函数只与所选随机变量的时间差 m 有关，并且可计算如下：

$$R_Y(m)=E[Y(n+m)Y^*(n)]=R_X(m)*h(m)*h(-m) \tag{4.3.4}$$

而均方值为

$$E[Y^2(n)]=R_Y(0) \tag{4.3.5}$$

3. 互相关函数

如果输入随机信号是平稳的，其输入、输出随机信号的互相关函数只与所选随机变量的时间差 m 有关，并且可计算如下：

$$R_{XY}(m)=R_X(m)*h(-m) \tag{4.3.6}$$

$$R_{YX}(m)=R_X(m)*h(m) \tag{4.3.7}$$

由上式分析可见，平稳随机信号通过线性时不变系统后，其输出随机信号也是宽平稳的。

4.3.2 频域分析法

离散平稳随机信号的功率谱与其自相关函数之间为离散傅里叶变换。于是，其输入、输

出随机信号的功率谱具有如下关系：

$$G_Y(\omega)=G_X(\omega)H(\omega)H^*(\omega)=G_X(\omega)\,|H(\omega)|^2 \tag{4.3.8}$$

输入、输出随机信号的互功率谱为

$$G_{XY}(\omega)=G_X(\omega)H^*(\omega) \tag{4.3.9}$$

$$G_{YX}(\omega)=G_X(\omega)H(\omega) \tag{4.3.10}$$

4.4　白噪声通过线性时不变系统的分析

由于白噪声在数学上具有很好的性质，任何随机信号与白噪声结合都会使分析简单化。因此，利用白噪声作为实际噪声的模型或作为研究随机信号时的背景，将会给随机信号的分析带来方便。下面就研究白噪声通过线性系统后的统计特性。

4.4.1　白噪声通过线性系统

设连续线性系统的传递函数为 $H(\omega)$ 或 $H(s)$，其输入白噪声功率谱密度为 $G_X(\omega)=N_0/2$，那么系统输出的功率谱密度为

$$G_Y(\omega)=|H(\omega)|^2\frac{N_0}{2},\quad -\infty<\omega<\infty \tag{4.4.1}$$

或物理谱密度为

$$F_Y(\omega)=|H(\omega)|^2N_0,\quad \omega\geqslant 0 \tag{4.4.2}$$

上面的分析表明，若输入端是具有均匀谱的白噪声，则输出端随机信号的功率谱密度主要由系统的幅频特性 $|H(\omega)|$ 决定，不再保持常数，输出的是色噪声，如图 4.8 所示。这是因为线性系统都具有一定的选择性，系统只允许与其频率特性一致的频率分量通过。

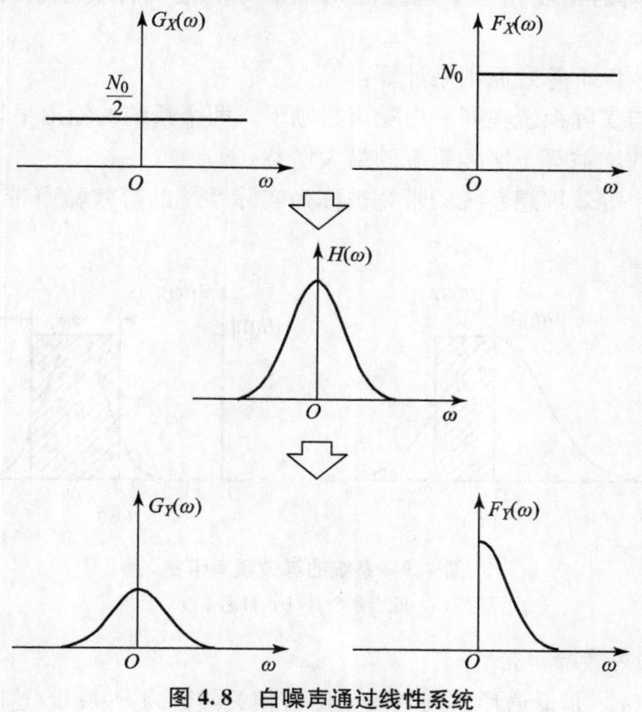

图 4.8　白噪声通过线性系统

输出自相关函数为

$$
\begin{aligned}
R_Y(\tau) &= \frac{N_0}{4\pi}\int_{-\infty}^{\infty} |H(\omega)|^2 e^{j\omega\tau} d\omega \\
&= \frac{N_0}{2}\int_0^{\infty} h(u)h(u+\tau)du
\end{aligned} \tag{4.4.3}
$$

输出平均功率为

$$
E[Y^2(t)] = \frac{N_0}{2\pi}\int_0^{\infty} |H(\omega)|^2 d\omega \tag{4.4.4}
$$

4.4.2 3 dB 带宽

3 dB 带宽也叫半功率带宽，它是功率下降到最大值的一半时（此时幅度为最大值的 0.707）的正频率或正频率差。

如果系统特性为低通的，例如，RC 滤波器，其 3 dB 带宽定位为幅频特性 $|H(\omega)|$ 值下降到最大值的 $1/\sqrt{2}$，即 $0.707|H(\omega)|_{\max}$ 的正频率，这时功率谱下降到峰值功率谱的一半，即 −3 dB，因此把 3 dB 带宽也称为半功率带宽。

4.4.3 等效噪声带宽

实际系统中的噪声通常伴随有噪声，并对其造成不良影响。在许多实际问题中，形形色色的噪声可以有不同的频谱形式，但它们的影响能力可以笼统地只使用一个简单的指标——噪声功率来衡量。噪声功率大的影响大，噪声功率小的影响小。于是，具有相同的功率并作用于同一个频率范围上的噪声，可以被粗略地视为等同。若讨论产生噪声的系统，可以从输出噪声等同的角度用一个理想的系统来等效地代替实际系统，使分析计算得到简化。

等效噪声带宽按以下等效原则来计算：

（1）理想系统与实际系统在同一白噪声激励下，两个系统的输出平均功率相等；

（2）理想系统的增益等于实际系统的最大增益。

如图 4.9 所示，等效理想系统的带宽被称为实际系统的等效噪声带宽，常记为 ω_N、B_N 或 $\Delta\omega_e$。

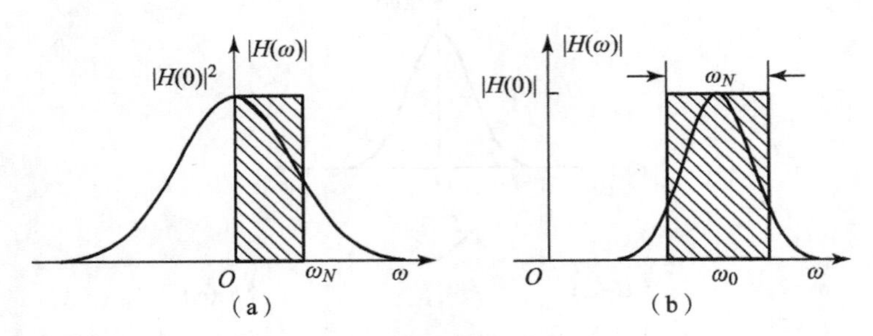

图 4.9 系统的等效噪声带宽

(a) 低通系统；(b) 带通系统

1）低通系统的等效噪声带宽

若实际系统 $H(\omega)$ 是低通形式的，其输出自相关函数为 $R_Y(\tau)$，这时的等效理想系统是

理想低通系统，其幅频特性可以表示为

$$H_I(\omega)=\begin{cases}|H(0)|, & |\omega|\leqslant\omega_N=2\pi B_N\\ 0, & |\omega|>\omega_N\end{cases} \tag{4.4.5}$$

很明显，等效理想低通系统的输出噪声功率为

$$P_I=\frac{1}{2\pi}\int_{-\infty}^{\infty}\frac{N_0}{2}\,|H_I(\omega)|^2\mathrm{d}\omega=\frac{N_0\omega_N}{2\pi}\,|H(0)|^2 \tag{4.4.6}$$

而实际系统的输出噪声功率为

$$P_Y=\frac{N_0}{2\pi}\int_0^{\infty}|H(\omega)|^2\mathrm{d}\omega \tag{4.4.7}$$

根据等效噪声带宽的定义与条件，两者的输出噪声功率应相等，即有

$$\frac{N_0}{2\pi}\int_0^{\infty}|H(\omega)|^2\mathrm{d}\omega=\frac{N_0\omega_N}{2\pi}\,|H(0)|^2 \tag{4.4.8}$$

所以，等效噪声角频率带宽与 Hz 频率带宽分别为

$$\omega_N=\frac{\int_0^{\infty}|H(\omega)|^2\mathrm{d}\omega}{|H(0)|^2}=\frac{2\pi R_Y(0)}{N_0\,|H(0)|^2}=\frac{\pi R(0)}{|H(0)|^2} \tag{4.4.9}$$

$$B_N=\frac{\int_0^{\infty}|H(\mathrm{j}2\pi f)|^2\mathrm{d}f}{|H(0)|^2}=\frac{R_Y(0)}{N_0\,|H(0)|^2}=\frac{R(0)}{2\,|H(0)|^2} \tag{4.4.10}$$

由于上面考虑的是实际物理频率范围，也就是正频率范围，因此，也称为单边带宽，如图 4.9 (a) 所示。如果实际系统的幅频特性是归一化的，即 $|H(0)|=1$，则上式简化为

$$\omega_N=\int_0^{\infty}|H(\omega)|^2\mathrm{d}\omega=\frac{2\pi R_X(0)}{N_0} \tag{4.4.11}$$

$$B_N=\int_0^{\infty}|H(\mathrm{j}2\pi f)|^2\mathrm{d}f=\frac{R_Y(0)}{N_0} \tag{4.4.12}$$

应用等效噪声带宽，很容易计算系统的输出噪声功率。比如，功率谱为 $N_0/2$ 的白噪声通过等效噪声带宽 ω_N 的归一化低通型线性时不变系统，其输出噪声功率为

$$P_Y=\frac{N_0\omega_N}{2\pi}|H(0)|^2=\frac{N_0\omega_{N0}}{2\pi} \tag{4.4.13}$$

若等效噪声 Hz 频率带宽为 B_N，则有

$$P_Y=N_0B_N\,|H(0)|^2=N_0B_{N0} \tag{4.4.14}$$

上式表明，在白噪声输入下，系统的输出噪声功率与等效噪声带宽成正比，而且，当输入白噪声功率一定时，输出噪声功率的大小完全取决于系统的等效噪声带宽。要减小系统的输出噪声，就要减小其等效噪声带宽。由此可见，在实际应用中采用等效噪声带宽的简便之处。

例题 4　求低通 RC 电路的等效噪声带宽。

利用例题 1 的结果 $H(\omega)=\dfrac{1}{1+\mathrm{j}\omega RC}$，$R_Y(\tau)=\dfrac{N_0}{4RC}\mathrm{e}^{-\frac{|\tau|}{RC}}$ 有

$$\omega_N=\frac{2\pi R_Y(0)}{N_0\,|H(0)|^2}=\frac{\pi N_0/(4RC)}{N_0/2}=\frac{\pi}{2RC}$$

或

$$B_N=\frac{1}{4RC}=\frac{\pi}{2}B_{3\mathrm{dB}}$$

低通 RC 电路的 3 dB 带宽为 $\omega_{3\mathrm{dB}}=1/(RC)$，即 $B_{3\mathrm{dB}}=1/(2\pi RC)$。

2）带通系统的等效噪声带宽

若实际系统 $H(\omega)$ 是中心角频率为 ω_0 的带通形式，其相关函数为 $R(\tau)$，这时的等效理想系统是理想带通系统，其幅频特性可以表示为

$$H_I(\omega)=\begin{cases}|H(\omega_0)|, & |\omega\pm\omega_0|\leqslant\dfrac{\omega_N}{2}\\0, & \text{其他}\end{cases}\tag{4.4.15}$$

仿照上面的分析方法，可得等效噪声角频率带宽与 Hz 频率带宽分别为

$$\omega_N=\int_0^{\infty}[|H(\omega)|^2/|H(\omega_0)|^2]\mathrm{d}\omega=\pi R(0)/|H(\omega_0)|^2\tag{4.4.16}$$

$$B_N=\int_0^{\infty}[|H(\mathrm{j}2\pi f)|^2/|H(\omega_0)|^2]\mathrm{d}\omega=R(0)/[2|H(\omega_0)|^2]\tag{4.4.17}$$

例题 5 功率谱密度为 $N_0/2$ 的白噪声作用到 $|H(0)|=2$ 的低通网络，它的等效噪声带宽为 2 MHz。若在 1 Ω 电阻上噪声输出平均功率是 0.1 W，求 N_0 是多少？

解：设 $\Delta\omega_e$ 为等效噪声带宽，低通系统输出的平均功率为

$$R_Y(0)=\frac{N_0\Delta\omega_e}{2\pi}|H(0)|^2=\frac{2\times10^6N_0}{2\pi}\times4=\frac{4\times10^6}{\pi}N_0$$

$$N_0=\frac{\pi\times0.1}{4\times10^6}=\frac{\pi}{4}\times10^{-7}\,(\mathrm{W}/(\mathrm{Hz}\cdot\Omega))$$

例题 6 某系统传输函数如图 4.10 所示，求等效噪声带宽。

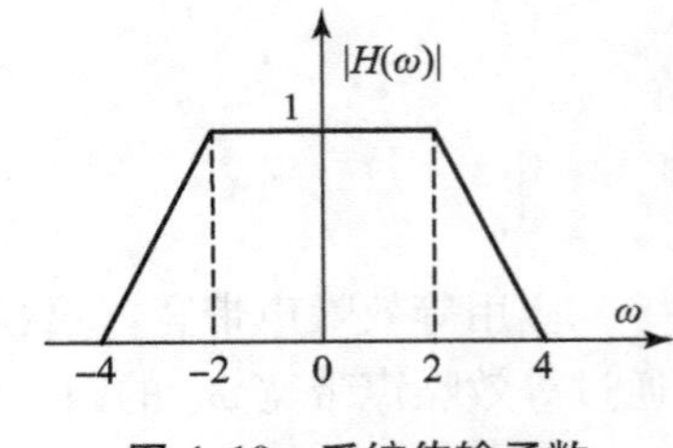

图 4.10 系统传输函数

解：$|H(\omega)|_{\max}=1$

$$\begin{aligned}\Delta\omega_e&=\frac{1}{|H(\omega)|_{\max}^2}\int_0^{\infty}|H(\omega)|^2\mathrm{d}\omega\\&=\int_0^2 1\mathrm{d}\omega+\int_2^4\left(2-\frac{\omega}{2}\right)^2\mathrm{d}\omega\\&=2+\int_2^4\left(4-2\omega+\frac{\omega^2}{4}\right)\mathrm{d}\omega=\frac{8}{3}\end{aligned}$$

$$\Delta f_e=\frac{\Delta\omega_e}{2\pi}=\frac{4}{3\pi}$$

显然，3 dB 带宽与等效噪声带宽不相等，它们都是仅由系统本身参数决定的。实际上，当线性系统确定之后，3 dB 带宽与等效噪声带宽也被确定，而且二者之间有着确定的关系。

系统等效噪声带宽具有理论意义和实际意义，它反映了系统输出的噪声功率，所以通常作为比较线性系统性能（如信噪比性能）的判据。此外，当系统输入白噪声时，采用等效噪声带宽的优点之一就是，使仅用等效噪声带宽描述非常复杂的线性系统及其噪声响应成为可能。在实际中，这些参数能相当容易地用实验的方法从系统中测试得到。

例如，假设测得某通信系统中接收机调谐频率上的电压增益是10^6，等效噪声带宽为 10 kHz。该接收机输入端噪声具有数百兆赫兹的带宽，因此，相对接收机的带宽而言，这

样的噪声可看成是白噪声。设输入噪声的功率谱密度是 $2\times10^{-20}\ \mathrm{V^2/Hz}$，问为使接收机输出端的功率信噪比为 100，输入信号的有效值应是多大？利用等效噪声带宽，可以对此问题迎刃而解。

输出信噪比为

$$\left(\frac{S}{N}\right)_0=\frac{\text{输出信号平均功率}}{\text{输出噪声平均功率}}=\frac{|H(\omega_0)|^2\,\overline{X^2}}{\dfrac{N_0\Delta\omega_e}{2\pi}|H(\omega_0)|^2}=\frac{\overline{X^2}}{2\cdot\dfrac{N_0}{2}\cdot\dfrac{\Delta\omega_e}{2\pi}}$$

式中，$\overline{X^2}$表示输入信号的平均功率，$\dfrac{N_0}{2}$表示输入噪声的平均功率。代入数据有

$$\frac{\overline{X^2}}{2\cdot\dfrac{N_0}{2}\cdot\dfrac{\Delta\omega_e}{2\pi}}=100$$

可得

$$\overline{X^2}=2\cdot\frac{N_0}{2}\cdot\frac{\Delta\omega_e}{2\pi}\cdot100=2(2\times10^{-20})(10^4)(100)=4\times10^{-14}$$

则要求的输入信号有效值为

$$\sqrt{\overline{X^2}}=2\times10^{-7}\ (\mathrm{V})$$

4.4.4 随机信号等效带宽

与系统频带对应的是信号的频带，随机信号也具有相应的带宽问题。如果随机信号的功率谱密度集中在零频附近，则称这个信号为低通信号；相应地，如果随机信号的功率谱密度集中在某个频率 $f_0(f_0>0)$ 附近，则称它为带通信号。特别地，当 f_0 远大于随机信号功率谱所占有的带宽时，称它为窄带信号。

随机信号的等效带宽也用功率谱密度来定义。低通信号 $X(t)$ 的等效带宽定义与系统等效噪声带宽的定义方法类似，就是把随机信号 $X(t)$ 的功率谱密度 $G_X(\omega)$ 曲线下的面积等效成一个高为 $G_X(0)$，宽为 $\Delta\omega$ 的矩形，用 $G_X(\omega)$ 和 $G_X(0)$ 代替系统等效噪声带宽公式里面的$|H(\omega)|^2$ 和$|H(0)|^2$，就得到低通信号的等效带宽为

$$\Delta\omega=\frac{\int_0^{\infty}G_X(\omega)\mathrm{d}\omega}{G_X(0)}\tag{4.4.18}$$

如果 $X(t)$ 为带通信号，用 $G_X(\omega_0)$ 代替上式中的 $G_X(0)$ 即可得到带通信号的等效带宽为

$$\Delta\omega=\frac{\int_0^{\infty}G_X(\omega)\mathrm{d}\omega}{G_X(\omega_0)}\tag{4.4.19}$$

4.4.5 白噪声通过理想线性系统

1. 白噪声通过理想低通线性系统

理想低通线性系统具有如下的幅频特性

$$|H(\omega)|=\begin{cases}A, & |\omega|\leqslant\Delta\omega/2\\0, & \text{其他}\end{cases}\tag{4.4.20}$$

如图 4.11 所示。实际中的低通滤波器或低频放大器，都可以用这样的理想低通线性系统来等效。

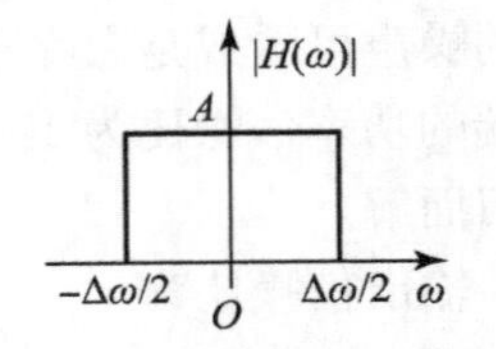

图 4.11　理想低通线性系统的幅频特性

设白噪声的物理谱 $G_X(\omega)=N_0$，则系统输出的物理谱为

$$G_Y(\omega)=|H(\omega)|^2G_X(\omega)=\begin{cases}N_0A^2, & 0\leqslant\omega<\Delta\omega/2\\ 0, & \text{其他}\end{cases} \tag{4.4.21}$$

输出自相关函数为

$$\begin{aligned}R_Y(\tau)&=\frac{1}{2\pi}\int_0^{\infty}G_X(\omega)\cos\omega\tau\,\mathrm{d}\omega\\ &=\frac{1}{2\pi}\int_0^{\Delta\omega/2}N_0A^2\cos\omega\tau\,\mathrm{d}\omega\\ &=\frac{N_0A^2\Delta\omega}{4\pi}\frac{\sin\frac{\Delta\omega\tau}{2}}{\frac{\Delta\omega\tau}{2}}\end{aligned} \tag{4.4.22}$$

输出平均功率为

$$E[Y^2(t)]=\frac{N_0A^2\Delta\omega}{4\pi} \tag{4.4.23}$$

输出相关系数为

$$\rho_Y(\tau)=\frac{C_Y(\tau)}{C_Y(0)}=\frac{R_Y(\tau)}{R_Y(0)}=\frac{\sin\frac{\Delta\omega\tau}{2}}{\frac{\Delta\omega\tau}{2}} \tag{4.4.24}$$

输出相关时间为

$$\tau_0=\int_0^{\infty}\rho_Y(\tau)\,\mathrm{d}\tau=\int_0^{\infty}\frac{\sin\frac{\Delta\omega\tau}{2}}{\frac{\Delta\omega\tau}{2}}\mathrm{d}\tau=\frac{\pi}{\Delta\omega}=\frac{1}{2\Delta f} \tag{4.4.25}$$

该式表明，输出随机信号的相关时间与系统的带宽成反比。这就是说，系统带宽越宽，相关时间 τ_0 越小，输出随机信号随时间变化（起伏）越剧烈；反之，系统带宽越窄，则 τ_0 越大，输出随机信号随时间变化就越缓慢。

2. 白噪声通过理想带通线性系统

如图 4.12 所示，理想带通系统的幅频特性为

$$|H(\omega)|=\begin{cases}A, & |\omega\pm\omega_0|\leqslant\Delta\omega/2\\ 0, & \text{其他}\end{cases} \tag{4.4.26}$$

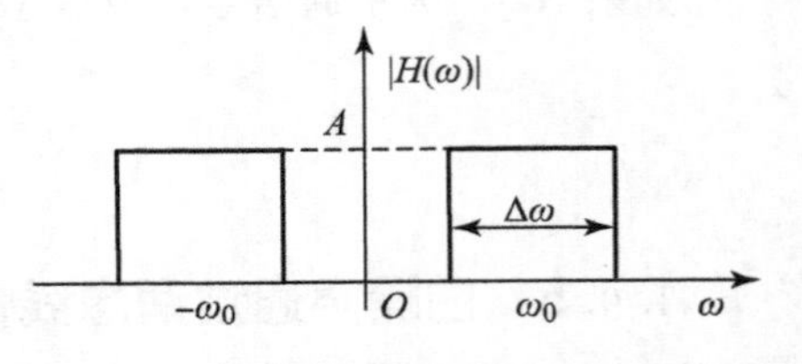

图 4.12　理想带通线性系统的幅频特性

若输入白噪声的物理谱 $G_X(\omega)=N_0$，则输出的物理谱为

$$G_Y(\omega)=|H(\omega)|^2G_X(\omega)=\begin{cases}N_0A^2, & |\omega-\omega_0|\leqslant\Delta\omega/2\\ 0, & \text{其他}\end{cases} \tag{4.4.27}$$

输出相关函数为

$$\begin{aligned}R_Y(\tau)&=\frac{1}{2\pi}\int_0^{\infty}G_Y(\omega)\cos\omega\tau\,\mathrm{d}\omega\\&=\frac{1}{2\pi}\int_{\omega_0-\frac{\Delta\omega}{2}}^{\omega_0+\frac{\Delta\omega}{2}}N_0A^2\cos\omega\tau\,\mathrm{d}\omega\\&=\frac{N_0A^2}{\pi\tau}\sin\frac{\Delta\omega\tau}{2}\cos\omega_0\tau=a(\tau)\cos\omega_0\tau\end{aligned}\tag{4.4.28}$$

式中

$$a(\tau)=2\left[\frac{N_0A^2\Delta\omega}{4\pi}\cdot\frac{\sin\frac{\Delta\omega\tau}{2}}{\frac{\Delta\omega\tau}{2}}\right]\tag{4.4.29}$$

现在，我们对上面的结果做几点分析。

(1) 若 $\Delta\omega\ll\omega_0$，即该带通系统的中心频率远大于系统的带宽，则称这样的系统为窄带系统。这时，经过带通系统输出的随机信号的功率谱分布在高频 ω_0 周围一个很窄的频域内。

(2) 从上式可以看出，输出自相关函数 $R_Y(\tau)$ 等于 $a(\tau)$ 与 $\cos\omega_0\tau$ 的乘积，其中 $a(\tau)$ 是 τ 的慢变化函数，而 $\cos\omega_0\tau$ 是 τ 的快变化函数。可见 $a(\tau)$ 是 $R_Y(\tau)$ 的慢变化部分，是 $R_Y(\tau)$ 的包络。而 $\cos\omega_0\tau$ 是 $R_Y(\tau)$ 的快变化部分，其相关函数波形如图 4.13 所示。

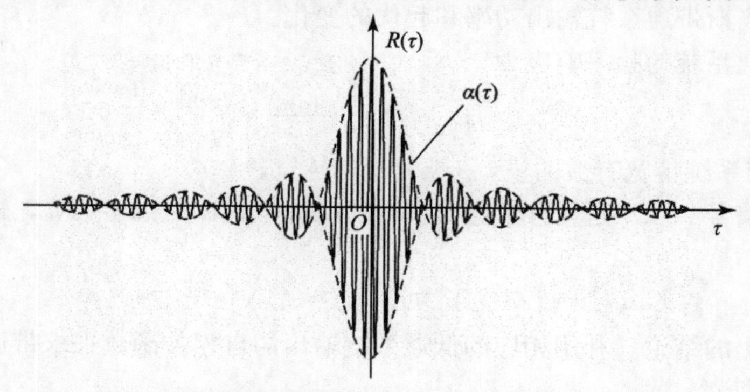

图 4.13　理想带通线性系统输出的相关函数波形

(3) 令上式中的 $\omega_0=0$，则得

$$R_Y(\tau)=a(\tau)$$

可见，$a(\tau)$ 与前面导出的低通滤波器输出相关函数形式完全一样（相差一个系数 2 是因为这里的通带宽度是前面低通滤波器带宽的 2 倍）。因此，理想带通系统输出的相关函数等于其相应的低通系统输出相关函数与 $\cos\omega_0\tau$ 的乘积。

带通系统输出的平均功率为

$$E[Y^2(t)]=\frac{N_0A^2\Delta\omega}{2\pi}\tag{4.4.30}$$

输出的相关系数为

$$\rho_Y(\tau)=\frac{C_Y(\tau)}{C_Y(0)}=\frac{R_Y(\tau)}{R_Y(0)}=\frac{\sin\frac{\Delta\omega\tau}{2}}{\frac{\Delta\omega\tau}{2}}\cos\omega_0\tau \tag{4.4.31}$$

根据窄带随机信号相关系数的特点，常用$\rho_Y(\tau)$的慢变化部分（包络）来定义输出随机信号的相关时间

$$\tau_0=\int_0^{\infty}\frac{\sin\frac{\Delta\omega\tau}{2}}{\frac{\Delta\omega\tau}{2}}\mathrm{d}\tau=\frac{\pi}{\Delta\omega}=\frac{1}{2\Delta f} \tag{4.4.32}$$

该式与低通系统的相关时间形式相同，同样说明了相关时间τ_0与系统带宽Δf成反比。但必须注意到这里的τ_0是表示输出窄带随机信号的包络随时间起伏的快慢程度。因此，式(4.4.32)表明，系统带宽越宽，输出包络的起伏变化越剧烈；反之，带宽窄，则包络变化较为缓慢。

3. 白噪声通过具有高斯频率特性的线性系统

在单调谐多级放大器中，级数越多，其幅频特性就越接近高斯曲线。因此，实际的多级调谐回路的频率特性是以高斯曲线为极限的，而所有的系统频率特性又是以理想带通频率特性为极限的。工程上只要有4～5级单调谐回路，就认为它具有高斯频率特性。这里以带通系统为例，分析高斯带通系统输出功率和起伏的变化。

如果高斯带通系统的频率响应为

$$H(\omega)=A\mathrm{e}^{-\frac{(\omega-\omega_0)^2}{2\beta^2}} \tag{4.4.33}$$

式中，β是与系统带宽有关的量，β越大带宽越宽。

当输入随机信号$N(t)$是具有单边功率谱的白噪声时，$G_N(\omega)=N_0$，输出也用单边功率谱表示为

$$G_Y(\omega)=|H(\omega)|^2G_N(\omega)=A^2N_0\mathrm{e}^{-(\omega-\omega_0)^2/\beta^2} \tag{4.4.34}$$

按照前面给出的结论，利用相应的低通系统输出的自相关函数来求带通系统输出的自相关函数的包络，即

$$\begin{aligned}a(\tau)&=\frac{1}{\pi}\int_0^{\infty}\left[|H(\omega)|^2G_N(\omega)\right]\Big|_{\omega_0=0}\cos\omega\tau\,\mathrm{d}\omega\\&=\frac{A^2N_0}{\pi}\int_0^{\infty}\mathrm{e}^{-\omega^2/\beta^2}\cos\omega\tau\,\mathrm{d}\omega=\frac{A^2N_0\beta}{2\sqrt{\pi}}\mathrm{e}^{-\beta^2\tau^2/4}\end{aligned} \tag{4.4.35}$$

因此带通系统的输出自相关函数为

$$R_Y(\tau)=a(\tau)\cos\omega_0\tau=\frac{A^2N_0\beta}{2\sqrt{\pi}}\mathrm{e}^{-\beta^2\tau^2/4}\cos\omega_0\tau \tag{4.4.36}$$

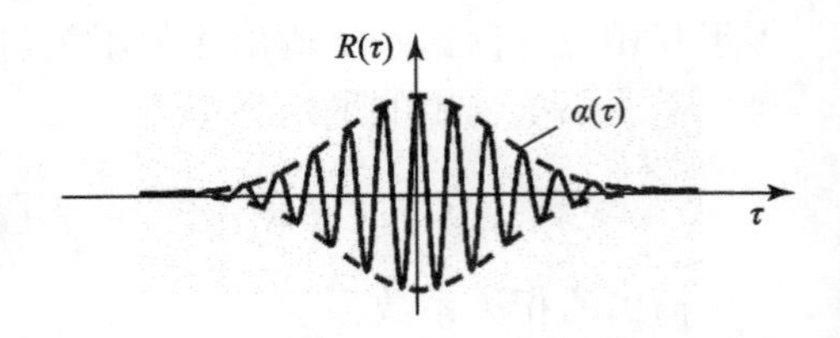

图4.14　高斯带通系统的输出自相关函数

图4.14示出了高斯带通系统的输出自相关函数和包络。

输出随机信号的平均功率为

$$R_Y(0)=\frac{A^2N_0\beta}{2\sqrt{\pi}} \tag{4.4.37}$$

相关系数为

$$r_Y(\tau)=\mathrm{e}^{-\beta^2\tau^2/4}\cos\omega_0\tau \tag{4.4.38}$$

等效噪声带宽为

$$\Delta\omega_{\mathrm{e}}=\frac{\int_0^{\infty}|H(\omega)|^2\mathrm{d}\omega}{|H(\omega_0)|^2}=\int_0^{\infty}\mathrm{e}^{-(\omega-\omega_0)^2/\beta^2}\mathrm{d}\omega=\sqrt{\pi}\beta \tag{4.4.39}$$

相关时间为

$$\tau_0=\int_0^{\infty}\mathrm{e}^{-\beta^2\tau^2/4}\mathrm{d}\omega=\sqrt{\pi}/\beta \tag{4.4.40}$$

由于 β 与系统带宽成正比，因此相关时间与带宽 Δf 成反比。其他分析结果与理想带通系统相同。在这里输出自相关函数的包络是高斯曲线，功率谱密度也是高斯曲线。

4.4.6　色噪声的产生和白化滤波器

线性系统分析的两个重要应用：

(1) 如何得到一个特定功率谱密度；

(2) 如何将色噪声变为白噪声。

这两个应用都可以通过线性系统来实现，也就是说，要设计一个线性系统来解决这个问题。

1. 色噪声的产生

这里要设计这样一个线性系统，当它的输入为单位功率谱密度的白噪声时，其输出为特定功率谱密度的色噪声。实现原理框图如图 4.15 所示。

图 4.15　色噪声产生框图

由于输入单位功率谱密度，则

$$S_Y(\omega)=S_X(\omega)H(\omega)H(-\omega)=S_X(\omega)|H(\omega)|^2=|H(\omega)|^2 \tag{4.4.41}$$

这时，输出功率谱由系统功率传输函数 $|H(\omega)|^2$ 决定，所以输出的功率谱密度不再为常数，即为色噪声。

为了便于讨论，式 (4.4.41) 可改写为复频域形式，这时

$$S_Y(s)=H(s)H(-s) \tag{4.4.42}$$

注意，$H(s)$ 和 $H(-s)$ 的零、极点在 s 平面关于 Y 轴对称。

显然，如果 $S_Y(s)$ 能分解成

$$S_Y(s)=S_Y^-(s)S_Y^+(s) \tag{4.4.43}$$

且 $S_Y^-(s)$ 包括所有 s 平面的左半平面的零、极点，则拟构造的物理可实现系统的传输函数为

$$H(s)=S_Y^-(s) \tag{4.4.44}$$

具体步骤如下：

(1) 将色噪声改写成拉普拉斯变换形式；

(2) 将色噪声分解成 $S_Y(s)=S_Y^-(s)\ S_Y^+(s)$ 形式，且 $S_Y^-(s)$ 包括所有 s 平面的左半平面的零、极点。

(3) 所拟构造的物理可实现系统的传输函数为

$$H(s)=S_Y^-(s)$$

例题 7 设计一个物理可实现系统，使其在单位功率谱密度的白噪声激励下，输出功率谱密度为$G_Y(\omega)=\dfrac{\omega^2+16}{\omega^4+5\omega^2+4}$。

解：首先改写成拉普拉斯变换，因为$s=\mathrm{j}\omega$，所以

$$S_Y(s)=\frac{-s^2+16}{s^4-5s^2+4}=\frac{(4+s)(4-s)}{(s^2-4)(s^2-1)}=\frac{(4+s)(4-s)}{(s+2)(s+1)(s-2)(s-1)}$$

这里，在s平面的左半平面的零、极点为-4，-2，-1，所以

$$H(s)=S_Y^-(s)=\frac{(s+4)}{(s+2)(s+1)}$$

2. 白化滤波器

顾名思义，就是要设计这样一个线性系统，当它的输入为色噪声时，其输出为单位功率谱密度的白噪声，这样的线性系统统称为白化滤波器。实现原理框图如图 4.16 所示。

图 4.16 白化滤波器框图

同样地，为讨论方便，将线性系统输出的功率谱密度表达式写出拉普拉斯变换形式或z变换的形式，即

$$S_Y(s)=H(s)H(-s)S_X(s) \quad 或 \quad S_Y(z)=H(z)H(z^{-1})S_X(z) \tag{4.4.45}$$

由于输出功率谱密度为 1，则

$$S_X(s)=\frac{1}{H(s)H(-s)} \quad 或 \quad S_X(z)=\frac{1}{H(z)H(z^{-1})} \tag{4.4.46}$$

显然，如果输入色噪声可以分解成$S_X(s)=S_X^-(s)\ S_X^+(s)$ 或 $S_X(z)=S_X^-(z)S_X^+(z)$形式，且$S_X^-(s)$包括所有s平面的左半平面的零、极点或$S_X^-(z)$包括所有单位圆内的零、极点，这时可求得物理可实现的线性系统的传输函数为

$$H(s)=\frac{1}{S_X^-(s)} \quad 或 \quad H(z)=\frac{1}{S_X^-(z)} \tag{4.4.47}$$

例题 8 设计一个物理可实现的白化滤波器，使其输出为单位功率谱密度，这里输入功率谱密度为$G_X(\omega)=\dfrac{1.16+0.8\cos\omega}{1.49+1.4\cos\omega}$。

解：首先改写成z变换，由于

$$G_X(\omega)=\frac{1.16+0.8\cos\omega}{1.49+1.4\cos\omega}=\frac{1.16+0.4(\mathrm{e}^{\mathrm{j}\omega}+\mathrm{e}^{-\mathrm{j}\omega})}{1.49+0.7(\mathrm{e}^{\mathrm{j}\omega}+\mathrm{e}^{-\mathrm{j}\omega})}$$

所以有

$$G_X(z)=\frac{1.16+0.4(z+z^{-1})}{1.49+0.7(z+z^{-1})}=\frac{1+0.4(z+z^{-1})+0.16}{1+0.7(z+z^{-1})+0.49}=\frac{(z+0.4)(z^{-1}+0.4)}{(z+0.7)(z^{-1}+0.7)}$$

因此，可得物理可实现的白化滤波器传输函数为

$$H(z)=\frac{(z+0.7)}{(z+0.4)}$$

4.5　线性系统输出端随机信号的概率分布

以上讨论了随机信号通过线性系统后输出随机信号的数字特征，没有涉及输出随机信号的概率分布。而当线性系统输入是一个随机信号时，它的输出也是随机信号，因此具有一定的分布。通常情况下难以确定一个线性系统输出的概率分布，只有在几种特殊情况下，才能确定或近似确定线性系统输出的概率分布。

（1）线性系统输入为高斯随机信号时，则输出也是高斯随机信号。

设线性系统冲激响应为 $h(t)$，输入随机信号 $X(t)$ 是高斯信号，则系统输出 $Y(t)$ 也是高斯信号，其表达式为

$$Y(t)=\int_0^{\infty}X(t-\tau)h(\tau)\mathrm{d}\tau=\int_{-\infty}^{t}X(\tau)h(t-\tau)\mathrm{d}\tau \tag{4.5.1}$$

将上述积分写成求和形式

$$Y(t)=\lim_{\Delta\tau_k\to 0}\sum_{k=0}^{\infty}X(\tau_k)h(t-\tau_k)\Delta\tau_k \tag{4.5.2}$$

式中，τ_k 为采样时刻；$\Delta\tau_k$ 为采样间隔；k 为采样点数。当 $X(t)$ 是高斯过程，$X(\tau_k)$ 是高斯随机变量，上式是 k 维高斯随机变量的线性组合（k 趋于无穷大），由高斯随机变量的性质知，k 维高斯随机变量的线性组合仍为高斯分布，因此输出 $Y(t)$ 也是高斯分布。

（2）线性系统输入为非高斯过程，系统等效噪声带宽远大于输入过程功率谱密度等效带宽时，则系统输出随机过程与输入随机过程同分布。

设线性系统冲激响应近似为冲激函数，即

$$h(t)=\delta(t)$$

输出随机过程

$$Y(t)=\int_0^{\infty}X(t-\tau)h(\tau)\mathrm{d}\tau=\int_0^{\infty}X(t-\tau)\delta(\tau)\mathrm{d}\tau=X(t) \tag{4.5.3}$$

式中，$X(t)$ 为输入随机过程，上式在系统带宽远大于输入随机过程等效带宽时，输出随机过程与输入随机过程同分布。

（3）线性系统输入为非高斯过程，其功率谱密度等效带宽远大于系统带宽时，则系数输出随机过程可认为是高斯随机过程。

式（4.5.2）表明，输出信号是随机变量之和。根据中心极限定理，大量统计独立的随机变量之和的分布接近于高斯分布。因此，如果这些随机变量是大量的且相互独立，则$Y(t)$近似为高斯过程。这就要满足两个条件：①$X(\tau_k)$ 是否相互独立；②是否有大量足够项取和，也就是 $h(t-\tau_k)$ 的持续期是否足够长，以满足中心极限定理中大量性的要求。

由相关时间 τ_0 的定义可知，输入随机过程的功率谱越宽，相应的 τ_0 越小。若 $\Delta\tau_k$ 采样间隔远大于τ_0，这时可认为输入随机过程的采样 $X(\tau_k)$，$X(\tau_{k+1})$，…，$X(\tau_{k+m})$ 之间是互相独立的。由于 $h(t-\tau_k)$ 的持续时间与系统带宽成反比，因此若系统带宽足够窄，则可使 $h(t-\tau_k)$ 的持续时间超过 m，如果 m 足够大，由中心极限定理，这些互相独立项之和接近高斯分布，此时即可以认为输出过程是接近高斯分布的。

在一般的工程应用中，若输入随机过程的功率谱密度大于系统带宽 7 倍以上，就认为输出随机过程接近高斯分布。

习　题

4.1　若平稳随机信号 $X(t)$ 的自相关函数 $R_X(\tau)=A^2+B\mathrm{e}^{-|\tau|}$，其中，$A$ 和 B 都是正常数，又若某系统冲激响应为 $h(t)=t\mathrm{e}^{-wt}u(t)$。当 $X(t)$ 为该系统输入时，求该系统输出的均值。

4.2　设线性系统的单位冲激响应 $h(t)=t\mathrm{e}^{-3t}u(t)$，其输入是具有功率谱密度为 4 $\mathrm{V^2/Hz}$ 的白噪声与 2 V 直流分量之和，试求系统输出的均值、方差和均方值。

4.3　设有限时间积分器的单位冲激响应 $h(t)=u(t)-u(t-0.5)$，它的输入是功率谱密度为 10 $\mathrm{V^2/Hz}$ 的白噪声，试求系统输出的均值、均方值、方差和输入输出互相关函数。

4.4　设系统的单位冲激响应为 $h(t)=\delta(t)-2\mathrm{e}^{-2t}u(t)$，其输入随机信号的自相关函数 $R_X(\tau)=16+16\mathrm{e}^{-2|\tau|}$，试求系统输出的（总）平均功率和交流平均功率。

4.5　若输入信号 $X(t)=X_0+\cos(\omega_0 t+\Phi)$ 作用于如图 4.17 所示的 RC 电路中，其中 X_0 为[0，1]上均匀分布的随机变量，Φ 为[0，2π]上均匀分布的随机变量，并且 X_0 与 Φ 彼此独立。求输出信号 $Y(t)$ 的功率谱与相关函数。

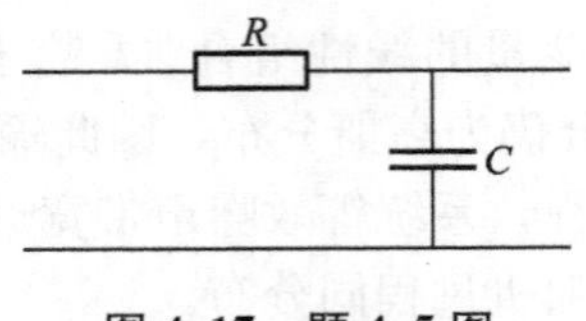

图 4.17　题 4.5 图

4.6　设某积分电路输入输出之间满足以下关系：$Y(t)=\int_{t-T}^{t}X(\tau)\mathrm{d}\tau$，式中，$T$ 为积分时间。并设输入输出都是平稳过程，求证输出功率谱密度为

$$G_Y(\omega)=\frac{4G_X(\omega)}{\omega^2}\sin^2\left(\frac{\omega T}{2}\right)$$

4.7　某系统的传输函数 $H(\omega)=\dfrac{\mathrm{j}\omega-a}{\mathrm{j}\omega+b}$，若输入平稳随机信号的自相关函数为 $R_X(\tau)=\mathrm{e}^{-\gamma|\tau|}$，输出记为 $Y(t)$，试求互相关函数 $R_{XY}(\tau)$。$(\gamma\neq b)$

4.8　某控制系统如图 4.18 所示。若输入宽平稳随机信号的功率谱密度 $S_X(s)=\dfrac{10}{2-s^2}$，试求输出的功率谱密度、自相关函数、平均功率和 $\varepsilon(t)$ 的均方值。

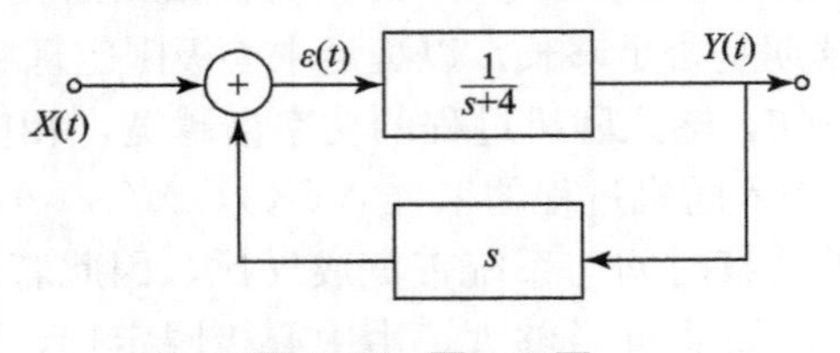

图 4.18　题 4.8 图

4.9　电路如图 4.19 所示。在 $t<0$ 时，开关 K 接在“1”处，电路处于稳态；在 $t=0$ 时刻开关 K 接在“2”处。$X(t)$ 是功率谱密度为 1 $\mathrm{V^2/Hz}$ 的白噪声。试求 $E[Y(t)]$、

$R_Y(t_1t_2)$和均方值$E[Y^2(t)]$；若$t\to+\infty$，问它们的结果如何？

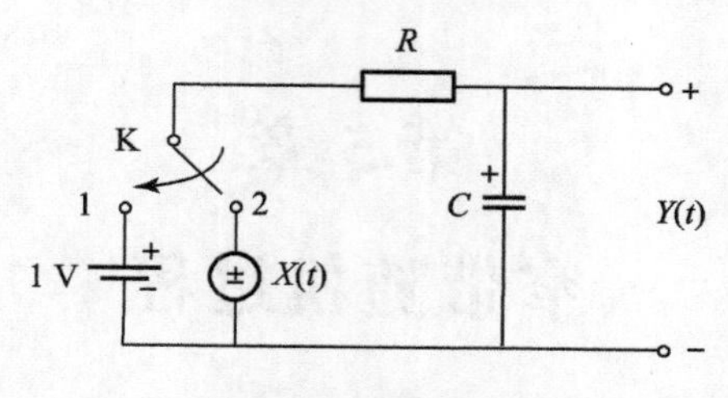

图4.19　题4.9图

4.10　设$X(n)$是一个均值为零，方差为σ_X^2的白噪声，$Y(n)$是单位冲激响应为$h(n)$的线性时不变离散系统的输出，试证：(1) $E[X(n)Y(n)]=h(0)\sigma_X^2$；(2) $\sigma_Y^2=\sigma_X^2\sum_{n=0}^{\infty}h^2(n)$。

求三个最小相位系统，使其在单位谱密度白噪声激励下的输出谱密度分别是：

(1) $S(\omega)=\dfrac{1}{\omega^4+1}$；

(2) $S(\omega)=\dfrac{3}{\omega^4-\omega^2+1}$；

(3) $S(\omega)=\dfrac{\omega^4-64}{\omega^4+10\omega^2+9}$。

4.11　求功率谱密度为$S_X(\omega)=\dfrac{\omega^2+3}{\omega^2+8}$的白化滤波器。

4.12　求功率谱密度为$S_X(\omega)=S'_X(\omega)\dfrac{1.09+0.6\cos\omega}{1.16+0.8\cos\omega}$的白化滤波器。

4.13　求单位冲激响应为$h(t)=(1-t)\,[u(t)-u(t-1)]$系统的等效噪声带宽。

4.14　若线性时不变系统的输入信号$X(t)$是均值为零的平稳高斯随机信号，且自相关函数为$R_X(\tau)=\delta(\tau)$，输出信号为$Y(t)$。试问系统$h(t)$要具备什么条件，才能使随机变量$X(t_1)$与$Y(t_1)$互相独立。

4.15　若功率谱为5 W/Hz的平稳白噪声作用到单位冲激响应为$h(t)=\mathrm{e}^{-at}u(t)$的系统上，求系统的均方值与功率谱密度。

4.16　功率谱为$N_0/2$的白噪声作用到$|H(0)|=2$的低通网络上，网络的等效噪声带宽为2 MHz。若输出平均功率是0.1 W，求N_0的值。

4.17　已知平稳随机信号的相关函数为

(1) $R_X(\tau)=\begin{cases}\sigma_X^2(1-\alpha|\tau|), & \tau\leqslant\dfrac{1}{a}\\ 0, & \tau>\dfrac{1}{a}\end{cases}$；　(2) $R_X(\tau)=\sigma_X^2\mathrm{e}^{-a|\tau|}$。

求它们的矩形等效带宽。

第 5 章

窄带随机过程

一般的无线电信号，从音频到雷达信号都需要调制到一个载频上才能发射出去。即使是有线通信，为了增加通信容量等原因也需要将信号进行调制。多数无线电接收机接收并处理的信号几乎都是窄带信号。因此真正有研究价值的是窄带信号和窄带系统。窄带信号不仅有确定的也有随机的。窄带随机过程也就成了经常遇到并需要处理的信号之一。

窄带信号是中心频率 ω_0 远大于谱宽 $\Delta\omega$，即 $\omega_0 \geqslant \Delta\omega$ 的随机信号；窄带系统的频率响应被限制在中心频率 ω_0 附近一个比较窄的范围内，而中心频率 ω_0 距离零点频率足够远。为了在无线电波或光缆设备中进行传输，需要将它调制到兆赫以上量级的载波上进行传输。工作在这些系统上的发射机和接收机中的高频放大器，为了与窄带信号相匹配，通常都用具有上述特点的窄带系统。

同样，如果一个随机过程的功率谱密度集中在某一个中心频率 ω_0 附近的一个很窄的频带 $\Delta\omega$ 内，且该频带远远小于其中心频率 ω_0，则这样的随机过程称为窄带随机过程。显然，白噪声通过窄带系统，其输出就是窄带随机过程。在电子系统中，一般的无线电接收系统都有的高频放大器和中心放大器就是窄带系统。

分析窄带随机过程最有力的工具是希尔伯特变换。因此本章在介绍希尔伯特变换和信号的解析形式的基础上，介绍窄带随机过程的表示形式和统计特性。

5.1 希尔伯特变换

5.1.1 信号的解析形式

在实际应用中，发射和接收的都是实信号，只是在信号处理的过程中，将信号变成复信号进行处理。实信号也可以看成虚部为零的复信号，如果再考虑信号频域的特点，解析信号就是比较理想的复数表示方式了。

实信号频谱的数学模型是含有正负频率的双边谱，然而在实际应用中，其负频率（$\omega<0$）是物理不可实现的。由于实信号的双边谱是偶对称的，因此，采用单边谱的信号形式，既可以简化问题，又可以恢复原信号。下面对只含正频率部分的信号——单边谱信号进行讨论。

（1）单边谱信号在时域是复信号。

设单边谱信号的傅里叶变换为

$$f(t) \underset{F^{-1}}{\overset{F}{\rightleftarrows}} F(\omega),\ \omega>0 \tag{5.1.1}$$

由于

$$f(t)=\frac{1}{2\pi}\int_{0}^{\infty}F(\omega)\mathrm{e}^{\mathrm{j}\omega t}\mathrm{d}\omega \tag{5.1.2}$$

则

$$f^{*}(t)=\frac{1}{2\pi}\int_{0}^{\infty}F^{*}(\omega)\mathrm{e}^{-\mathrm{j}\omega t}\mathrm{d}\omega \tag{5.1.3}$$

因为 $f^{*}(t)\neq f(t)$，所以单边谱信号在时域是个复信号。

(2) 从实信号中分解出单边谱信号。

设 $x(t)$ 为具有连续频谱的实信号

$$x(t)=\frac{1}{2\pi}\int_{-\infty}^{\infty}X(\omega)\mathrm{e}^{\mathrm{j}\omega t}\mathrm{d}\omega \tag{5.1.4}$$

式中 $X(\omega)$ 为信号 $x(t)$ 的频谱，由傅里叶变换可以证明，当 $x(t)=x^{*}(t)$ 时，有

$$X^{*}(\omega)=X(-\omega) \tag{5.1.5}$$

所以实信号的频谱 $X(\omega)$ 是 ω 的复函数。

若将 $X(\omega)$ 傅里叶变换分解成正负两频域部分积分之和

$$\begin{aligned}
x(t)&=\frac{1}{2\pi}\int_{-\infty}^{\infty}X(\omega)\mathrm{e}^{\mathrm{j}\omega t}\mathrm{d}\omega=\frac{1}{2\pi}\int_{-\infty}^{0}X(\omega)\mathrm{e}^{\mathrm{j}\omega t}\mathrm{d}\omega+\int_{0}^{\infty}X(\omega)\mathrm{e}^{\mathrm{j}\omega t}\mathrm{d}\omega\\
&=\frac{1}{2\pi}\int_{0}^{\infty}X(-\omega')\mathrm{e}^{-\mathrm{j}\omega' t}\mathrm{d}\omega'+\frac{1}{2\pi}\int_{0}^{\infty}X(\omega)\mathrm{e}^{\mathrm{j}\omega t}\mathrm{d}\omega\\
&=\frac{1}{2\pi}\left[\int_{0}^{\infty}X(\omega')\mathrm{e}^{\mathrm{j}\omega' t}\mathrm{d}\omega'\right]^{*}+\frac{1}{2\pi}\int_{0}^{\infty}X(\omega)\mathrm{e}^{\mathrm{j}\omega t}\mathrm{d}\omega\\
&=\mathrm{Re}\left[\frac{1}{2\pi}\int_{0}^{\infty}2X(\omega)\mathrm{e}^{\mathrm{j}\omega t}\mathrm{d}\omega\right]=\mathrm{Re}[\widetilde{x}(t)]
\end{aligned} \tag{5.1.6}$$

其中，

$$\widetilde{x}(t)=\frac{1}{2\pi}\int_{0}^{\infty}2X(\omega)\mathrm{e}^{\mathrm{j}\omega t}\mathrm{d}\omega$$

具有单边频谱

$$\widetilde{X}(\omega)=2X(\omega)U(\omega)=\begin{cases}2X(\omega), & \omega>0\\ 0, & \omega<0\end{cases} \tag{5.1.7}$$

$\widetilde{x}(t)$ 被称为实信号 $x(t)$ 的解析信号。所以，实信号 $x(t)$ 可用一个仅含有正频率成分的解析信号的实部来表示。

5.1.2　希尔伯特变换的定义

通过上面的推导可以看出将信号正频域谱的 2 倍的傅里叶反变换取实部，就等于原信号。

如果对解析信号 $\widetilde{X}(\omega)=2X(\omega)U(\omega)$ 的两边进行傅里叶反变换，由于 $U(\omega)$ 为阶跃函数，有

$$U(\omega)\underset{F}{\overset{F^{-1}}{\rightleftarrows}}\frac{1}{2}\left[\delta(t)-\frac{1}{\mathrm{j}\pi t}\right] \tag{5.1.8}$$

则解析信号的时域表达式为

$$\widetilde{x}(t)=2x(t)*\frac{1}{2}\left[\delta(t)-\frac{1}{\mathrm{j}\pi t}\right]=x(t)+\mathrm{j}x(t)*\frac{1}{\pi t} \tag{5.1.9}$$

不难看到，解析信号的虚部

$$\hat{x}(t)=x(t)*\frac{1}{\pi t}=\frac{1}{\pi}\int_{-\infty}^{\infty}\frac{x(\tau)}{t-\tau}\mathrm{d}\tau=\frac{1}{\pi}\int_{-\infty}^{\infty}\frac{x(t-\tau)}{\tau}\mathrm{d}\tau \tag{5.1.10}$$

式（5.1.10）称为实信号 $x(t)$的希尔伯特变换，记作

$$\hat{x}(t)=H[x(t)] \tag{5.1.11}$$

由上式可知，对于任何一个实信号 $x(t)$，可以分解出一个单边谱的解析信号 $\tilde{x}(t)$与其对应。此解析信号是个复信号，其实部为原信号 $x(t)$，虚部为原信号的希尔伯特变换 $\hat{x}(t)$。

希尔伯特变换是通信和信号检测理论研究中的一个重要工具，在其他领域也有重要应用。用希尔伯特变换可以把一个实信号表示成一个复信号（解析信号），这不仅使理论讨论很方便，而且可以研究实信号的瞬时包络、瞬时相位和瞬时频率。

例题 1　求下列信号的希尔伯特变换：

（1）$x_1(t)=\sin\omega_0 t$；

（2）$x_2(t)=\cos\omega_0 t$。

解法 1：

（1）根据希尔伯特变换的定义，即

$$\begin{aligned}\hat{x}_1(t)=H[x_1(t)]&=\frac{1}{\pi}\int_{-\infty}^{\infty}\frac{\sin\omega_0(t-\tau)}{\tau}\mathrm{d}\tau\\&=\frac{1}{\pi}\int_{-\infty}^{\infty}(\sin\omega_0 t\cos\omega_0\tau-\cos\omega_0 t\sin\omega_0\tau)\frac{1}{\tau}\mathrm{d}\tau\\&=\frac{1}{\pi}\int_{-\infty}^{\infty}\frac{1}{\tau}\sin\omega_0 t\cos\omega_0\tau\mathrm{d}\tau-\frac{1}{\pi}\int_{-\infty}^{\infty}\frac{1}{\tau}\cos\omega_0 t\sin\omega_0\tau\mathrm{d}\tau\\&=\frac{\sin\omega_0 t}{\pi}\int_{-\infty}^{\infty}\frac{1}{\tau}\cos\omega_0\tau\mathrm{d}\tau-\frac{\cos\omega_0 t}{\pi}\int_{-\infty}^{\infty}\frac{1}{\tau}\sin\omega_0\tau\mathrm{d}\tau\\&=\frac{\sin\omega_0 t}{\pi}\cdot 0-\frac{\cos\omega_0 t}{\pi}\cdot\pi\\&=-\cos\omega_0 t\end{aligned}$$

（2）同理可求得：

$$\begin{aligned}\hat{x}_2(t)=H[x_2(t)]&=\frac{1}{\pi}\int_{-\infty}^{\infty}\frac{\cos\omega_0(t-\tau)}{\tau}\mathrm{d}\tau\\&=\frac{1}{\pi}\int_{-\infty}^{\infty}(\cos\omega_0 t\cos\omega_0\tau+\sin\omega_0 t\sin\omega_0\tau)\cdot\frac{1}{\tau}\mathrm{d}\tau\\&=\frac{\sin\omega_0 t}{\pi}\int_{-\infty}^{\infty}\frac{\sin\omega_0\tau}{\tau}\mathrm{d}\tau\\&=\frac{\sin\omega_0 t}{\pi}\cdot\pi\\&=\sin\omega_0 t\end{aligned}$$

解法 2：

根据希尔伯特变换的定义可知，信号的希尔伯特变换可看成信号与冲激响应 $1/(\pi t)$ 的卷积，因此在频域上可表示为 $S(\omega)=X(\omega)\cdot H(\omega)$，其中 $X(\omega)$ 是信号 $x(t)$的频谱，$S(\omega)$是信号进行希尔伯特变换后的频谱，$H(\omega)$为希尔伯特变换传输函数。

设输入信号为 $\cos\omega_0 t$，其频谱为

$$X(\omega)=\pi[\delta(\omega+\omega_0)+\delta(\omega-\omega_0)]$$

希尔伯特变换传输函数为

$$H(\omega)=-\mathrm{j}\,\mathrm{sgn}(\omega)=\begin{cases}-\mathrm{j}, & \omega>0\\ \mathrm{j}, & \omega<0\end{cases}$$

信号经希尔伯特变换后其频谱为

$$S(\omega)=X(\omega)H(\omega)=\begin{cases}-\mathrm{j}\cdot\pi[\delta(\omega+\omega_0)+\delta(\omega-\omega_0)], & \omega>0\\ \mathrm{j}\cdot\pi[\delta(\omega+\omega_0)+\delta(\omega-\omega_0)], & \omega<0\end{cases}$$

对上式进行简化后可得

$$S(\omega)=\begin{cases}-\mathrm{j}\cdot\pi\delta(\omega-\omega_0), & \omega>0\\ \mathrm{j}\cdot\pi\delta(\omega+\omega_0), & \omega<0\end{cases}$$

因此，希尔伯特变换后的信号频谱为

$$S(\omega)=\mathrm{j}\cdot\pi[\delta(\omega+\omega_0)-\delta(\omega-\omega_0)]$$

对 $S(\omega)$ 作傅里叶反变换可得 $\sin\omega_0 t$，由此可见，$\cos\omega_0 t$ 的希尔伯特变化是 $\sin\omega_0 t$；同理，$\sin\omega_0 t$ 的希尔伯特变换为 $-\cos\omega_0 t$。

5.1.3　希尔伯特变换的性质

从希尔伯特变换的定义可知，希尔伯特变换相当于把信号 $x(t)$ 与 $1/(\pi t)$ 进行卷积。因此，信号的希尔伯特变换可以看作信号通过冲激响应为 $h(t)=1/(\pi t)$ 的线性时不变系统的响应。通常称该线性时不变系统为希尔伯特变换器。希尔伯特变换有以下几个重要性质。

（1）希尔伯特变换冲激响应及传输函数

$$h_H(t)=\frac{1}{\pi t}\leftrightarrow H_H(\mathrm{j}\omega)=-\mathrm{j}\,\mathrm{sgn}(\omega)=\begin{cases}-\mathrm{j}, & \omega\geqslant 0\\ +\mathrm{j}, & \omega<0\end{cases}\tag{5.1.12}$$

证：由对称性性质：

若 $f(t)\leftrightarrow F(\mathrm{j}\omega)$，则 $F(\mathrm{j}t)\leftrightarrow 2\pi f(-\omega)$。

因为 $\mathrm{sgn}(t)\leftrightarrow\frac{2}{\mathrm{j}\omega}$，所以 $\frac{2}{\mathrm{j}t}\leftrightarrow 2\pi\mathrm{sgn}(-\omega)=-2\pi\mathrm{sgn}(\omega)$

整理得 $h_H(t)=\frac{1}{\pi t}\leftrightarrow H_H(\mathrm{j}\omega)=-\mathrm{j}\,\mathrm{sgn}(\omega)$

（2）希尔伯特逆变换。

定义希尔伯特逆变换为

$$x(t)=H^{-1}[\hat{x}(t)]$$

可证明希尔伯特逆变换等于负的希尔伯特正变换，如式（5.1.13）所示。

$$\begin{aligned}x(t)&=H^{-1}[\hat{x}(t)]=-\frac{1}{\pi}\int_{-\infty}^{\infty}\frac{\hat{x}(t-\tau)}{\tau}\mathrm{d}\tau\\ &=\frac{1}{\pi}\int_{-\infty}^{\infty}\frac{x(t+\tau)}{\tau}\mathrm{d}\tau=-\frac{1}{\pi t}*\hat{x}(t)\end{aligned}\tag{5.1.13}$$

证：若输入信号为 $\hat{x}(t)=x(t)*h_H(t)$，通过一个滤波器 $h_{H_1}(t)$后，输出为 $x(t)$，则

$$x(t)=\hat{x}(t)*h_{H_1}(t)=x(t)*h_H(t)*h_{H_1}(t)$$

显然有

$$H_H(\mathrm{j}\omega)H_{H_1}(\mathrm{j}\omega)=1$$

所以

$$H_{H_1}(\mathrm{j}\omega)=\frac{1}{H_H(\mathrm{j}\omega)}=\frac{1}{-\mathrm{jsgn}(\omega)}=\mathrm{jsgn}(\omega)$$

逆变换 $h_{H_1}(t)=-\frac{1}{\pi t}$，即证。

(3) 希尔伯特变换相当于一个正交滤波器。

因为 $\hat{x}(t)=x(t)*\frac{1}{\pi t}$，于是，可以将 $x(t)$ 的希尔伯特变换看成是将 $x(t)$ 通过一个具有冲激响应为 $h(t)=\frac{1}{\pi t}$ 的线性滤波器，即

$$H(\omega)=\begin{cases}-\mathrm{j}, & \omega\geqslant 0\\ +\mathrm{j}, & \omega<0\end{cases}$$

即

$$|H(\omega)|=1$$

$$\varphi(\omega)=\begin{cases}-\frac{\pi}{2}, & \omega\geqslant 0\\ +\frac{\pi}{2}, & \omega<0\end{cases}$$

上式表明，希尔伯特变换相当于一个 90°的移相器，它对所有分量的幅度响应都是 1，对所有正频率分量（包括零频率分量）移相－90°，而对所有负频率分量移相＋90°。所以说，希尔伯特变换是一种正交变换，它相当于一个正交滤波器，如图 5.1 所示。

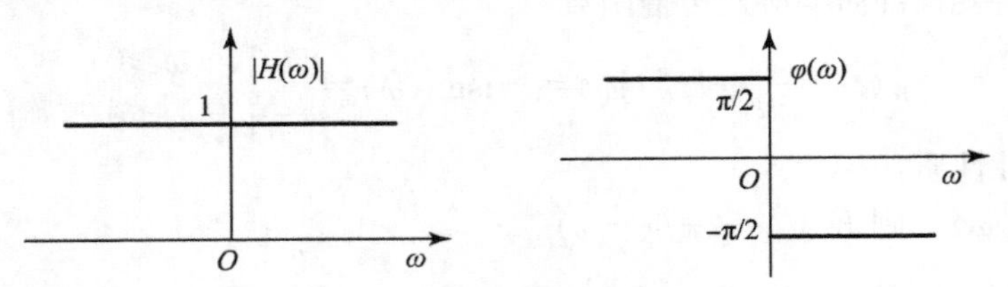

图 5.1　希尔伯特变换的幅频特性和相频特性示意图

(4) 两次希尔伯特变换相当于一个倒相器。

证：若对信号 $x(t)$ 进行两次希尔伯特变换，则相当于信号 $x(t)$ 通过两个级联的 $H[\cdot]$ 网络。即

$$\hat{\hat{x}}(t)=H\{H[x(t)]\}=H[\hat{x}(t)]=\hat{x}(t)*\frac{1}{\pi t}=x(t)*\frac{1}{\pi t}*\frac{1}{\pi t}$$

$$\hat{\hat{X}}(\omega)=\hat{X}(\omega)[-\mathrm{jsgn}(\omega)]=X(\omega)[-\mathrm{jsgn}(\omega)][-\mathrm{jsgn}(\omega)]=-X(\omega)$$

从而得到时域关系

$$\hat{\hat{x}}(t)=H\{H[x(t)]\}=-x(t) \tag{5.1.14}$$

(5) 信号 $x(t)$ 与其希尔伯特变换 $\hat{x}(t)$ 具有相同的能量和平均功率，即

$$\begin{cases}\int_{-\infty}^{\infty}x^2(t)\,\mathrm{d}t=\int_{-\infty}^{\infty}\hat{x}^2(t)\,\mathrm{d}t\\ \lim\limits_{T\to\infty}\frac{1}{2T}\int_{-\infty}^{\infty}x^2(t)\,\mathrm{d}t=\lim\limits_{T\to\infty}\frac{1}{2T}\int_{-\infty}^{\infty}\hat{x}^2(t)\,\mathrm{d}t\end{cases} \tag{5.1.15}$$

证明：先证前一个等式。由帕塞瓦尔定理可知

$$\int_{-\infty}^{\infty} \hat{x}^2(t)\mathrm{d}t = \frac{1}{2\pi}\int_{-\infty}^{\infty} |\hat{X}(\omega)|^2\mathrm{d}\omega = \frac{1}{2\pi}\int_{-\infty}^{\infty} \hat{X}(\omega)\hat{X}^*(\omega)\mathrm{d}\omega$$

将希尔伯特变换器看成是信号通过 $1/(\pi t)$ 的滤波器的响应，即

$$\hat{x}(t)=h(t)*x(t)\Rightarrow\begin{cases}\hat{X}(\omega)=H(\omega)X(\omega)\\ \hat{X}^*(\omega)=H^*(\omega)X^*(\omega)\end{cases}$$

代入帕塞瓦尔定理公式可得

$$\frac{1}{2\pi}\int_{-\infty}^{\infty} \hat{X}(\omega)X^*(\omega)\mathrm{d}\omega = \frac{1}{2\pi}\int_{-\infty}^{\infty} X(\omega)H(\omega)H^*(\omega)\hat{X}^*(\omega)\mathrm{d}\omega$$

因为 $H(\omega)H^*(\omega)=|H(\omega)|^2=1$，上式可简化为

$$\begin{aligned}\frac{1}{2\pi}\int_{-\infty}^{\infty} \hat{X}(\omega)X^*(\omega)\mathrm{d}\omega &= \frac{1}{2\pi}\int_{-\infty}^{\infty} X(\omega)\hat{X}^*(\omega)\mathrm{d}\omega\\ &= \frac{1}{2\pi}\int_{-\infty}^{\infty} |X(\omega)|^2\mathrm{d}\omega = \frac{1}{2\pi}\int_{-\infty}^{\infty} x^2(t)\mathrm{d}t\end{aligned}$$

通过上述证明可知，信号与其希尔伯特变换后的信号具有相同的能量。

再证后一等式。根据自相关函数的性质，当 $\tau=0$ 时，$R(0)$为信号的平均功率。若要证明信号在希尔伯特变换前后具有相同的平均功率，只需证明信号变换前后具有相同的自相关函数即可。

$$\begin{aligned}R_{\hat{X}}(\tau) &= \lim_{T\to\infty}\frac{1}{2T}\int_{-T}^{T}\left[\frac{1}{\pi^2}\int_{-\infty}^{\infty}\frac{x(t+u)}{u}\mathrm{d}u\int_{-\infty}^{\infty}\frac{x(t-\tau+v)}{v}\mathrm{d}v\right]\mathrm{d}t\\ &= \frac{1}{\pi}\int_{-\infty}^{\infty}\frac{1}{u}\left[\frac{1}{\pi}\int_{-\infty}^{\infty}\frac{R_X(u+\tau-v)}{v}\mathrm{d}v\right]\mathrm{d}u\\ &= \frac{1}{\pi}\int_{-\infty}^{\infty}\frac{\hat{R}_X(u+\tau)}{u}\mathrm{d}u = R_X(\tau)\end{aligned}$$

令 $\tau=0$，即得

$$R_X(0)=\lim_{T\to\infty}\frac{1}{2T}\int_{-\infty}^{\infty} x^2(t)\mathrm{d}t = \lim_{T\to\infty}\frac{1}{2T}\int_{-\infty}^{\infty}\hat{x}^2(t)\mathrm{d}t = R_{\hat{X}}(0)$$

可以这样理解：信号经过希尔伯特变换后只是相位发生 90°相移，而能量与平均功率计算与信号相位无关，因此信号变换前后具有相同的能量和平均功率。

(6) 设低频带限信号 $x(t)$的频谱为 $X(\omega)$，$|\omega|<\Delta\omega/2<\omega_0$，$\omega_0$ 为常数，则有

$$\begin{cases}H[x(t)\cos\omega_0 t]=x(t)\sin\omega_0 t\\ H[x(t)\sin\omega_0 t]=-x(t)\cos\omega_0 t\end{cases}\tag{5.1.16}$$

证明：

记 $s_1(t)=x(t)\cos\omega_0 t$，$s_2(t)=x(t)\sin\omega_0 t$，利用傅里叶变换的相乘性质，有

$$s_1(t)=x(t)\cos\omega_0 t\overset{F}{\underset{F^{-1}}{\rightleftarrows}}\frac{1}{2\pi}A(\omega)*\pi[\delta(\omega-\omega_0)+\delta(\omega+\omega_0)]$$

$$S_1(\omega)=\frac{1}{2}[A(\omega-\omega_0)+A(\omega+\omega_0)]$$

如图 5.2 所示，由于 $\Delta\omega/2<\omega_0$，可得

$$S_1(\omega)=\begin{cases}\frac{1}{2}A(\omega-\omega_0),\ \omega>0\\ \frac{1}{2}A(\omega+\omega_0),\ \omega<0\end{cases}$$

所以其希尔伯特变换的频谱为

$$\hat{S}_1(\omega)=-\mathrm{j}\operatorname{sgn}(\omega)S_1(\omega)=\begin{cases}-\dfrac{\mathrm{j}}{2}A(\omega-\omega_0), & \omega>0\\ \dfrac{\mathrm{j}}{2}A(\omega+\omega_0), & \omega<0\end{cases}$$

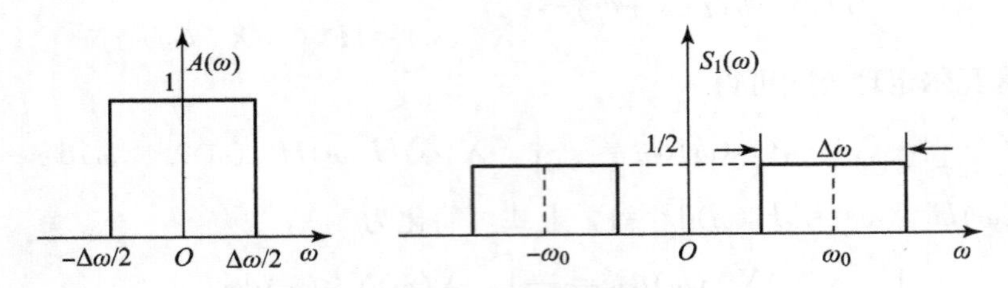

图 5.2 带限信号频谱示意图

取 $\hat{S}_1(\omega)$的傅里叶反变换可得

$$\begin{aligned}\hat{s}_1(t)&=\frac{1}{2\pi}\int_{-\infty}^{\infty}-\mathrm{j}\operatorname{sgn}(\omega)S_1(\omega)\mathrm{e}^{\mathrm{j}\omega t}\mathrm{d}\omega\\&=-\frac{\mathrm{j}}{2}\left[\frac{1}{2\pi}\int_{0}^{\infty}A(\omega-\omega_0)\mathrm{e}^{\mathrm{j}\omega t}\mathrm{d}\omega\right]+\frac{\mathrm{j}}{2}\left[\frac{1}{2\pi}\int_{-\infty}^{0}A(\omega+\omega_0)\mathrm{e}^{\mathrm{j}\omega t}\mathrm{d}\omega\right]\end{aligned}$$

利用傅里叶变换的频移性质

$$\begin{aligned}\hat{s}_1(t)=H[x(t)\cos\omega_0 t]&=-\frac{\mathrm{j}}{2}x(t)\mathrm{e}^{\mathrm{j}\omega_0 t}+\frac{\mathrm{j}}{2}x(t)\mathrm{e}^{-\mathrm{j}\omega_0 t}\\&=\frac{\mathrm{j}}{2}(\mathrm{e}^{-\mathrm{j}\omega_0 t}-\mathrm{e}^{\mathrm{j}\omega_0 t})x(t)=x(t)\sin\omega_0 t\end{aligned}$$

利用希尔伯特二次变换的性质可得

$$\hat{s}_2(t)=H[x(t)\sin\omega_0 t]=H\{H[x(t)\cos\omega_0 t]\}=-x(t)\cos\omega_0 t$$

5.2 解析过程及其性质

5.2.1 解析过程的定义

由实随机过程 $X(t)$ 作为复随机过程 $Z(t)$ 的实部，$X(t)$ 的希尔伯特变换 $\hat{X}(t)$ 作为 $Z(t)$ 的虚部，即

$$Z(t)=X(t)+\mathrm{j}\hat{X}(t) \tag{5.2.1}$$

这样所构成的复随机过程 $Z(t)$ 为解析随机过程。

5.2.2 解析过程的性质

(1) 若 $X(t)$ 为实平稳随机过程，则 $\hat{X}(t)$ 也是实平稳过程，且联合平稳。

由于希尔伯特变换是线性变换，线性系统输入是平稳过程，因此输出也是平稳过程，且联合平稳。

(2) 实函数与其希尔伯特变换的相关函数和功率谱相同，有

$$R_{\hat{X}}(\tau)=R_X(\tau),\ G_{\hat{X}}(\omega)=G_X(\omega) \tag{5.2.2}$$

证明：因为 $\hat{X}(t)=X(t)*h(t)$，由输入与输出的功率谱密度的关系，得

$$G_{\hat{X}}(\omega)=G_X(\omega)\,|H(\mathrm{j}\omega)|^2=G_X(\omega)$$

经傅里叶反变换，得 $R_{\hat{X}}(\tau)=R_X(\tau)$。

(3) $X(t)$ 与 $\hat{X}(t)$ 的互相关函数等于 $X(t)$ 自相关函数的希尔伯特变换。即有

$$R_{\hat{X}X}(\tau)=-\hat{R}_X(\tau)；\ R_{X\hat{X}}(\tau)=\hat{R}_X(\tau) \tag{5.2.3}$$

证明：

$$R_{\hat{X}X}(\tau)=E[\hat{X}(t)X(t+\tau)]$$

将 $\hat{X}(t)=\dfrac{1}{\pi}\displaystyle\int_{-\infty}^{\infty}\dfrac{X(\tau)}{t-\tau}\mathrm{d}\tau$ 代入上式，可得到

$$R_{\hat{X}X}(\tau)=E\left[\frac{1}{\pi}\int_{-\infty}^{\infty}\frac{X(\tau)}{t-\tau}\mathrm{d}\tau X(t+\tau)\right]$$

设 $t-\tau=\lambda$，代入上式进行变量置换，可得

$$\begin{aligned}R_{\hat{X}X}(\tau)&=E\left[\frac{1}{\pi}\int_{-\infty}^{\infty}\frac{X(t-\lambda)X(t+\tau)}{\lambda}\mathrm{d}\lambda\right]\\&=\frac{1}{\pi}\int_{-\infty}^{\infty}E[X(t-\lambda)X(t+\tau)]\frac{1}{\lambda}\mathrm{d}\lambda\\&=\frac{1}{\pi}\int_{-\infty}^{\infty}\frac{R_X(\tau+\lambda)}{\lambda}\mathrm{d}\lambda\\&=-\hat{R}_X(\tau)\end{aligned}$$

同理可证 $R_{X\hat{X}}(\tau)=\hat{R}_X(\tau)$。

(4) $R_{X\hat{X}}(\tau)=-R_{\hat{X}X}(\tau)$。 (5.2.4)

由性质 3 可证。

(5) $X(t)$ 与 $\hat{X}(t)$ 的互相关函数是 τ 的奇函数。

证：由于

$$R_{X\hat{X}}(-\tau)=R_X(-\tau)*h(-\tau)$$

且 $R_X(\tau)$ 是偶函数，则

$$R_{X\hat{X}}(-\tau)=R_X(-\tau)*\left(-\frac{1}{\pi\tau}\right)=R_X(\tau)*\left(-\frac{1}{\pi\tau}\right)=-\hat{R}_X(\tau)=-R_{X\hat{X}}(\tau)$$

同理可证 $R_{\hat{X}X}(-\tau)=-R_{\hat{X}X}(\tau)$。

由于 $X(t)$ 与 $\hat{X}(t)$ 的互相关函数是 τ 的奇函数，所以在任何同一时刻当 $\tau=0$ 时互相关函数为 0，则 $X(t)$ 与 $\hat{X}(t)$ 在任何同一时刻的两个状态正交。

(6) 如果 $X(t)$ 为平稳过程，根据希尔伯特变换的定义，$\hat{X}(t)$ 也必为平稳过程，解析过程 $Z(t)$ 也必为平稳过程。

证明：

$Z(t)$ 的数学期望为

$m_Z(t)=E[Z(t)]=E[X(t)+\mathrm{j}\hat{X}(t)]=m_X+\mathrm{j}m_{\hat{X}}$，为复常数。

自相关函数为

$$\begin{aligned}R_Z(t,t+\tau)&=E[Z^*(t)Z(t+\tau)]=E[(X(t)-\mathrm{j}\hat{X}(t))(X(t+\tau)+\mathrm{j}\hat{X}(t+\tau))]\\&=R_X(\tau)+R_{\hat{X}}(\tau)+\mathrm{j}[R_{X\hat{X}}(\tau)-R_{\hat{X}X}(\tau)]\end{aligned}$$

由于有

$$R_{\hat{X}}(\tau)=R_X(\tau)，R_{\hat{X}X}(\tau)=R_{X\hat{X}}(-\tau)=-\hat{R}_X(\tau)$$

则有

$$R_Z(t,\ t+\tau)=2[R_X(\tau)+\mathrm{j}\hat{R}_X(\tau)]=R_Z(\tau)$$

因此，可以看出这样构成的解析过程为复平稳随机过程，解析过程的自相关函数是复函数，它的实部为 $X(t)$ 的自相关函数 $R_X(\tau)$ 的 2 倍，虚部为 $R_X(\tau)$ 的希尔伯特变换的 2 倍。

（7）解析过程的功率谱密度只存在于正频域。

对 $Z(t)$ 的自相关函数 $R_Z(\tau)$ 求傅里叶变换即可得到 $Z(t)$ 的功率谱密度 $G_Z(\omega)$。$X(t)$ 的自相关函数 $R_X(\tau)$ 的傅里叶变换为 $X(t)$ 的功率谱密度 $G_X(\omega)$，则可得 $R_X(\tau)$ 的希尔伯特变换的傅里叶变换为

$$\hat{G}_X(\omega)=-\mathrm{j}\,\mathrm{sgn}(\omega)G_X(\omega)$$

$$G_Z(\omega)=2[G_X(\omega)+\mathrm{j}\hat{G}_X(\omega)]=2[G_X(\omega)+G_X(\omega)\mathrm{sgn}(\omega)]=\begin{cases}4G_X(\omega), & \omega\geqslant 0\\ 0, & \omega<0\end{cases} \tag{5.2.5}$$

上式表明，解析过程的功率谱密度只存在于正频域，即它是单边带的功率谱密度，其强度等于原实过程功率谱密度强度的 4 倍。$G_X(\omega)$ 和 $G_Z(\omega)$ 的关系如图 5.3 所示。

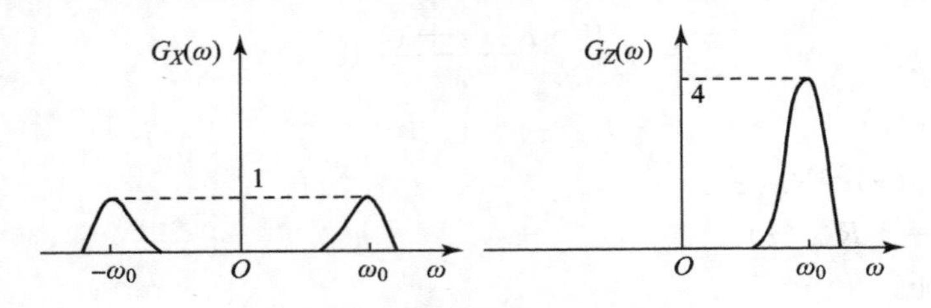

图 5.3 解析过程的功率谱

例题 2 利用希尔波特变换可实现单边带调制。设平稳随机过程 $X(t)$ 的功率谱密度 $G_X(\omega)$ 如图 5.4（a）所示，$\hat{X}(t)$ 是 $X(t)$ 的希尔伯特变换。求图 5.4（b）所示单边带调制器输出的功率谱。

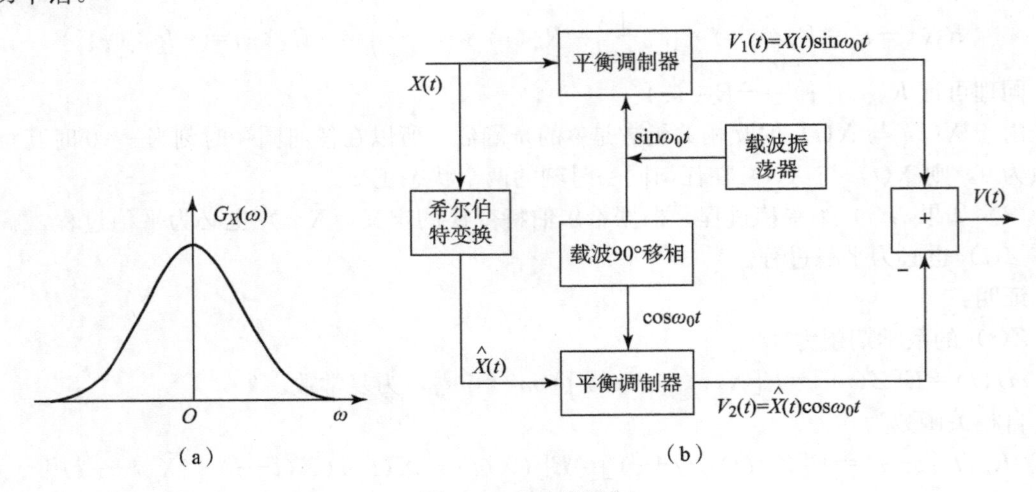

图 5.4 单边带调制

（a）输入信号的功率谱；（b）单边带调制器方框图

解：

$$V(t)=X(t)\sin\omega_0 t-\hat{X}(t)\cos\omega_0 t$$

$$\begin{aligned}R_V(\tau)&=E[V(t)V(t+\tau)]\\&=E[(X(t)\sin\omega_0 t-\hat{X}(t)\cos\omega_0 t)(X(t+\tau)\sin\omega_0(t+\tau)-\hat{X}(t+\tau)\cos\omega_0(t+\tau))]\\&=E[X(t)X(t+\tau)\sin\omega_0 t\sin\omega_0(t+\tau)+\hat{X}(t)\hat{X}(t+\tau)\cos\omega_0 t\cos\omega_0(t+\tau)-\\&\quad X(t)\hat{X}(t+\tau)\sin\omega_0 t\cos\omega_0(t+\tau)-\hat{X}(t)X(t+\tau)\cos\omega_0 t\sin\omega_0(t+\tau)]\\&=R_X(\tau)\sin\omega_0 t\sin\omega_0(t+\tau)+R_{\hat{X}}(\tau)\cos\omega_0 t\cos\omega_0(t+\tau)-\\&\quad R_{X\hat{X}}(\tau)\sin\omega_0 t\cos\omega_0(t+\tau)-R_{\hat{X}X}(\tau)\cos\omega_0 t\sin\omega_0(t+\tau)\\&=R_X(\tau)\cos\omega_0\tau+R_{X\hat{X}}(\tau)\sin\omega_0\tau\end{aligned}$$

$$\sin\omega_0 t=\frac{e^{j\omega_0 t}-e^{-j\omega_0 t}}{2j},\quad\cos\omega_0 t=\frac{e^{j\omega_0 t}+e^{-j\omega_0 t}}{2}$$

$$\begin{aligned}G_V(\omega)&=\frac{1}{2}[G_X(\omega+\omega_0)+G_X(\omega-\omega_0)]+\\&\quad\frac{1}{2j}[-j\mathrm{sgn}(\omega-\omega_0)G_X(\omega-\omega_0)+j\mathrm{sgn}(\omega+\omega_0)G_X(\omega+\omega_0)]\\&=\frac{1}{2}G_X(\omega+\omega_0)[1+\mathrm{sgn}(\omega+\omega_0)]+\frac{1}{2}G_X(\omega-\omega_0)[1-\mathrm{sgn}(\omega+\omega_0)]\\&=G_X(\omega+\omega_0)U(\omega+\omega_0)+G_X(\omega-\omega_0)U(-\omega+\omega_0)\end{aligned}$$

输出的功率谱如图 5.5 所示。

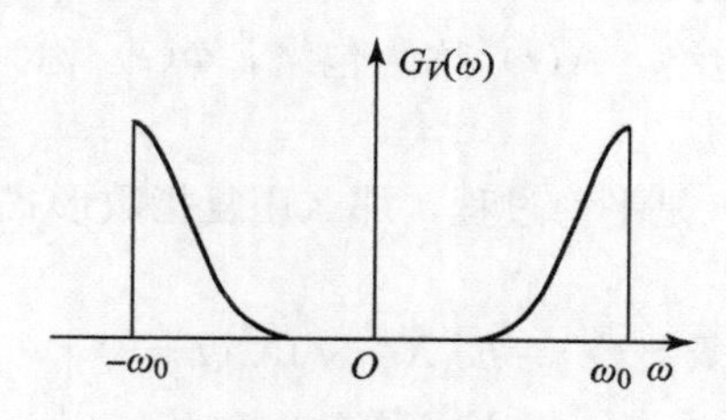

图 5.5　单边带功率谱

5.3　窄带随机信号

在无线通信中，基带信号需要调制到一个载波上才能发射出去，通常这种已调制信号的带宽远远小于载波频率，这种信号称为窄带信号，多数无线电接收机接收并处理的信号几乎都是窄带信号，因此研究窄带信号和窄带系统是十分有意义的。

5.3.1　窄带随机信号的定义

若随机信号 $x(t)$ 的功率谱密度集中在频率 ω_0 附近相对窄的频带范围 $\Delta\omega$ 内，且 $\Delta\omega\ll\omega_0$，则称该信号为窄带随机信号。在实际中，大多数系统都是窄带带通型，通过该类系统输出的信号或噪声必然是窄带信号，其功率谱密度如图 5.6 所示。

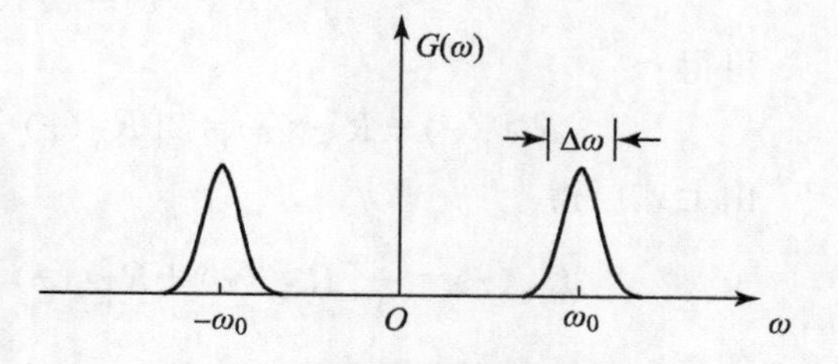

图 5.6　窄带信号功率谱密度示意图

实确定信号 $x(t)$，其傅里叶频谱 $X(\omega)$，若满足下述特性，则此信号称为确定实高频窄带信号：

$$X(\omega)\begin{cases}\neq 0, & |\omega-\omega_0|\leqslant W\\ =0, & |\omega-\omega_0|>W\end{cases} \tag{5.3.1}$$

其中，ω_0 为角频率，W 为角频率带宽，$\omega_0 \gg W$，确定的实高频窄带信号可表示为

$$\begin{aligned}x(t)&=a(t)\cos[\omega_0 t+\varphi(t)]\\&=a_c(t)\cos\omega_0 t-a_s(t)\sin\omega_0 t\end{aligned} \tag{5.3.2}$$

其中，$a(t)$、$\varphi(t)$、$a_c(t)$ 与 $a_s(t)$ 为相应的低频信号，它们都是时间的函数，相对载频 ω_0 而言都是慢变的。

窄带随机过程的每一个样本函数都具有上式的形式，对于所有的样本函数构成的窄带随机过程可以表示为

$$X(t)=A(t)\cos[\omega_0 t+\Phi(t)] \tag{5.3.3}$$

式中，$A(t)$ 是窄带过程的包络，$\Phi(t)$ 是窄带过程的相位，它们都是随机过程。与确定性窄带信号一样，它们相对于 ω_0 是慢变随机过程。窄带随机过程可以视为幅度和相位做缓慢调制的准正弦振荡。

5.3.2 窄带随机信号的复指数形式

若将高频窄带信号的复指数形式应用到窄带随机过程中，则

$$\widetilde{X}(t)=A(t)e^{j\Phi(t)}e^{j\omega_0 t}=M(t)e^{j\omega_0 t} \tag{5.3.4}$$

式中，$M(t)$ 称为 $X(t)$ 的复包络，$A(t)$ 称为包络，$\Phi(t)$ 称为相位，$e^{j\omega_0 t}$ 称为复载频，且 $M(t)=A(t)e^{j\Phi(t)}$。

如果此窄带随机过程 $X(t)$ 是平稳过程，那么用复指数形式表示后，其统计特性如下。

（1）自相关函数：

$$\begin{aligned}R_{\widetilde{X}}(\tau)&=E[\widetilde{X}^*(t)\widetilde{X}(t+\tau)]\\&=E[M^*(t)e^{-j\omega_0 t}M(t+\tau)e^{j\omega_0(t+\tau)}]\\&=E[M^*(t)M(t+\tau)]e^{j\omega_0\tau}\\&=R_M(\tau)e^{j\omega_0\tau}\end{aligned} \tag{5.3.5}$$

（2）功率谱密度。

若 $R_M(\tau)$ 的功率谱密度函数为 $G_M(\omega)$，则有

$$G_{\widetilde{X}}(\omega)=G_M(\omega-\omega_0) \tag{5.3.6}$$

因为

$$R_{\widetilde{X}}(\tau)=2[R_X(\tau)+j\hat{R}_X(\tau)]$$

可得

$$R_{\widetilde{X}}(\tau)+R_{\widetilde{X}}^*(\tau)=2[R_X(\tau)+j\hat{R}_X(\tau)]+2[R_X(\tau)-j\hat{R}_X(\tau)]$$

由上式可得

$$R_X(\tau)=\frac{1}{4}[R_{\widetilde{X}}(\tau)+R_{\widetilde{X}}^*(\tau)]=\frac{1}{4}[R_M(\tau)e^{j\omega_0\tau}+R_M^*(\tau)e^{-j\omega_0\tau}]$$

$$G_X(\omega)=\frac{1}{4}[G_{\widetilde{X}}(\omega)+G_{\widetilde{X}}^*(-\omega)]=\frac{1}{4}[G_M(\omega-\omega_0)+G_M^*(-\omega-\omega_0)]$$

因此，可以得出 $X(t)$ 与 $\widetilde{X}(t)$ 及 $M(t)$ 之间在频域上的关系。

5.3.3　窄带随机过程的垂直分解

令

$$A_c(t)=A(t)\cos\Phi(t) \tag{5.3.7}$$

$$A_s(t)=A(t)\sin\Phi(t) \tag{5.3.8}$$

则有

$$A(t)=\sqrt{A_c^2(t)+A_s^2(t)} \tag{5.3.9}$$

$$\Phi(t)=\arctan\frac{A_s(t)}{A_c(t)} \tag{5.3.10}$$

将式展开可得

$$\begin{aligned}X(t)&=A(t)\cos[\omega_0 t+\Phi(t)]\\&=A(t)\cos\omega_0 t\cos\Phi(t)-A(t)\sin\omega_0 t\sin\Phi(t)\end{aligned} \tag{5.3.11}$$

或者有

$$X(t)=A_c(t)\cos\omega_0 t-A_s(t)\sin\omega_0 t \tag{5.3.12}$$

可见，窄带随机过程 $X(t)$ 的包络 $A(t)$、相位 $\Phi(t)$ 完全可由 $A_c(t)$、$A_s(t)$ 确定，且 $A_c(t)$ 和 $A_s(t)$ 是一对在几何上正交的分量，它们包含了窄带随机过程 $X(t)$ 的所有随机因素。

因此，下面讨论窄带随机过程 $X(t)$ 的统计特性，主要就是讨论这一对垂直分量的统计特性及它们与过程 $X(t)$ 之间的统计关系。

在讨论统计特性之前，先推导出 $X(t)$、$A_c(t)$、$A_s(t)$ 之间的函数关系如下：

$$\begin{cases}X(t)=A_c(t)\cos\omega_0 t-A_s(t)\sin\omega_0 t\\ \hat{X}(t)=A_c(t)\sin\omega_0 t+A_s(t)\cos\omega_0 t\end{cases} \tag{5.3.13}$$

$$\begin{cases}A_c(t)=X(t)\cos\omega_0 t+\hat{X}(t)\sin\omega_0 t\\ A_s(t)=\hat{X}(t)\cos\omega_0 t-X(t)\sin\omega_0 t\end{cases} \tag{5.3.14}$$

5.3.4　窄带随机过程的性质

若窄带随机过程 $X(t)$是零均值平稳的实过程，且功率谱密度如图 5.7 所示，满足

$$G_X(\omega)=\begin{cases}G_X(\omega), & \begin{pmatrix}\Omega<\omega-\omega_0<\Delta\omega-\Omega\\-\Delta\omega+\Omega<\omega+\omega_0<\Omega\end{pmatrix}\\ 0, & 其他\end{cases} \tag{5.3.15}$$

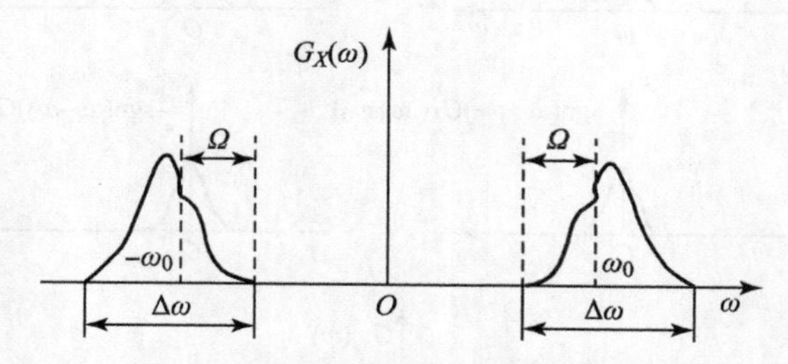

图 5.7　零均值平稳窄带实随机过程的频谱

这里 Ω 和 $\Delta\omega$ 皆为正实常数，$\Delta\omega\ll\omega_0$，则 $A_c(t)$、$A_s(t)$这对垂直分量有下面的性质。

(1) $A_c(t)$、$A_s(t)$均为实随机过程；

(2) $A_c(t)$、$A_s(t)$的期望均为 0；

(3) $A_c(t)$、$A_s(t)$ 各自平稳，它们的自相关函数为

$$R_{A_c}(\tau)=R_{A_s}(\tau)=R_X(\tau)\cos\omega_0\tau+\hat{R}_X(\tau)\sin\omega_0\tau$$

当 $\tau=0$ 时，有

$$R_{A_c}(0)=R_{A_s}(0)=R_X(0)$$

即

$$E[A_c^2(t)]=E[A_s^2(t)]=E[X^2(t)]$$

表示 $X(t)$、$A_c(t)$、$A_s(t)$ 三者的平均功率皆相等。

由于是零均值，因此三者的方差相同，即 $\sigma_{A_c}^2=\sigma_{A_s}^2=\sigma_X^2$。

(4) $A_c(t)$、$A_s(t)$ 的功率谱密度：

$$G_{A_c}(\omega)=G_{A_s}(\omega)=L_p[G_X(\omega+\omega_0)+G_X(\omega-\omega_0)] \tag{5.3.16}$$

其中 $L_p[\cdot]$表示一低通滤波器。

证：由于

$$\begin{aligned}R_{A_c}(\tau)&=R_X(\tau)\cos\omega_0\tau+\hat{R}_X(\tau)\sin\omega_0\tau\\&=\frac{1}{2}R_X(\tau)[e^{j\omega_0\tau}+e^{-j\omega_0\tau}]+\frac{1}{2j}\hat{R}_X(\tau)[e^{j\omega_0\tau}-e^{-j\omega_0\tau}]\end{aligned}$$

两边取傅里叶变换，并利用 $F[\hat{R}_X(\tau)]=-j\mathrm{sgn}(\omega)G_X(\omega)$，可得

$$\begin{aligned}G_{A_c}(\omega)=&\frac{1}{2}[G_X(\omega-\omega_0)+G_X(\omega+\omega_0)]+\\&\frac{1}{2}[-\mathrm{sgn}(\omega-\omega_0)G_X(\omega-\omega_0)+\mathrm{sgn}(\omega+\omega_0)G_X(\omega+\omega_0)]\end{aligned}$$

上式各项对应的功率谱密度图形如图 5.8 所示，从图中可以直接得出

$$G_{A_c}(\omega)=L_p[G_X(\omega+\omega_0)+G_X(\omega-\omega_0)]$$

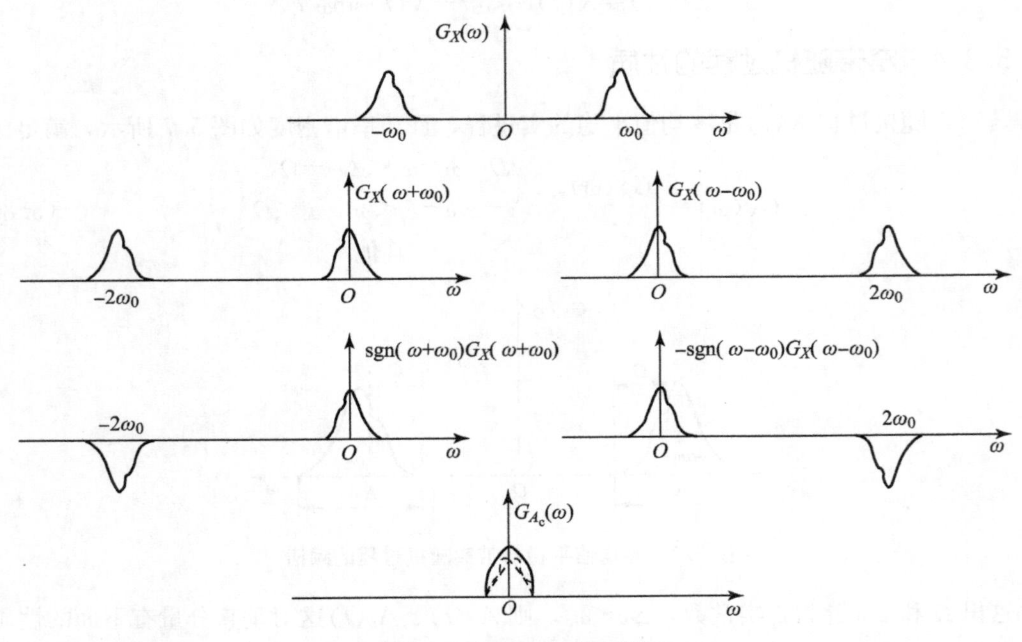

图 5.8　垂直分量的功率谱密度

同理可得

$$G_{A_s}(\omega)=L_p[G_X(\omega+\omega_0)+G_X(\omega-\omega_0)]$$

这说明，$A_c(t)$ 和 $A_s(t)$ 都是低频带限过程。

(5) $A_c(t)$、$A_s(t)$ 联合平稳，它们的互相关函数为

$$R_{A_cA_s}(\tau)=-R_X(\tau)\sin\omega_0\tau+\hat{R}_X(\tau)\cos\omega_0\tau$$
$$R_{A_sA_c}(\tau)=R_X(\tau)\sin\omega_0\tau-\hat{R}_X(\tau)\cos\omega_0\tau$$
$$R_{A_sA_c}(\tau)=-R_{A_cA_s}(\tau) \tag{5.3.17}$$

互相关函数 $R_{A_sA_c}(\tau)$、$R_{A_cA_s}$ 均是 τ 的奇函数：

$$R_{A_cA_s}(\tau)=-R_{A_cA_s}(-\tau)$$
$$R_{A_sA_c}(\tau)=-R_{A_sA_c}(-\tau)$$

当 $\tau=0$ 时，有

$$R_{A_cA_s}(0)=0$$

说明随机过程 $A_c(t)$、$A_s(t)$ 在同一时刻的两个状态之间是相互正交的。

因为 $A_c(t)$、$A_s(t)$ 的均值皆为 0，所以当 $\tau=0$ 时，有

$$C_{A_cA_s}(0)=0$$

说明随机过程 $A_c(t)$、$A_s(t)$ 在同一时刻的两个状态之间是不相关的。

(6) $A_c(t)$、$A_s(t)$ 的互谱密度为

$$G_{A_cA_s}(\omega)=-\mathrm{j}L_p[G_X(\omega+\omega_0)-G_X(\omega-\omega_0)]=-G_{A_sA_c}(\omega) \tag{5.3.18}$$

证明：由 $A_c(t)$、$A_s(t)$ 的互相关函数

$$R_{A_cA_s}(\tau)=-R_X(\tau)\sin\omega_0\tau+\hat{R}_X(\tau)\cos\omega_0\tau$$
$$=-\frac{1}{2\mathrm{j}}R_X(\tau)[\mathrm{e}^{\mathrm{j}\omega_0\tau}-\mathrm{e}^{-\mathrm{j}\omega_0\tau}]+\frac{1}{2}\hat{R}_X(\tau)[\mathrm{e}^{\mathrm{j}\omega_0\tau}+\mathrm{e}^{-\mathrm{j}\omega_0\tau}]$$

两边取傅里叶变换，并利用 $F[\hat{R}_X(\tau)]=-\mathrm{j}\,\mathrm{sgn}(\omega)G_X(\omega)$，可得

$$G_{A_cA_s}(\omega)=-\frac{1}{2\mathrm{j}}[G_X(\omega-\omega_0)-G_X(\omega+\omega_0)]+$$
$$\frac{1}{2}[-\mathrm{j}\,\mathrm{sgn}(\omega-\omega_0)G_X(\omega-\omega_0)-\mathrm{j}\,\mathrm{sgn}(\omega+\omega_0)G_X(\omega+\omega_0)]$$
$$\mathrm{j}G_{A_cA_s}(\omega)=-\frac{1}{2}[G_X(\omega-\omega_0)-G_X(\omega+\omega_0)]+$$
$$\frac{1}{2}[\mathrm{sgn}(\omega-\omega_0)G_X(\omega-\omega_0)+\mathrm{sgn}(\omega+\omega_0)G_X(\omega+\omega_0)]$$

上式各项所对应的功率谱密度图形如图 5.9 所示。从图上可以得出

$$G_{A_cA_s}(\omega)=-\mathrm{j}L_p[G_X(\omega+\omega_0)-G_X(\omega-\omega_0)]$$

同理可证

$$G_{A_sA_c}(\omega)=\mathrm{j}L_p[G_X(\omega+\omega_0)-G_X(\omega-\omega_0)]$$

当 $G_X(\omega)$ 相对于中心频域 ω_0 偶对称时，各项叠加后恰好消失了，所以有 $G_{A_cA_s}(\omega)=0$，所以也有对任意 τ 值，$R_{A_cA_s}(\tau)=0$，说明当 $X(t)$ 具有对称于 ω_0 的功率谱密度时，随机过程 $A_c(t)$、$A_s(t)$ 正交。

由于 $A_c(t)$、$A_s(t)$ 的均值皆为 0，同样可以证明：当 $X(t)$ 具有对称于 ω_0 的功率谱密度时，两个随机过程 $A_c(t)$、$A_s(t)$ 互不相关。

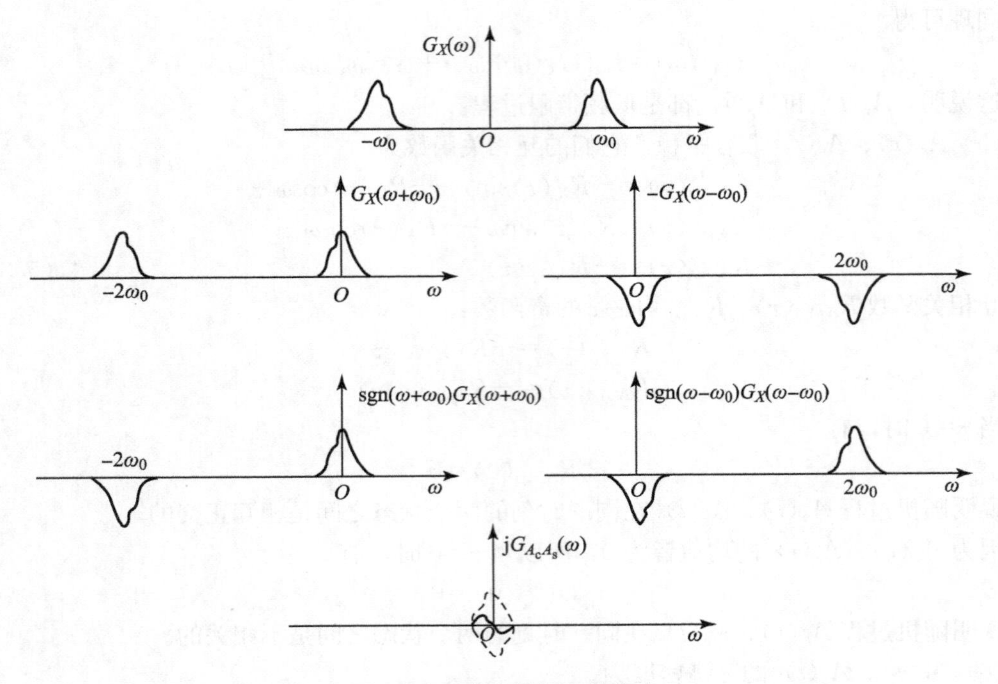

图 5.9　垂直分量的互谱密度

例题 3　数学期望为零的窄带平稳随机信号 $X(t)=A_c(t)\cos\omega_0 t-A_s(t)\sin\omega_0 t$，其功率谱密度为 $G_X(\omega)=\begin{cases}1, & |\omega-\omega_0|\leqslant 1\\ 0, & \text{其他}\end{cases}$，求 $A_c(t)$、$A_s(t)$ 的平均功率，并判断 $A_c(t)$、$A_s(t)$ 是否正交。

解：因为 $A_c(t)$、$A_s(t)$ 为窄带随机信号 $X(t)$ 中的垂直分量与水平分量，由窄带随机信号的性质，$A_c(t)$、$A_s(t)$ 具有相同的自相关函数和平均功率，所以

$$R_{A_c}(0)=R_{A_s}(0)=R_X(0)=\frac{1}{2\pi}\int_{-\infty}^{\infty}G_X(\omega)\,\mathrm{d}\omega=\frac{1}{\pi}\int_{\omega_0-1}^{\omega_0+1}1\,\mathrm{d}\omega=\frac{2}{\pi}$$

由窄带随机信号的性质（6），因为 $G_X(\omega)$ 的功率谱关于 $\pm\omega_0$ 对称，所以 $R_{A_cA_s}(\tau)=0$，因此过程 $A_c(t)$、$A_s(t)$ 是正交的。

例题 4　设 $X(t)=A_c(t)\cos\omega_0 t-A_s(t)\sin\omega_0 t$ 所表示的零均值平稳窄带高斯随机信号的功率谱密度 $G_X(f)$ 如图 5.10 所示，若 $f_0=100$ Hz，试求：

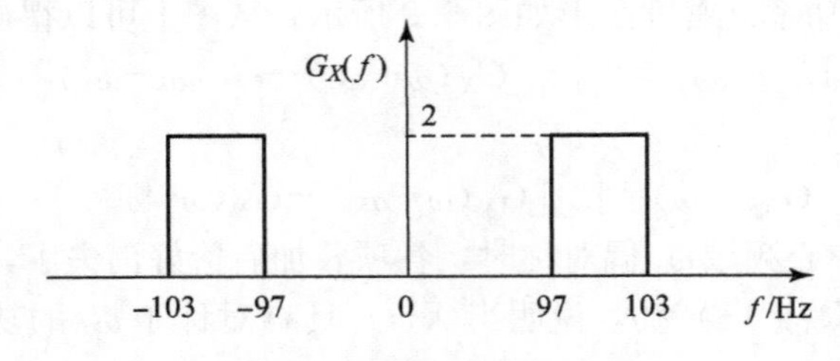

图 5.10　功率谱密度 $G_X(f)$

（1）随机信号 $X(t)$ 的一维概率密度函数；

(2) $R_{A_c}(\tau)$ 和 $R_{A_cA_s}(\tau)$。

解：依题 $E[X(t)]=E[A_c(t)]=E[A_s(t)]=0$

$$\sigma_X^2=\sigma_{A_c}^2=\sigma_{A_s}^2=R_X(0)=\int_{-\infty}^{\infty}G_X(f)\mathrm{d}f=2\times2\times(103-97)=24$$

(1) $f_X(x;\ t)=\dfrac{1}{\sqrt{2\pi\times24}}\mathrm{e}^{-\frac{x^2}{2\times24}}=\dfrac{1}{4\sqrt{3\pi}}\mathrm{e}^{-\frac{x^2}{48}}$；

(2) $f_0=100$ Hz，根据 $A_c(t)$、$A_s(t)$ 的性质

$$G_{A_c}(\omega)=L_p[G_X(\omega-\omega_0)+G_X(\omega+\omega_0)]$$

则可得 $G_{A_c}(f)$ 如图 5.11 所示。

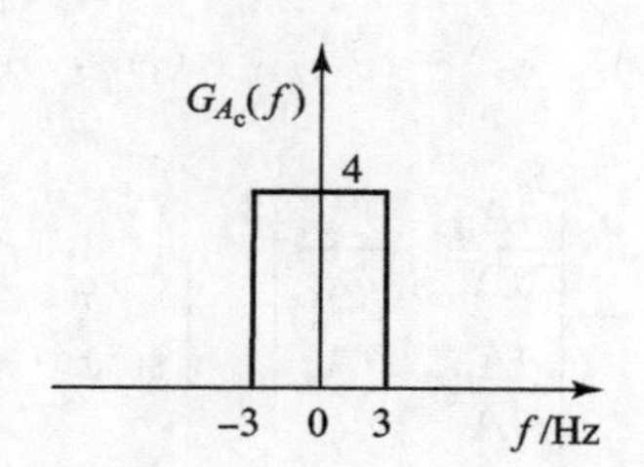

图 5.11 功率谱密度 $G_{A_c}(f)$

对 $G_{A_c}(f)$ 求傅里叶反变换可得

$$R_{A_c}(\tau)=\frac{1}{2\pi}\int_{-\infty}^{\infty}G_X(\omega)\mathrm{e}^{-\mathrm{j}\omega\tau}\mathrm{d}\omega=\int_{-\infty}^{\infty}G_X(f)\mathrm{e}^{-\mathrm{j}2\pi f\tau}\mathrm{d}f$$

$$=\int_{-3}^{3}4\mathrm{e}^{-\mathrm{j}2\pi f\tau}\mathrm{d}f=24\,\frac{\sin 6\pi\tau}{6\pi\tau}$$

由于 $G_X(\omega+\omega_0)=G_X(\omega-\omega_0)$，所以有 $G_{A_cA_s}(\omega)=0$，则得 $R_{A_cA_s}(\tau)=0$。

5.4 窄带正态随机过程的包络和相位的分布

信号处理中，有用信号通常都是调制在载波的幅度和相位上的，要提取有用信号通常需要包络检波器和鉴相器检测出信号的包络和相位，而检测前噪声通常都是窄带正态随机过程，为了获得最佳的检测效果，需要分析窄带正态随机过程的包络和相位的分布。本节讨论窄带正态过程的包络、包络平方和相位的分布特性，除特别声明外，都假定窄带正态过程的均值为零，功率谱密度相对于中心频率 ω_0 是对称的。

5.4.1 一维分布

已知窄带过程的一般表达式为

$$Y(t)=A(t)\cos[\omega_0t+\Phi(t)]=A_c(t)\cos\omega_0t-A_s(t)\sin\omega_0t \tag{5.4.1}$$

设 $Y(t)$ 的相关函数为 $R_Y(\tau)$，方差为 $R_Y(0)=\sigma^2$，$A_c(t)$ 和 $A_s(t)$ 都可看作是 $Y(t)$ 经过线性变换的结果。因此，如果 $Y(t)$ 为正态过程，则 $A_c(t)$ 和 $A_s(t)$ 也为正态过程，并且也具有零均值和方差 σ^2。$Y(t)$ 的包络和相位分别为

$$A(t)=[A_c^2(t)+A_s^2(t)]^{1/2} \tag{5.4.2}$$

$$\Phi(t)=\arctan[A_s(t)/A_c(t)] \tag{5.4.3}$$

上式说明，$A_c(t)$ 和 $A_s(t)$ 在同一时刻是互不相关的，因二者是正态过程，故也是互相独立的。设 A_{ct} 和 A_{st} 分别表示 $A_c(t)$ 和 $A_s(t)$ 在 t 时刻的取值，则其联合概率密度为

$$f_{A_cA_s}(A_{ct},A_{st})=f_{A_c}(A_{ct})f_{A_s}(A_{st})=\frac{1}{2\pi\sigma^2}\exp\left[-\frac{A_{ct}^2+A_{st}^2}{2\sigma^2}\right] \tag{5.4.4}$$

因为

$$A_c(t)=A(t)\cos\Phi(t)$$
$$A_s(t)=A(t)\sin\Phi(t)$$

设 A_t 和 φ_t 分别为包络 $A(t)$ 和相位 $\Phi(t)$ 在 t 时刻的取值，则 $A(t)$ 和 $\Phi(t)$ 的联合概率密度为

$$f_{A\Phi}(A_t,\varphi_t)=|J|f_{A_cA_s}(A_{ct},A_{st}) \tag{5.4.5}$$

雅克比行列式 J 为

$$J=\left|\frac{\partial(A_{ct},A_{st})}{\partial(A_t,\varphi_t)}\right|=\begin{vmatrix}\dfrac{\partial A_{ct}}{\partial A_t} & \dfrac{\partial A_{ct}}{\partial\varphi_t}\\ \dfrac{\partial A_{st}}{\partial A_t} & \dfrac{\partial A_{st}}{\partial\varphi_t}\end{vmatrix}=\begin{vmatrix}\cos\varphi_t & -A_t\sin\varphi_t\\ \sin\varphi_t & A_t\cos\varphi_t\end{vmatrix}=A_t \tag{5.4.6}$$

代入上式，得

$$\begin{aligned}f_{A\Phi}(A_t,\varphi_t)&=A_tf_{A_cA_s}(A_t\cos\varphi_t,A_t\sin\varphi_t)\\&=\begin{cases}\dfrac{A_t}{2\pi\sigma^2}\exp\left(-\dfrac{A_t^2}{2\sigma^2}\right), & A_t\geqslant0,\ -\pi\leqslant\varphi_t\leqslant\pi\\ 0, & \text{其他}\end{cases}\end{aligned} \tag{5.4.7}$$

由此得出包络的一维概率密度为

$$f_A(A_t)=\int_0^{2\pi}f_{A\Phi}(A_t,\varphi_t)\mathrm{d}\varphi_t=\begin{cases}\dfrac{A_t}{\sigma^2}\exp\left(-\dfrac{A_t^2}{2\sigma^2}\right), & A_t\geqslant0\\ 0, & A_t<0\end{cases} \tag{5.4.8}$$

相位的一维概率密度为

$$f_\Phi(\varphi_t)=\int_0^{\infty}f_{A\Phi}(A_t,\varphi_t)\mathrm{d}A_t=\begin{cases}\dfrac{1}{2\pi}, & -\pi\leqslant\varphi_t\leqslant\pi\\ 0, & \text{其他}\end{cases} \tag{5.4.9}$$

从以上两式可以看出，窄带正态过程的包络服从瑞利分布，而其相位服从均匀分布。另外，不难看出有

$$f_{A\Phi}(A_t,\varphi_t)=f_A(A_t)f_\Phi(\varphi_t) \tag{5.4.10}$$

该式表明，在同一时刻 t，随机变量 $A(t)$ 和 $\Phi(t)$ 是相互独立的。但要注意 $A(t)$ 与 $\Phi(t)$ 并不是相互独立的两个随机过程。

5.4.2 二维分布

由于 $A_c(t)$ 和 $A_s(t)$ 可以看作 $Y(t)$ 和 $\hat{Y}(t)$ 经过线性变换后的结果，因此若 $Y(t)$ 为窄带平稳正态过程，则 $A_c(t)$ 和 $A_s(t)$ 也必为平稳正态过程。假定 $Y(t)$ 具有关于中心频率对称的功率谱，令 A_{c1} 和 A_{c2} 分别表示 $A_c(t)$ 和 $A_c(t-\tau)$ 的取值，A_{s1} 和 A_{s2} 分别表示 $A_s(t)$ 和 $A_s(t-\tau)$ 的取值，求包络和相位的二维概率密度步骤如下：先求出四维概率密度 $f_{A_cA_s}(A_{c1},A_{s1},A_{c2},A_{s2})$，然后转换为 $f_{A\Phi}(A_1,\varphi_1,A_2,\varphi_2)$，最后再导出 $f_A(A_1,A_2)$ 和 $f_\Phi(\varphi_1,\varphi_2)$。

(1) 求 $f_{A_cA_s}(A_{c1}, A_{s1}, A_{c2}, A_{s2})$。

对于确定的时刻 t，$A_c(t)$、$A_c(t-\tau)$、$A_s(t)$ 和 $A_s(t-\tau)$ 皆为零均值、方差为 σ^2 的正态随机变量，可以有：

$$f_{A_cA_s}(\boldsymbol{x})=\frac{1}{(2\pi)^2|\boldsymbol{C}|^{1/2}}\exp\left(-\frac{1}{2}\boldsymbol{x}^{\mathrm{T}}\boldsymbol{C}^{-1}\boldsymbol{x}\right) \tag{5.4.11}$$

$$\boldsymbol{x}=\begin{bmatrix}A_{c1}\\A_{s1}\\A_{c2}\\A_{s2}\end{bmatrix},\ \boldsymbol{C}=\begin{bmatrix}\sigma^2 & 0 & a(\tau) & 0\\ 0 & \sigma^2 & 0 & a(\tau)\\ a(\tau) & 0 & \sigma^2 & 0\\ 0 & a(\tau) & 0 & \sigma^2\end{bmatrix} \tag{5.4.12}$$

其中 $a(\tau)=R_a(\tau)=R_c(\tau)=R_s(\tau)$，由此得出

$$\boldsymbol{C}^{-1}=\frac{1}{D^{\frac{1}{2}}}=\begin{bmatrix}\sigma^2 & 0 & -a(\tau) & 0\\ 0 & \sigma^2 & 0 & -a(\tau)\\ -a(\tau) & 0 & \sigma^2 & 0\\ 0 & -a(\tau) & 0 & \sigma^2\end{bmatrix} \tag{5.4.13}$$

其中 $D=|\boldsymbol{C}|=[\sigma^4-a^2(\tau)^2]$，代入式 (5.4.11)，得

$$f_{A_cA_s}(A_{c1}, A_{s1}, A_{c2}, A_{s2})=\frac{1}{4\pi^2D^{\frac{1}{2}}}\exp[\sigma^2(A_{c1}^2+A_{s1}^2+A_{c2}^2+A_{s2}^2)-2a(\tau)(A_{c1}A_{c2}+A_{s1}A_{s2})] \tag{5.4.14}$$

(2) 求 $f_{A\Phi}(A_1, \varphi_1, A_2, \varphi_2)$。

因为

$$\begin{cases}A_{c1}=A_1\cos\varphi_1, & A_{c2}=A_2\cos\varphi_2\\ A_{s1}=A_1\sin\varphi_1, & A_{s2}=A_2\sin\varphi_2\end{cases}$$

那么

$$\begin{aligned}f_{A\Phi}(A_1, \varphi_1, A_2, \varphi_2)&=|J|f_{A_cA_s}(A_{c1}, A_{s1}, A_{c2}, A_{s2})\\&=|J|f_{A_cA_s}(A_1\cos\varphi_1, A_1\sin\varphi_1, A_2\cos\varphi_2, A_2\sin\varphi_2)\end{aligned} \tag{5.4.15}$$

其中

$$J=\frac{\partial(A_{c1}, A_{s1}, A_{c2}, A_{s2})}{\partial(A_1, \varphi_1, A_2, \varphi_2)}=A_1A_2 \tag{5.4.16}$$

代入上式即可得

$$f_{A\Phi}(A_1, \varphi_1, A_2, \varphi_2)$$

$$=\begin{cases}\dfrac{A_1A_2}{4\pi^2D^{\frac{1}{2}}}\exp\left\{-\dfrac{1}{2D^{\frac{1}{2}}}[\sigma^2(A_1^2+A_2^2)-2a(\tau)A_1A_2\cos(\varphi_2-\varphi_1)]\right\}, & A_1,A_2\geqslant0,-\pi\leqslant\varphi_1,\varphi_2\leqslant\pi\\ 0, & \text{其他}\end{cases}$$

(3) 包络的二维概率密度。

运用前面求一维概率密度的方法，由上式对 φ_1 和 φ_2 积分，得

$$f_A(A_1, A_2)=\int_0^{2\pi}\int_0^{2\pi}f_{A\Phi}(A_1, \varphi_1, A_2, \varphi_2)\mathrm{d}\varphi_1\mathrm{d}\varphi_2$$

$$=\begin{cases}\dfrac{A_1A_2}{D^{\frac{1}{2}}}I_0\left(\dfrac{A_1A_2a(\tau)}{D^{\frac{1}{2}}}\right)\exp\left[-\dfrac{\sigma^2(A_1^2+A_2^2)}{2D^{\frac{1}{2}}}\right], & A_1,A_2\geqslant 0\\ 0, & \text{其他}\end{cases}\tag{5.4.17}$$

式中，$I_0(x)$为第一类零阶修正贝塞尔函数，并有

$$I_0(x)=\frac{1}{2\pi}\int_0^{2\pi}\exp(x\cos\varphi)\mathrm{d}\varphi\tag{5.4.18}$$

(4) 相位的分布。

由上式对 A_1 和 A_2 积分，得

$$f_\Phi(\varphi_1,\varphi_2)=\int_0^\infty\int_0^\infty f_{A\Phi}(A_1,\varphi_1,A_2,\varphi_2)\mathrm{d}A_1\mathrm{d}A_2$$

$$=\begin{cases}\dfrac{D^{\frac{1}{2}}}{4\pi^2\sigma^4}\left[\dfrac{(1-\beta^2)^{\frac{1}{2}}+\beta(\pi-\arccos\beta)}{(1-\beta^2)^{\frac{3}{2}}}\right], & 0\leqslant\varphi_1,\varphi_2\leqslant 2\pi\\ 0, & \text{其他}\end{cases}\tag{5.4.19}$$

式中，$\beta=a(\tau)\cos(\varphi_2-\varphi_1)/\sigma^2$。以上诸式的积分推导比较烦琐，这里直接给出结果。

习　题

5.1　设一个线性系统输入为 $X(t)$ 时，相应的输出为 $Y(t)$。证明若该系统的输入为 $X(t)$ 的希尔伯特变换 $\hat{X}(t)$，则相应的输出为 $Y(t)$ 的希尔伯特变换 $\hat{Y}(t)$。

5.2　设功率谱密度为 $N_0/2$ 的零均值白高斯噪声通过一个理想带通滤波器，此滤波器的增益为 1，中心频率为 f_c，带宽为 $2B$。求滤波器输出的窄带过程 $n(t)$ 和它的同相及正交分量的自相关函数 $R_n(\tau)$、$R_{n_c}(\tau)$ 和 $R_{n_s}(\tau)$。

5.3　对于窄带平稳随机信号 $N(t)=X(t)\cos\omega_0 t-Y(t)\sin\omega_0 t$，若其均值为零，功率谱密度为

$$S_N(\omega)=\begin{cases}P\cos[\pi(\omega-\omega_0)/\Delta\omega], & |\omega-\omega_0|\leqslant\Delta\omega/2\\ P\cos[\pi(\omega+\omega_0)/\Delta\omega], & |\omega+\omega_0|\leqslant\Delta\omega/2\\ 0, & \text{其他}\end{cases}$$

式中，P、$\Delta\omega$ 及 $\omega_0\gg\Delta\omega$ 都是正实常数。试求：

(1) $N(t)$ 的平均功率；

(2) $X(t)$ 的功率谱密度；

(3) 互相关函数 $R_{XY}(\tau)$ 或互谱密度 $S_{XY}(\omega)$；

(4) $X(t)$ 与 $Y(t)$ 是否正交或不相关？

5.4　已知零均值窄带平稳噪声 $X(t)=A(t)\cos\omega_0 t-B(t)\sin\omega_0 t$ 的功率谱密度如图 5.12 所示。画出下列情况下随机信号 $A(t)$，$B(t)$ 各自的功率谱密度：

(1) $\omega_0=\omega_1$；(2) $\omega_0=\omega_2$；(3) $\omega_0=(\omega_1+\omega_2)/2$。

判断上述各种情况下，过程 $A(t)$、$B(t)$ 是否互不相关。

5.5　零均值窄带平稳过程 $X(t)=A(t)\cos\omega_0 t-B(t)\sin\omega_0 t$ 的功率谱密度 $G_X(\omega)$ 在频带内关于中心频率 ω_0 偶对称，其中 $A(t)$、$B(t)$ 为随机过程。

(1) 证明：$X(t)$ 的自相关函数 $R_X(\tau)=R_A(\tau)\cos\omega_0\tau$。

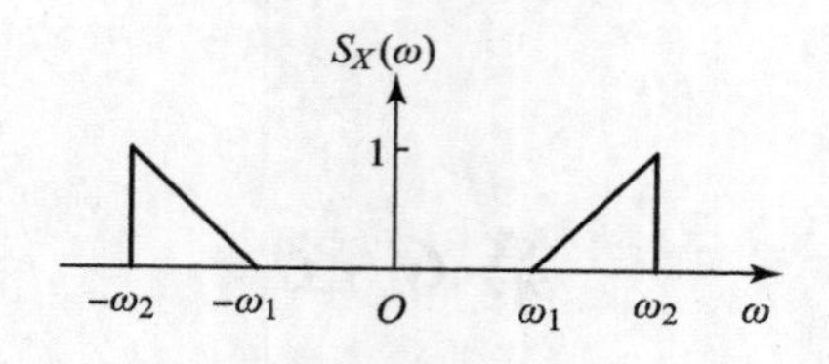

图 5.12　题 5.4 图

（2）求 $X(t)$ 自相关函数的包络和预包络。

5.6　已知零均值、方差为 σ^2 的窄带高斯平稳过程 $X(t)=A_c(t)\cos\omega_0 t-A_s(t)\sin\omega_0 t$，其中 $A_c(t)$、$B_s(t)$ 为过程的一对垂直分解。证明：$R_X(\tau)=R_{A_c}(\tau)\cos\omega_0\tau-R_{A_cA_s}(\tau)\sin\omega_0\tau$。

5.7　已知窄带高斯平稳过程 $X(t)=A(t)\cos[\omega_0 t+\Phi(t)]$，包络 $A(t)$ 在任意时刻 t 的采样为随机变量 A_t，求 A_t 的均值和方差。

第 6 章

信号估计

信号的检测理论，是研究在噪声干扰背景下，所关心的信号是属于哪种状态下的最佳判决问题。信号的估计理论，是研究在噪声干扰背景中，通过对信号的观测，如何构造待估计参数的最佳估计量问题。信号的波形估计理论则是为了改善信号质量，研究在噪声干扰背景中感兴趣信号波形的最佳恢复问题，或离散状态下表征信号在各离散时刻状态的最佳动态估计问题。

一般地讲，根据观测数据对一个量或同时对几个量进行定量的推断就是估计问题。对于估计问题的研究，在数理统计中是总体的参数估计，如均值、方差、标准差等；在通信工程中是信号的参数与波形估计，如信号 $S(t, A, \varphi, f, \tau)$ 中振幅 A、相位 φ、频率 f、时延 τ 诸参数及其瞬间的波形；在控制工程中是动态系统的参数与状态估计，如一个飞行体的质量、惯量等参数及位置、速度、加速度等的状态。

无论对何种量，均需根据观测进行估计。观测存在观测误差或噪声，所以观测数据是随机的；由观测所得的估计值，必然存在估计误差，它也是随机的。在随机信号数字处理中，必须用统计方法来研究，因而涉及不少估计理论与方法问题，它已成为研究随机信号数字处理的重要理论基础。

6.1 估计的基本概念

所谓信号参量是指描述信号的物理量，如正弦信号的振幅、频率和相位；脉冲信号的幅度、宽度和时延等。由于信号参量中包含着研究对象特征与状态的信息，所以在工程实际中常需要测量信号的参量。如在雷达或声呐中，通过测量目标反射到达的时间，可以估算出目标的距离；根据回波频率的变化可以估算出目标的径向速度等。由于传输介质的影响和噪声的干扰，连续观测得到的信号变为随机过程，其采样数据变为随机变量，所以只能对信号参量进行统计推断，即进行估计。

下面通过一个简单的例子来说明估计的基本方法。

例题 1　假定要测量某个电压值 θ，电压 θ 的取值范围为 $(-\theta_0, \theta_0)$，由于测量设备的不完善，测量总会有些误差，测量误差可归结为噪声，因此，实际得到的测量值为

$$z=\theta+v \tag{6.1.1}$$

其中 v 一般服从零均值正态分布，方差为 σ_v^2。问题是如何根据测量值 z 来估计 θ 的值。

解：这是一个参数估计问题，解决这一问题有许多方法。如果 θ 为随机变量，那么，可以计算后验概率密度 $f(\theta|z)$，然后求出使 $f(\theta|z)$ 最大的 θ 作为对 θ 的估计值，即

$$f(\theta|z)|_{\theta=\hat{\theta}_{\mathrm{map}}}=\max \tag{6.1.2}$$

$\hat{\theta}_{\mathrm{map}}$称为最大后验概率估计。这一估计的合理性可以这样来解释：得到观测值z后，计算后验概率密度$f(\theta|z)$，很显然，θ落在以$\hat{\theta}_{\mathrm{map}}$为中心，以$\delta$为半径的邻域内的概率要大于落在其他值为中心相同大小邻域的概率，因此有理由认为，之所以得到观测值z，是因为θ的取值为$\hat{\theta}_{\mathrm{map}}$，从后验概率最大这个角度讲是合理的选择。对于上式描述的估计问题，假定$\theta\sim N(0,\sigma_\theta^2)$，那么

$$\hat{\theta}_{\mathrm{map}}=\frac{\sigma_\theta^2 z}{\sigma_v^2+\sigma_\theta^2} \tag{6.1.3}$$

如果θ为未知常数，这时可以求出似然函数$f(z;\theta)$，求出使$f(z;\theta)$最大的θ作为对θ的估计，记为$\hat{\theta}_{\mathrm{ml}}$，称$\hat{\theta}_{\mathrm{ml}}$为$\theta$的最大似然估计，即

$$f(z;\theta)|_{\theta=\hat{\theta}_{\mathrm{ml}}}=\max \tag{6.1.4}$$

从上面这个例子可以看出构造一个估计问题的基本要素包括：

①被估计量：指需要估计的参量，一般用θ表示。

②观测量与观测值：观测所得到的量称为观测量。当观测是在有噪声的情况下进行时，观测量是随机变量，它的样本叫观测值，用x表示。

③估计量和估计值：根据观测量与被估计量的统计特性，按照一种最佳准则构造出某个函数，它是观测量的函数，称为估计量。估计量的样本，称为估计值，简称估值，用$\hat{\theta}(x)$表示。

估计就是指求得估计量或估计值的过程。

设在$(0,T)$时间内，观测波形为

$$x(t)=s(t,\theta)+n(t) \tag{6.1.5}$$

式中，$n(t)$表示观测噪声；$s(t,\theta)$表示信号；θ是被估计量（可以是一个或多个），它一般是随机变量（也可以是未知的非随机变量）。

假定被估计量是某设备的输出电压θ，噪声存在使其具有随机性，为了得到较精确的估计结果，一般地不只测量一次，而是取多次测量的平均值作为这个电压的估值。若测量了N次，得到N个测量值，即x_1，x_2，…，x_N，估值

$$\hat{\theta}(x)=\frac{1}{N}\sum_{i=1}^{N}x_i \tag{6.1.6}$$

这是以样本的平均值作为随机参量θ的估值。这种估计方法叫样本数字特征法，是较简单的一种估计方法。

若根据观测量与被估计量的不同统计特性，或者说采用不同的准则，那么就会产生不同的估计方法。对于同一参量，若用不同的方法进行估计，所得的估值是不同的。

6.2　估计量的性质

估计量$\hat{\theta}(x)$是观测量的函数，可简写为$\hat{\theta}$。观测量x改变之后，估计量$\hat{\theta}$也随之而变，它是个随机变量，用概率密度函数来描述其统计特性是最好的。但由于$\hat{\theta}$的概率密度函数不容易得到，因而一般只讨论其某些数字特征，以便分析和评价各种估计的质量。

6.2.1 无偏性

估计量是随观测量而变化的，希望当观测重复进行时，所求得的估计量都分布在被估计量的真值附近摆动。

如果估计量的均值等于被估计量的均值（对于随机变量），即

$$E[\hat{\theta}]=E[\theta] \tag{6.2.1}$$

或者等于被估计量的真值（对于非随机变量），即

$$E[\hat{\theta}]=\theta \tag{6.2.2}$$

则称估计量具有无偏性。即 $\hat{\theta}$ 是 θ 的无偏估计量；否则是有偏的，其偏差用 $\widetilde{\theta}(x)$ 表示

$$\widetilde{\theta}(x)=\theta-\widetilde{\theta}(x) \tag{6.2.3}$$

由于 $\hat{\theta}(x)$ 是随机变量，故 $\widetilde{\theta}(x)$ 也是随机变量。

6.2.2 有效性

如果同一个参量用两种方法进行估计，所得的估计量都是无偏的，怎样评价哪一种方法更好些呢？应进一步讨论估计误差的方差，以便比较估计值偏离真值的程度。

估计误差的方差为

$$E[\widetilde{\theta}^2(x)]=E[(\hat{\theta}-\theta)^2] \tag{6.2.4}$$

若两种估计方法之中有一种均方误差较小，则认为它比另一种有效。为了确定某一种方法是否有效，则要看它的误差方差是不是所有估计方法中最小的。

6.2.3 一致性

由于估计量是随机变量，其概率分布不可能集中在参量真实值这一点上，希望当观测次数增加时，估计量的概率密度函数变得越来越尖锐，即方差越小，估计值趋近于参量的真值（或均值）。若对于任意 $\varepsilon>0$，有下式成立

$$\lim_{N\to\infty}P[|\hat{\theta}-\theta|<\varepsilon]=1 \tag{6.2.5}$$

则称估计量 $\hat{\theta}$ 是一致估计量。其含义是当观测次数增加时，估计量取被估计量的可能性为100%，即 $\hat{\theta}$ 以概率 1 收敛于 θ。

6.3 贝叶斯估计

贝叶斯估计采用平均代价最小的估计准则，为此，先介绍代价函数及平均代价的概念。

1. 代价函数

代价函数是估计误差的函数，表示估计误差带来的损失，它是非负的，在 $\hat{\theta}=\theta$ 处有最小值，用 $C(\hat{\theta},\theta)$ 表示，常用的代价函数有以下三种。

误差平方：

$$C(\hat{\theta},\theta)=(\theta-\hat{\theta})^2 \tag{6.3.1}$$

误差绝对值：

$$C(\hat{\theta},\theta)=|\theta-\hat{\theta}| \tag{6.3.2}$$

均匀代价：

$$C(\hat{\theta},\theta)=\begin{cases}1, & |\theta-\hat{\theta}|\geqslant\dfrac{\Delta}{2}\\[2mm] 0, & |\theta-\hat{\theta}|<\dfrac{\Delta}{2}\end{cases}\tag{6.3.3}$$

常用的三种代价函数如图 6.1 所示。

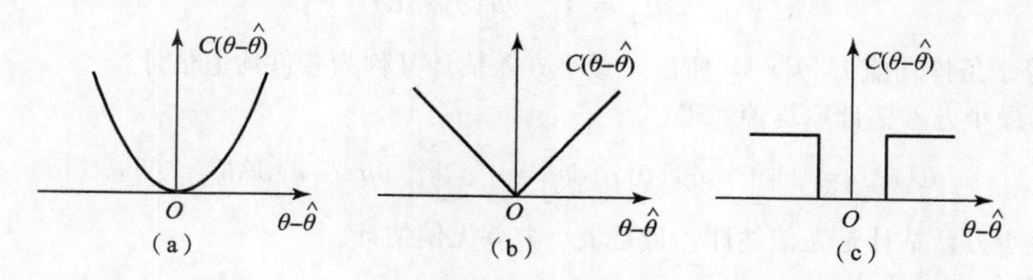

图 6.1　代价函数

(a) 误差平方；(b) 误差绝对值；(c) 均匀代价

2. 平均代价

假设先验联合概率密度 $p(\theta,r)$ 已知，则平均代价（风险）定义为

$$\bar{C}\triangleq E[C(\theta,\hat{\theta})]=\int_{-\infty}^{\infty}\int_{-\infty}^{\infty}C(\theta,\hat{\theta})p(\theta,r)\mathrm{d}\theta\mathrm{d}r\tag{6.3.4}$$

若后验概率密度 $p(\theta|r)$已知，则式（6.3.4）可以表示为

$$\bar{C}\triangleq E[C(\theta,\hat{\theta})]=\int_{-\infty}^{\infty}\left(\int_{-\infty}^{\infty}C(\theta,\hat{\theta})p(\theta|r)\mathrm{d}\theta\right)p(r)\mathrm{d}r\tag{6.3.5}$$

贝叶斯准则就是选择 $\hat{\theta}$，使平均代价达到最小的准则。上式中内积分和 $p(r)$都是非负的，要使平均代价最小，只要使内积分极小即可。即内积分为

$$\bar{C}(\hat{\theta}|r)\triangleq\int_{-\infty}^{\infty}C(\theta,\hat{\theta})p(\theta|r)\mathrm{d}\theta=\min\tag{6.3.6}$$

此内积分又称为条件平均代价或条件平均风险。所以，使平均代价最小求估计值 $\hat{\theta}$，等效为使条件平均代价最小求估计值 $\hat{\theta}$。

3. 贝叶斯估计准则

将不同的代价函数代入条件平均代价表示式（6.3.5）或式（6.3.6）中，使其平均代价最小，即可得到以下不同的估计准则。

1）最小均方误差估计

将误差平方代价函数代入条件平均代价公式（6.3.6）中，得

$$\bar{C}_{\mathrm{ms}}(\hat{\theta}|r)=\int_{-\infty}^{\infty}(\hat{\theta}-\theta)^2p(\theta|r)\mathrm{d}\theta\tag{6.3.7}$$

为求 $\bar{C}_{\mathrm{ms}}(\hat{\theta}|r)$的极小值，上式对 $\hat{\theta}$ 求偏导，并令其等于 0，得

$$\begin{aligned}\frac{\partial\bar{C}_{\mathrm{ms}}(\hat{\theta}|r)}{\partial\hat{\theta}}&=\frac{\partial}{\partial\hat{\theta}}\int_{-\infty}^{\infty}(\hat{\theta}-\theta)^2p(\theta|r)\mathrm{d}\theta\\&=-2\int_{-\infty}^{\infty}\theta p(\theta|r)\mathrm{d}\theta+2\hat{\theta}\int_{-\infty}^{\infty}p(\theta|r)\mathrm{d}\theta\end{aligned}$$

因为

$$\int_{-\infty}^{+\infty}p(\theta|r)\mathrm{d}\theta=1$$

所以

$$\frac{\partial \bar{C}_{ms}(\hat{\theta}|r)}{\partial \hat{\theta}}=-2\int_{-\infty}^{\infty}\theta p(\theta|r)\mathrm{d}\theta+2\hat{\theta}=0 \tag{6.3.8}$$

最小方差估计值 $\hat{\theta}_{ms}$ 为

$$\hat{\theta}_{ms}=\int_{-\infty}^{\infty}\theta p(\theta|r)\mathrm{d}\theta \tag{6.3.9}$$

$\hat{\theta}_{ms}$ 恰好等于条件均值 $E[\theta|r]$，所以，最小方差估计又称为条件均值估计。

对于最小方差估计取均值，得

$$E[\hat{\theta}_{ms}]=E\left[\int_{-\infty}^{\infty}\theta p(\theta|r)\mathrm{d}\theta\right]=\int_{-\infty}^{\infty}\int_{-\infty}^{\infty}\theta p(\theta|r)\mathrm{d}\theta\mathrm{d}r=E[\theta] \tag{6.3.10}$$

所以，最小方差估计是无偏估计，且是最小方差无偏估计。

2）条件中值估计

将绝对值代价函数代入条件平均代价公式（6.3.6）中，得

$$\begin{aligned}\bar{C}_{ms}(\hat{\theta}|r)&=\int_{-\infty}^{\infty}|\hat{\theta}-\theta|p(\theta|r)\mathrm{d}\theta\\&=\int_{-\infty}^{\hat{\theta}}(\hat{\theta}-\theta)p(\theta|r)\mathrm{d}\theta+\int_{\hat{\theta}}^{\infty}(\theta-\hat{\theta})p(\theta|r)\mathrm{d}\theta\end{aligned} \tag{6.3.11}$$

为求 $\bar{C}_{ms}(\hat{\theta}|r)$ 的极小值，上式对 $\hat{\theta}$ 求偏导，并令其等于 0，得

$$\frac{\partial\bar{C}_{ms}(\hat{\theta}|r)}{\partial\hat{\theta}}=\frac{\partial}{\partial\hat{\theta}}\int_{-\infty}^{\infty}|\hat{\theta}-\theta|p(\theta|r)\mathrm{d}\theta$$

$$\int_{-\infty}^{\hat{\theta}_{abs}}p(\theta|r)\mathrm{d}\theta=\int_{\hat{\theta}_{abs}}^{\infty}p(\theta|r)\mathrm{d}\theta \tag{6.3.12}$$

可以看出，估计值 $\hat{\theta}_{abs}$ 是条件概率密度 $p(\theta|r)$ 的中值，所以又称为条件中值估计。上式的求解较为复杂，因此，未得到广泛应用。

3）最大后验估计

将均匀代价函数代入条件平均代价公式（6.3.6）中，得

$$\bar{C}_{unf}=\int_{-\infty}^{\infty}\left(1-\int_{\hat{\theta}-\Delta/2}^{\hat{\theta}+\Delta/2}p(\theta|r)\mathrm{d}\theta\right)p(r)\mathrm{d}r \tag{6.3.13}$$

从上式可以看出，使 $\bar{C}_{unf}$ 最小等价于使后验概率 $p(\theta|r)$ 最大。于是，可得最大后验估计方程，即

$$\left.\frac{\partial p(\theta|r)}{\partial\theta}\right|_{\theta=\hat{\theta}_{map}}=0 \quad 或 \quad \left.\frac{\partial\ln p(\theta|r)}{\partial\theta}\right|_{\theta=\hat{\theta}_{map}}=0$$

解此方程，即可求得最大后验估计值 $\hat{\theta}_{map}$。

利用关系式

$$p(\theta|r)=\frac{p(r|\theta)p(\theta)}{p(r)} \tag{6.3.14}$$

可以得到另一种形式的 MAP 方程，即

$$\left(\frac{\partial\ln p(r|\theta)}{\partial\theta}+\frac{\partial\ln p(\theta)}{\partial\theta}\right)\bigg|_{\theta=\hat{\theta}_{map}}=0 \tag{6.3.15}$$

例题 2 设有观测数据 $r(n)=A+w(n)$，$n=1$，2，…，N，其中，$w(n)$是方差为 σ_n^2 的零均值高斯白噪声；而信号 A 服从高斯分布，均值为 0、方差为 σ_A^2。求 A 的最小均方误差估计 $\hat{A}_{ms}$、最大后验估计 $\hat{A}_{map}$ 和条件中值估计 $\hat{A}_{abs}$。

解：已知 $w(n)$ 是方差为 σ_n^2 的零均值高斯白噪声，则

$$p(r|A)=\frac{1}{(2\pi\sigma_n^2)^{N/2}}\exp\left[-\frac{1}{2\sigma_n^2}\sum_{i=1}^{N}(r(i)-A)^2\right]$$

已知 A 服从高斯分布，则

$$p(A)=\frac{1}{(2\pi\sigma_A^2)^{1/2}}\exp\left[-\frac{A^2}{2\sigma_A^2}\right]$$

则有

$$\begin{aligned}p(A|r)&=\frac{p(r|A)p(A)}{p(r)}\\&=\frac{\frac{1}{(2\pi\sigma_n^2)^{N/2}}\exp\left[-\frac{1}{2\sigma_n^2}\sum_{i=1}^{N}(r(i)-A)^2\right]\frac{1}{(2\pi\sigma_A^2)^{1/2}}\exp\left[-\frac{A^2}{2\sigma_A^2}\right]}{p(r)}\\&=\frac{1}{p(r)}\left(\frac{1}{(2\pi\sigma_n^2)^{N/2}}\frac{1}{(2\pi\sigma_A^2)^{1/2}}\right)\exp\left[-\frac{1}{2}\left(\frac{1}{\sigma_n^2}\sum_{i=1}^{N}(r(i)-A)^2+\frac{1}{\sigma_A^2}A^2\right)\right]\end{aligned}$$

对指数项进行配方，可得

$$\begin{aligned}p(A|r)&=\frac{1}{p(r)}\left(\frac{1}{(2\pi\sigma_n^2)^{N/2}}\frac{1}{(2\pi\sigma_A^2)^{1/2}}\right)\times\\&\quad\exp\left[-\frac{1}{2\left(\frac{\sigma_A^2\sigma_n^2}{N\sigma_A^2+\sigma_n^2}\right)}\left[A-\frac{\sigma_A^2}{\sigma_A^2+\frac{\sigma_n^2}{N}}\left(\frac{1}{N}\sum_{i=1}^{N}r(i)\right)\right]^2\right]\\&=K(r)\exp\left[-\frac{1}{2\left(\frac{\sigma_A^2\sigma_n^2}{N\sigma_A^2+\sigma_n^2}\right)}\left[A-\frac{\sigma_A^2}{\sigma_A^2+\frac{\sigma_n^2}{N}}\left(\frac{1}{N}\sum_{i=1}^{N}r(i)\right)\right]^2\right]\end{aligned}$$

因为 $p(r)$ 与 A 无关，式中 $K(r)$ 不包含 A 的系数项。

可以看出，$p(A|r)$ 为高斯分布，其最大值位于均值 $E[A|r]$ 处，对应的最大后验估计为条件均值 $E[A|r]$；而条件均值 $E[A|r]$ 即为最小方差估计；高斯分布的对称点位于均值 $E[A|r]$ 处，对应的条件中值估计也为均值 $E[A|r]$，所以

$$\hat{A}_{\text{map}}=\hat{A}_{\text{ms}}=\hat{A}_{\text{abs}}=\frac{\sigma_A^2}{\sigma_A^2+\frac{\sigma_n^2}{N}}\left(\frac{1}{N}\sum_{i=1}^{N}r(i)\right)$$

6.4　最大似然估计

最大后验估计式中需要知道先验概率 $p(\theta)$，如果仅仅知道后验概率 $p(r|\theta)$，则该方法不可用。于是，在后验估计式中将 $p(\theta)$ 看成常数，则最大后验方程退化为非随机参量的估计，即

$$\left.\frac{\partial\ln p(r|\theta)}{\partial\theta}\right|_{\theta=\hat{\theta}_{\text{ml}}}=0 \tag{6.4.1}$$

或

$$\left.\frac{\partial p(r|\theta)}{\partial\theta}\right|_{\theta=\hat{\theta}_{\text{ml}}}=0 \tag{6.4.2}$$

称式（6.4.2）为似然方程，式（6.4.1）为对数似然方程。上述方程表示求解使似然函数最大的估计值，所以，此估计值称为最大似然估计。其物理意义即选择一个估计值 $\hat{\theta}_{\mathrm{ml}}$，使观测到的 r 出现的概率最大。

（1）若有效估计存在，对于非随机参数估计来说，最大似然估计 $\hat{\theta}_{\mathrm{ml}}$ 就是有效估计，根据似然方程，有

$$\left.\frac{\partial \ln p(r|\theta)}{\partial \theta}\right|_{\theta=\hat{\theta}_{\mathrm{ml}}}=k\ (\hat{\theta}-\theta)_{\theta=\hat{\theta}_{\mathrm{ml}}}=0 \tag{6.4.3}$$

得 $\hat{\theta}=\hat{\theta}_{\mathrm{ml}}$。

（2）若有效估计不存在，则 $\hat{\theta}_{\mathrm{ml}}$ 不确定。

例题 3 高斯白噪声中的恒定电平估计：未知参数。设有 N 次独立观测 $z_i=A+v_i$，$i=1, 2, \cdots, N$，其中 $v\sim N(0, \sigma^2)$，A 为未知参数，σ^2 已知，求 A 的最大似然估计。

解：先求似然函数：

$$f(z;\ A)=\left(\frac{1}{2\pi\sigma^2}\right)^{N/2}\exp\left[-\frac{1}{2\sigma^2}\sum_{i=1}^{N}\ (z_i-A)^2\right]$$

$$\ln f(z;\ A)=-\frac{N}{2}\ln(2\pi\sigma^2)-\frac{1}{2\sigma^2}\sum_{i=1}^{N}\ (z_i-A)^2$$

$$\frac{\partial \ln f(z;\ A)}{\partial A}=\frac{1}{\sigma^2}\sum_{i=1}^{N}(z_i-A)=\frac{N}{\sigma^2}\left(\frac{1}{N}\sum_{i=1}^{N}z_i-A\right)$$

根据最大似然方程，得

$$\hat{A}_{ml}=\bar{z}=\frac{1}{N}\sum_{i=1}^{N}z_i$$

$\bar{z}$ 为观测的样本均值，由于

$$\frac{\partial^2 \ln f(z;\ A)}{\partial A^2}=-\frac{N}{\sigma^2}<0$$

所以求得的 $\hat{A}_{\mathrm{ml}}$ 是极大值，也就是 A 的最大似然估计。

因为

$$f(z;\ \sigma^2)=\left(\frac{1}{2\pi\sigma^2}\right)^{N/2}\exp\left[-\frac{1}{2\sigma^2}\sum_{i=1}^{N}z_i^2\right]$$

$$\ln f(z;\ \sigma^2)=-\frac{N}{2}\ln(2\pi\sigma^2)-\frac{1}{2\sigma^2}\sum_{i=1}^{N}z_i^2$$

$$\frac{\partial \ln f(z;\ \sigma^2)}{\partial \sigma^2}=-\frac{N}{2\sigma^2}+\frac{1}{2\sigma^4}\sum_{i=1}^{N}z_i^2=-\frac{N}{2\sigma^4}\left(\sigma^2-\frac{1}{N}\sum_{i=1}^{N}z_i^2\right)$$

令上式等于零，得

$$\hat{\sigma}^2_{\mathrm{ml}}=\frac{1}{N}\sum_{i=1}^{N}z_i^2$$

很容易验证

$$\left.\frac{\partial^2 \ln f(z;\ \sigma^2)}{\partial\ (\sigma^2)^2}\right|_{\sigma^2=\frac{1}{N}\sum_{i=1}^{N}z_i^2}<0$$

所以求得的 $\hat{\sigma}^2_{\mathrm{ml}}$ 是最大似然估计。

6.5　线性最小均方估计

对于随机参数的估计，前面小节介绍了最小均方误差估计，最小均方误差估计是被估计量的条件均值，这个条件均值通常都是观测的非线性函数，估计器实现起来比较复杂。条件均值的计算需要用到被估计量 θ 的概率密度 $f(\theta)$，如果并不知道概率密度 $f(\theta)$，而只知道 θ 的一、二阶矩特性，并且希望估计器能用线性系统实现，这时可以采用线性最小均方估计。

线性最小均方估计是一种使均方误差最小的线性估计。假定观测为$\{z_i，i=1，2，\cdots，N\}$，那么线性估计为

$$\hat{\theta}=\sum_{i=1}^{N}a_i z_i+b \tag{6.5.1}$$

估计的均方误差为

$$Mse(\hat{\theta})=E[(\theta-\hat{\theta})^2]=E\left[\left(\theta-\sum_{i=1}^{N}a_i z_i-b\right)^2\right] \tag{6.5.2}$$

线性最小均方估计就是通过选择一组最佳系数 a_i 和 b，使上式的均方误差达到最小。均方误差对系数求导，并令导数等于零，得

$$\frac{\partial Mse(\hat{\theta})}{\partial b}=-2E\left[\left(\theta-\sum_{i=1}^{N}a_i z_i-b\right)\right]=0 \tag{6.5.3}$$

$$\frac{\partial Mse(\hat{\theta})}{\partial a_j}=-2E\left[\left(\theta-\sum_{i=1}^{N}a_i z_i-b\right)z_j\right]=0，\quad j=1，2，\cdots，N \tag{6.5.4}$$

经整理得

$$b=E(\theta)-\sum_{i=i}^{N}a_i E(z_i) \tag{6.5.5}$$

$$E(\widetilde{\theta}z_j)=0，\quad j=1，2，\cdots，N \tag{6.5.6}$$

利用上两个式子的 $N+1$ 个方程可以求得系数 b 和 a_i。

式 $E(\widetilde{\theta}z_j)=0$ 是线性最小均方估计的重要条件，称为正交条件，即估计误差与任意的观测数据是正交的。

对于线性最小均方估计 $\hat{\theta}_{\text{lms}}$，由于

$$E[\hat{\theta}_{\text{lms}}]=E\left[\sum_{i=1}^{N}a_i z_i+b\right]=E\left[\sum_{i=1}^{N}a_i z_i+E[\theta]-\sum_{i=1}^{N}a_i E[z_i]\right]=E[\theta] \tag{6.5.7}$$

所以，线性最小均方估计是无偏估计。

例题 4　设观测模型为 $z_i=s+v_i$，$i=1，2，\cdots$，其中随机变量 s 以等概率取 $\{-2，-1，0，1，2\}$ 诸值，噪声干扰 v_i 以等概率取 $\{-1，0，1\}$ 诸值，且 $E[sv_i]=0$，$E[v_{ij}]=\sigma_v^2\delta_{ij}$，试根据一次、二次、三次观测数据求参量 s 的线性最小均方估计。

解：根据给定的条件可以求得

$E[s]=(-2-1+0+1+2)/5=0$

$E[s^2]=[(-2)\times(-2)+(-1)\times(-1)+0\times0+1\times1+2\times2]/5=2$

$\sigma_s^2=E[s^2]=2$

$E[v_i]=(-1+0+1)/3=0$

$$\sigma_v^2=E[v_i^2]=[(-1)\times(-1)+0\times0+1\times1]/3=2/3$$
$$E[z_i]=E[s]+E[v_i]=0$$
$$E[sz_i]=E[s(s+v_i)]=E[s^2]=2$$
$$E[z_i^2]=E[(s+v_i)^2]=E[s^2]+E[v_i^2]=8/3$$

(1) 一次观测数据

$$\hat{s}_{\text{lms}}=a_1z_1+b$$
$$b=E[s]-a_1E[z_1]=0$$

根据正交条件

$$E[(s-a_1z_1)z_1]=0$$
$$a_1=\frac{E[sz_1]}{E[z_1^2]}=\frac{2}{8/3}=\frac{3}{4}$$

所以

$$\hat{s}_{\text{lms}}=\frac{3}{4}z_1$$

估计的均方误差为

$$E[\tilde{s}^2]=E[\tilde{s}s]=E[(s-a_1z_1)s]=E[s^2]-a_1E[sz_1]=2-\frac{3}{4}\times2=\frac{1}{2}$$

(2) 二次观测数据

$$\hat{s}_{\text{lms}}=a_1z_1+a_2z_2+b$$
$$b=E[s]-a_1E[z_1]-a_2E[z_2]=0$$

根据正交条件

$$E[(s-a_1z_1-a_2z_2)z_1]=0$$
$$E[(s-a_1z_1-a_2z_2)z_2]=0$$

而$E[z_1z_2]=E[(s+v_1)(s+v_2)]=E[s^2]=2$，代入各数值

$$2-\frac{8}{3}a_1-2a_2=0$$
$$2-2a_1-\frac{8}{3}a_2=0$$

解方程得

$$a_1=a_2=\frac{3}{7}$$

所以，线性最小均方估计为

$$\hat{s}_{\text{lms}}=\frac{3}{7}(z_1+z_2)$$

估计的均方误差为

$$E[\tilde{s}^2]=E[\tilde{s}s]=E[(s-a_1z_1-a_2z_2)s]=E[s^2]-a_1E[sz_1]-a_2E[sz_2]$$
$$=2-\frac{3}{7}\times2-\frac{3}{7}\times2=\frac{2}{7}$$

(3) 三次观测数据。

通过类似的计算步骤，可以求得

$$\hat{s}_{\text{lms}}=\frac{3}{10}(z_1+z_2+z_3)$$

估计的均方误差为

$$E[\tilde{s}^2]=\frac{1}{5}$$

6.6　最小二乘估计

最小二乘法是1801年为观测行星运动，测定谷神星运行轨道，由德国大科学家高斯提出的，这种方法只需要观测出噪声的统计知识，对其他没有要求，故适用于非随机量的估计。

前面介绍的几种估计方法中，最小均方估计、最大后验概率估计需要知道被估计量的先验概率密度，最大似然估计需要知道似然函数，线性最小均方估计需要知道被估计量的一、二阶矩，如果这些概率密度或矩未知，就不能采用这些方法，这时可以采用最小二乘估计。最小二乘估计对统计特性没有做任何假定，因此，它的应用非常广泛。

6.6.1　数量情况下的最小二乘估计

为了估计一个未知数量 θ，对它进行 m 次线性观测 $h_i\theta$，$i=1,\ 2,\ \cdots,\ m$，其中 h_i 是已知常量。由于观测有误差，所以实际所得观测值为

$$z_i=h_i\theta+v_i,\quad i=1,\ 2,\ \cdots,\ m \tag{6.6.1}$$

式中，v_i 为第 i 次观测的误差，最小二乘法就是希望所求的估计 $\hat{\theta}$，能使观测值 z_i 与其相应的估计值 $h_i\hat{\theta}$ 之间的误差平方和达到最小。记这个误差平方和为

$$J(\hat{\theta})=\sum_{i=1}^{m}(z_i-h_i\hat{\theta})^2 \tag{6.6.2}$$

使 $J(\hat{\theta})$ 达到最小的那个 $\hat{\theta}$ 值就称为 x 的最小二乘估计，记为 $\hat{\theta}_{\mathrm{LS}}(z)$ 或 $\hat{\theta}_{\mathrm{LS}}$。欲求 $\hat{\theta}_{\mathrm{LS}}$，必须使

$$\frac{\mathrm{d}J(\hat{\theta})}{\mathrm{d}\hat{\theta}}=-2\sum_{i=1}^{m}(z_i-h_i\hat{\theta})h_i=0 \tag{6.6.3}$$

解之，得

$$\hat{\theta}_{\mathrm{LS}}=\frac{\sum_{i=1}^{m}h_iz_i}{\sum_{i=1}^{m}h_i^2}=\frac{h_1z_1+h_2z_2+\cdots+h_mz_m}{h_1^2+h_2^2+\cdots+h_m^2} \tag{6.6.4}$$

如果令

$$\boldsymbol{Z}=[z_1\quad z_2\quad \cdots\quad z_m]^{\mathrm{T}}$$
$$\boldsymbol{H}=[h_1\quad h_2\quad \cdots\quad h_m]^{\mathrm{T}}$$
$$\boldsymbol{V}=[v_1\quad v_2\quad \cdots\quad v_m]^{\mathrm{T}}$$

则可以把上式写成下列矩阵形式：

$$\boldsymbol{Z}=\boldsymbol{H}\theta+\boldsymbol{V} \tag{6.6.5}$$

与

$$J(\hat{\theta})=(\boldsymbol{Z}-\boldsymbol{H}\hat{\theta})^{\mathrm{T}}(\boldsymbol{Z}-\boldsymbol{H}\hat{\theta}) \tag{6.6.6}$$

由矩阵求导，得

$$\frac{\mathrm{d}J(\hat{\theta})}{\hat{\theta}}=-2\boldsymbol{H}^{\mathrm{T}}(\boldsymbol{Z}-\boldsymbol{H}\hat{\theta}) \tag{6.6.7}$$

令上式等于零，可以求得 $\hat{\theta}_{\mathrm{LS}}$ 为

$$\hat{\theta}_{\mathrm{LS}}=(\boldsymbol{H}^{\mathrm{T}}\boldsymbol{H})^{-1}\boldsymbol{H}^{\mathrm{T}}\boldsymbol{Z} \tag{6.6.8}$$

6.6.2 矢量情况下的最小二乘估计

假设待估计量为 $\boldsymbol{\theta}=[\theta_1 \quad \theta_2 \quad \cdots \quad \theta_M]^{\mathrm{T}}$，观测为

$$z_i=h_{i1}\theta_1+h_{i2}\theta_2+\cdots+h_{iM}\theta_M，i=1，2，\cdots，N \tag{6.6.9}$$

用矢量和矩阵可表示为

$$\boldsymbol{z}=\boldsymbol{H\theta}+\boldsymbol{v} \tag{6.6.10}$$

其中

$$\boldsymbol{z}=[z_1 \quad z_2 \quad \cdots \quad z_N]^{\mathrm{T}}$$

$$\boldsymbol{v}=[v_1 \quad v_2 \quad \cdots \quad v_N]^{\mathrm{T}}$$

$$\boldsymbol{H}=\begin{bmatrix} h_{11} & h_{12} & \cdots & h_{1M} \\ h_{21} & h_{22} & \cdots & h_{2M} \\ \vdots & \vdots & & \vdots \\ h_{N1} & h_{N2} & \cdots & h_{NM} \end{bmatrix}$$

观测与估计偏差的平方和可表示为

$$J(\hat{\boldsymbol{\theta}})=[\boldsymbol{z}-\boldsymbol{H}\hat{\boldsymbol{\theta}}]^{\mathrm{T}}[\boldsymbol{z}-\boldsymbol{H}\hat{\boldsymbol{\theta}}]=\sum_{i=1}^{N}\left[z_i-\sum_{j=1}^{M}h_{ij}\hat{\theta}_j\right]^2 \tag{6.6.11}$$

观测与估计偏差的加权平方和可表示为

$$J_W(\hat{\boldsymbol{\theta}})=[\boldsymbol{z}-\boldsymbol{H}\hat{\boldsymbol{\theta}}]^{\mathrm{T}}W[\boldsymbol{z}-\boldsymbol{H}\hat{\boldsymbol{\theta}}]=\sum_{j=1}^{N}\sum_{i=1}^{N}\left[z_i-\sum_{k=1}^{M}h_{ik}\hat{\theta}_k\right]w_{ij}\left[z_j-\sum_{k=1}^{M}h_{jk}\hat{\theta}_k\right] \tag{6.6.12}$$

最小二乘估计就是使 $J(\hat{\boldsymbol{\theta}})$ 最小的估计，记为 $\hat{\boldsymbol{\theta}}_{\mathrm{LS}}$，加权最小二乘估计就是使 $J_W(\hat{\boldsymbol{\theta}})$ 最小的估计，记为 $\hat{\boldsymbol{\theta}}_{\mathrm{LSW}}$。

求 $J(\hat{\boldsymbol{\theta}})$ 对 $\hat{\boldsymbol{\theta}}$ 的导数，并令导数等于零，得

$$\frac{\partial J(\hat{\boldsymbol{\theta}})}{\partial\hat{\boldsymbol{\theta}}}=-2\boldsymbol{H}^{\mathrm{T}}[\boldsymbol{z}-\boldsymbol{H}\hat{\boldsymbol{\theta}}]=0 \tag{6.6.13}$$

由此可解得最小二乘估计为 $\boldsymbol{\theta}=(H^{\mathrm{T}}H)^{-1}H^{\mathrm{T}}Z$。

求 $J_W(\hat{\boldsymbol{\theta}})$ 对 $\hat{\boldsymbol{\theta}}$ 的导数，并令导数等于零，得

$$\frac{\partial J_W(\hat{\boldsymbol{\theta}})}{\partial\hat{\boldsymbol{\theta}}}=-2\boldsymbol{H}^{\mathrm{T}}\boldsymbol{W}[\boldsymbol{z}-\boldsymbol{H}\hat{\boldsymbol{\theta}}]=0 \tag{6.6.14}$$

由此可解得最小二乘估计为

$$\hat{\boldsymbol{\theta}}_{\mathrm{LSW}}=(\boldsymbol{H}^{\mathrm{T}}\boldsymbol{W}\boldsymbol{H})^{-1}\boldsymbol{H}^{\mathrm{T}}\boldsymbol{W}\boldsymbol{z} \tag{6.6.15}$$

最小二乘估计具有如下特点：

(1) 对于线性的观测模型，最小二乘估计和加权最小二乘估计都是线性估计，对测量噪声的统计特性没有做任何假定，应用十分广泛。

(2) 当测量噪声的均值为零时，即 $E[v_i]=0$ 时，最小二乘估计和加权最小二乘估计都是无偏估计。

6.6.3 最小二乘估计用于目标跟踪

目标的跟踪问题可等效看成一个曲线拟合问题，对于匀速直线运动目标的跟踪可以等效成一阶多项式拟合一个噪声测量的问题，而对于匀加速运动目标的跟踪可以等效成二阶多项式拟合一个噪声测量的问题。首先考虑匀速直线运动目标的跟踪问题，匀速直线运动目标模型（只考虑 x 方向，要扩展到平面 x、y 或空间的 x、y、z 是很容易的）为

$$x(i)=x_0+\dot{x}_0t_i,\ i=1,2,\cdots \tag{6.6.16}$$

对运动目标进行连续观测，观测模型为

$$z(i)=x_0+\dot{x}_0t_i+w(i),\ i=1,2,\cdots \tag{6.6.17}$$

其中测量噪声 $w(i)$ 是零均值高斯白噪声，方差为 σ^2，x_0、$\dot{x}_0$ 分别表示目标的起始位置和起始速度。令 $\boldsymbol{X}_0=[x_0\quad \dot{x}_0]^{\mathrm{T}}$，$\boldsymbol{H}_i=[1\quad t_i]$，则

$$z(i)=\boldsymbol{H}(i)\boldsymbol{X}_0+w(i),\quad i=1,2,\cdots \tag{6.6.18}$$

令

$$\boldsymbol{z}^k=\begin{bmatrix} z(1)\\ z(2)\\ \vdots\\ z(k)\end{bmatrix},\ \boldsymbol{H}^k=\begin{bmatrix} \boldsymbol{H}(1)\\ \boldsymbol{H}(2)\\ \vdots\\ \boldsymbol{H}(k)\end{bmatrix}=\begin{bmatrix} 1 & t_1\\ 1 & t_2\\ \vdots & \vdots\\ 1 & t_k\end{bmatrix},\ \boldsymbol{W}^k=\begin{bmatrix} w(1)\\ w(2)\\ \vdots\\ w(k)\end{bmatrix}$$

$$\boldsymbol{R}^k=E[\boldsymbol{W}^k(\boldsymbol{W}^k)^{\mathrm{T}}]=E\left\{\begin{bmatrix} w(1)\\ \vdots\\ w(k)\end{bmatrix}[w(1)\quad\cdots\quad w(k)]\right\}=\begin{bmatrix} \sigma^2 & \cdots & 0\\ \vdots & & \vdots\\ 0 & \cdots & \sigma^2\end{bmatrix}$$

由最小二乘估计公式，可得

$$\hat{\boldsymbol{X}}_0(k)=[(\boldsymbol{H}^k)^{\mathrm{T}}\boldsymbol{H}^k]^{-1}(\boldsymbol{H}^k)^{\mathrm{T}}\boldsymbol{z}^k \tag{6.6.19}$$

$$\boldsymbol{P}_0(k)=\mathrm{Var}(\hat{\boldsymbol{X}}_0)=[(\boldsymbol{H}^k)^{\mathrm{T}}\boldsymbol{H}^k]^{-1}(\boldsymbol{H}^k)^{\mathrm{T}}\boldsymbol{R}^k\boldsymbol{H}^k[(\boldsymbol{H}^k)^{\mathrm{T}}\boldsymbol{H}^k]^{-1} \tag{6.6.20}$$

令

$$\widetilde{\boldsymbol{P}}_0(k)=[(\boldsymbol{H}^k)^{\mathrm{T}}\boldsymbol{H}^k]^{-1}$$

那么

$$\hat{\boldsymbol{X}}_0(k)=\widetilde{\boldsymbol{P}}_0(k)(\boldsymbol{H}^k)^{\mathrm{T}}\boldsymbol{z}^k \tag{6.6.21}$$

$$\boldsymbol{P}_0(k)=\sigma^2\widetilde{\boldsymbol{P}}_0(k) \tag{6.6.22}$$

随着对运动目标的不断观测，可以根据上式对目标的起始位置估计不断更新，根据估计的起始位置，再外推目标在 t_k 时刻的位置，就可以实现对目标的连续不断的跟踪。

6.7 波形估计

6.7.1 波形估计的一般概念

前几节讨论的参数估计问题是根据观测数据对信号的未知参量进行估计，另一类估计称为波形估计或状态估计；二者的差别在于，前者的被估计量不随时间而变化，也称为静态估计，而后者的被估计量是随时间变化的，也称为动态估计。

假定离散时间的观测过程为

$$z=s(n)+v(n), \quad n=n_0, n_0+1, \cdots, n_f \tag{6.7.1}$$

其中，$v(n)$ 为噪声，$s(n)$ 为信号，n_0 为起始观测时间，n_f 为观测结束时刻。波形估计问题就是要根据观测过程 $z(n)(n=n_0, n+1, \cdots, n_f)$ 去估计信号 $s(n)$。这一问题可以看作含有噪声的观测过程中信号的恢复问题，如语音恢复、图像恢复等，也可以看作一个受到噪声污染的信号去噪问题。把从含有噪声的观测波形中最佳地提取有用信号称为最佳滤波。

波形估计有三种类型：

(1) 滤波：根据当前和过去的观测值 $\{z(k), k=n_0, n_0+1, \cdots, n_f\}$ 对信号 $s(n)$ 进行估计。

(2) 预测：根据当前和过去的观测值 $\{z(k), k=n_0, n_0+1, \cdots, n_f\}$ 对未来时刻 $n(n>n_f)$ 的信号 $s(n)$ 进行估计，预测也称为外推。

(3) 内插：根据某一区间内的观测数据 $\{z(k), k=n_0, n_0+1, \cdots, n_f\}$ 对区间内的某一个时刻 $n(n_0<n<n_f)$ 的信号进行估计，内插也称为平滑。

把估计 $\hat{s}(n/n)$ 简写成 $\hat{s}(n)$，即

$$\hat{s}(n)=\sum_{k=n_0}^{n} h(n, k)z(k) \tag{6.7.2}$$

滤波器系数的选择可以由线性最小均方估计的正交原理来求取，即

$$E\left\{\left[s(n)-\sum_{k=n_0}^{n} h(n, k)z(k)\right]\right\}=0, \quad i=n_0, n_0+1, \cdots, n \tag{6.7.3}$$

或者写成

$$R_{sz}(n, i)=\sum_{k=n_0}^{n} h(n, k)R_z(k, i), \quad i=n_0, n_0+1, \cdots, n \tag{6.7.4}$$

上式称为 Wiener-Hopf 方程，对应的均方误差为

$$Mse[\hat{s}(n)]=E[\tilde{s}^2(n)]=E[\tilde{s}(n)s(n)]=E\left\{\left[s(n)-\sum_{k=n_0}^{n} h(n, k)z(k)\right]s(n)\right\}$$

$$=R_s(n, n)-\sum_{k=n_0}^{n} h(n, k)R_{zs}(k, n) \tag{6.7.5}$$

6.7.2 维纳滤波器

假定信号和观测过程是平稳随机序列，并且是联合平稳随机序列，系统为因果的线性时不变离散时间线性系统，$n_0=-\infty$，即观测数据为 $\{z(k), -\infty<k\leqslant n\}$，那么

$$\hat{s}(n)=\sum_{k=-\infty}^{n} h(n-k)z(k)=h(n)*z(n) \tag{6.7.6}$$

式 (6.7.4) 可表示为

$$R_{sz}(n-i)=\sum_{k=-\infty}^{n} h(n-k)R_z(k-i), \quad -\infty<i\leqslant n \tag{6.7.7}$$

令 $m=n-i$，$l=n-k$

$$R_{sz}(m)=\sum_{l=0}^{+\infty} h(l)R_z(m-l)=h(m)*R_z(m), \quad m\geqslant 0 \tag{6.7.8}$$

上式用变量 n 替换 m 可表示为

$$R_{sz}(n)=\sum_{l=0}^{+\infty}h(l)R_z(n-l)=h(n)*R_z(n),\quad n\geqslant 0 \tag{6.7.9}$$

对上式两端做 z 变换，得

$$G_{sz}(z)=H(z)G_z(z) \tag{6.7.10}$$

所以

$$H(z)=\frac{G_{sz}(z)}{G_z(z)} \tag{6.7.11}$$

$H(z)$ 称为维纳滤波器。当信号 $s(n)$ 与观测噪声统计独立时，维纳滤波器为

$$H(z)=\frac{G_s(z)}{G_s(z)+G_v(z)} \tag{6.7.12}$$

其中，$G_v(z)$ 为噪声的功率谱，维纳滤波器用离散傅里叶变换可表示为

$$H(\omega)=\frac{G_s(\omega)}{G_s(\omega)+G_v(\omega)} \tag{6.7.13}$$

当观测为白噪声时，式（6.7.9）可表示为

$$h(n)=R_{sz}(n),\quad n\geqslant 0 \tag{6.7.14}$$

或者用 z 变换表示为

$$H(z)=G_{sz}^{+}(z) \tag{6.7.15}$$

其中 $G_{sz}^{+}(z)$ 是 $G_{sz}(z)$ 所有零、极点在单位圆内的那一部分。如果 $z(n)$ 不是白噪声，那么可以先将 $z(n)$ 白化，变成白噪声，然后利用上式。白化滤波器 $H_{\omega}(z)$ 为 $H_{\omega}(z)=\frac{1}{G_z^{+}(z)}$。

而 $H_z(z)$ 为

$$H_z(z)=G_{s\omega}^{+}(z)=[H_{\omega}(z^{-1})G_{sz}(z)]^{+}$$

所以，维纳滤波器为

$$H(z)=\frac{1}{G_z^{+}(z)}\left[\frac{G_{sz}(z)}{G_z^{+}(z^{-1})}\right]^{+}$$

例题 5 设观测过程为 $z(n)=s(n)+v(n)$，其中假定观测噪声 $v(n)$ 为零均值白噪声，方差为 1，$s(n)$ 是具有有理谱的平稳随机序列，功率谱密度为

$$G_s(z)=\frac{0.36}{(1-0.8z^{-1})(1-0.8z)}$$

$s(n)$ 与 $v(n)$ 统计独立，求估计 $s(n)$ 的维纳滤波器。

解：本例可以看作为白噪声中信号的恢复问题，由于信号和噪声是统计独立的，所以

$$G_{sz}(z)=G_s(z)$$

$$G_z(z)=G_s(z)+G_v(z)=\frac{0.36}{(1-0.8z^{-1})(1-0.8z)}+1$$

$$=1.6\times\frac{(1-0.5z^{-1})(1-0.5z)}{(1-0.8z^{-1})(1-0.8z)}$$

$$G_z^{+}(z)=\sqrt{1.6}\times\frac{1-0.5z^{-1}}{1-0.8z^{-1}}$$

$$H(z)=\frac{1}{G_z^{+}(z)}\left[\frac{G_{sz}(z)}{G_z^{+}(z^{-1})}\right]^{+}=\frac{1}{\sqrt{1.6}}\times\frac{1-0.8z^{-1}}{1-0.5z^{-1}}\left[\frac{\dfrac{0.36}{(1-0.8z^{-1})(1-0.8z)}}{\sqrt{1.6}\times\dfrac{1-0.5z}{1-0.8z}}\right]^{+}$$

$$=\frac{1}{1.6}\times\frac{1-0.8z^{-1}}{1-0.5z^{-1}}\left[\frac{0.36}{(1-0.8z^{-1})(1-0.5z)}\right]^{+}$$
$$=\frac{1}{1.6}\times\frac{1-0.8z^{-1}}{1-0.5z^{-1}}\times\frac{0.6}{(1-0.8z^{-1})}$$
$$=\frac{3}{8}\times\frac{1}{1-0.5z^{-1}}$$

因此，信号的估计可以用下列差分方程来表示：

$$\hat{s}(n)=0.5\hat{s}(n-1)+\frac{3}{8}z(n)$$

上面都是从 z 域描述的维纳滤波器，也可以从时域来描述维纳滤波器。在实际中，通常观测数据长度是有限的，假定观测数据为 $z(n)(n=0, 1, \cdots, N-1)$，则式（6.7.6）变为

$$\hat{s}(n)=\sum_{m=0}^{N-1}h(m)z(n-m) \tag{6.7.16}$$

可见，滤波器是一个 FIR 滤波器，滤波器的系数由如下 Wiener-Hopf 方程的解来确定：

$$R_{sz}(n, k)=\sum_{m=0}^{N-1}h(m)R_z(n-m, k), \quad k=0, 1, \cdots, N-1 \tag{6.7.17}$$

或者，

$$R_{sz}(n, 0)=h(0)R_z(n, 0)+h(1)R_z(n-1, 0)+\cdots+h(N-1)R_z(n-N+1, 0)$$
$$R_{sz}(n, 1)=h(0)R_z(n, 1)+h(1)R_z(n-1, 1)+\cdots+h(N-1)R_z(n-N+1, 1)$$
$$\vdots$$
$$R_{sz}(n, N-1)=h(0)R_z(n, N-1)+h(1)R_z(n-1, N-1)+\cdots+h(N-1)R_z(n-N+1, N-1)$$

令 $\boldsymbol{R}_{sz}=[R_{sz}(n, 0) \quad R_{sz}(n, 1) \quad \cdots \quad R_{sz}(n, N-1)]^{\mathrm{T}}$

$\boldsymbol{h}=[h(0) \quad h(1) \quad \cdots \quad h(N-1)]^{\mathrm{T}}$

$$\boldsymbol{R}_z=\begin{bmatrix} R_z(n, 0) & R_z(n-1, 0) & \cdots & R_z(n-N+1, 0) \\ R_z(n, 1) & R_z(n-1, 1) & \cdots & R_z(n-N+1, 1) \\ \vdots & \vdots & & \vdots \\ R_z(n, N-1) & R_z(n-1, N-1) & \cdots & R_z(n-N+1, N-1) \end{bmatrix}$$

那么，Wiener-Hopf 方程为

$$\boldsymbol{R}_{sz}=\boldsymbol{R}_z\boldsymbol{h} \tag{6.7.18}$$
$$\boldsymbol{h}_{\mathrm{opt}}=\boldsymbol{R}_z^{-1}\boldsymbol{R}_{sz} \tag{6.7.19}$$

在实际中，$\boldsymbol{R}_z$ 和 $\boldsymbol{R}_{sz}$ 要根据实际数据进行估计，所以

$$\boldsymbol{h}_{\mathrm{opt}}=\hat{\boldsymbol{R}}_z^{-1}\hat{\boldsymbol{R}}_{sz} \tag{6.7.20}$$
$$\hat{s}(n)=\boldsymbol{h}^{\mathrm{T}}\boldsymbol{z} \tag{6.7.21}$$
$$\hat{s}=\boldsymbol{H}^{\mathrm{T}}\boldsymbol{z} \tag{6.7.22}$$

例题 6 有一个信号 $s(n)$，它的自相关序列为 $r_s(l)=0.9^{|l|}$，被均值为零的加性白噪声 $v(n)$ 干扰，噪声方差为 1.5，白噪声与信号不相关。试用维纳滤波器从被污染的信号 $x(n)=s(n)+v(n)$ 中尽可能恢复 $s(n)$，求出二阶 FIR 滤波器的系数，并计算滤波器前后的信噪比。

解：由给定的条件，有

维纳滤波器输入

$$x(n)=s(n)+v(n)$$

期望响应

$$d(n)=s(n)$$

白噪声与信号不相关，因此

$$r_x(l)=r_s(l)+r_v(l)=0.9^{|l|}+1.5\delta(l)$$

并且

$$r_{xd}(l)=E[x(n)s(n-l)]=r_s(l)=0.9^{|l|}$$

对于二阶 FIR 维纳滤波器，自相关矩阵和相互向量分别为

$$\boldsymbol{R}_x=\begin{bmatrix} r_x(0) & r_x(1) \\ r_x(1) & r_x(1) \end{bmatrix}=\begin{bmatrix} 2.4 & 0.9 \\ 0.9 & 2.4 \end{bmatrix},\quad \boldsymbol{r}_{xd}=\begin{bmatrix} r_{xd}(0) \\ r_{xd}(1) \end{bmatrix}=\begin{bmatrix} 1 \\ 0.9 \end{bmatrix}$$

解 Wiener-Hopf 方程，得

$$\boldsymbol{h}_{\text{opt}}=\boldsymbol{R}_x^{-1}\boldsymbol{r}_{xd}\approx\begin{bmatrix} 0.3212 \\ 0.2545 \end{bmatrix}$$

维纳滤波器的最小均方误差为

$$J_{\min}=\sigma_d^2-\boldsymbol{r}_{xd}^{\mathrm{T}}\boldsymbol{h}_{\text{opt}}=1-[1\quad 0.9]\begin{bmatrix} 0.3212 \\ 0.2545 \end{bmatrix}=0.4497$$

滤波前，$x(n)=s(n)+v(n)$，利用随机信号信噪比的计算公式，得该信号的信噪比为

$$SNR_x=10\lg\frac{\sigma_s^2}{\sigma_v^2}=10\lg\frac{1}{1.5}=-1.76(\text{dB})$$

滤波后，$y(n)=\hat{s}(n)=s(n)-e_{\text{opt}}(n)$，因此，该信号的信噪比为

$$SNR_y=10\lg\frac{\sigma_s^2}{\sigma_{e,\text{opt}}^2}=10\lg\frac{\sigma_s^2}{J_{\min}}=10\lg\frac{1}{0.4497}=3.47(\text{dB})$$

显然，二阶 FIR 维纳滤波器的作用是把信号的信噪比提高了 5.23dB。

以下给出用 Matlab 仿真实现该维纳滤波器的方法和结果，仿真原理框图如图 6.2 所示。

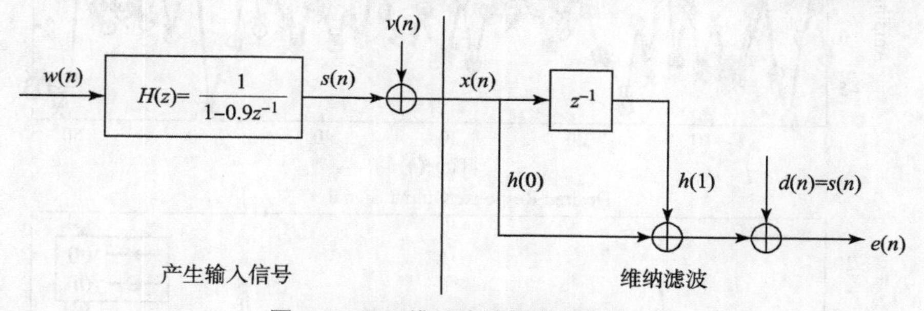

图 6.2 FIR 维纳滤波器的仿真结果

Matlab 代码如下：

```
N= 64;
w= sqrt(0.9)* randn(N,1);
A= [1,0.9];
s= filter(1,A,w);
% Add a noise
```

```
v= sqrt(1.5)* randn(N,1);
x= s+ v;
% Wiener Filtering
Y= filter([0.3212 0.2545],1,x);
% plot the waveforms
n= [0:N- 1];
subplot(211);
plot(n,s,'b- x',n,x,'r- o');
legend('s(n)','x(n)');axis tight;
ylabel('Amplitude');
xlabel('Time(n)');
title('Desired Response/Input Signal');
V1= axis;
subplot(212);
plot(n,s,'b- x',n,y,'r- o');
legend('s(n)','y(n)');axis(V1);
ylabel('Amplitude');
xlabel('Time(n)');
title('Desired Response/Output Signal');
```

程序运行后得到的图形如图 6.3 所示。

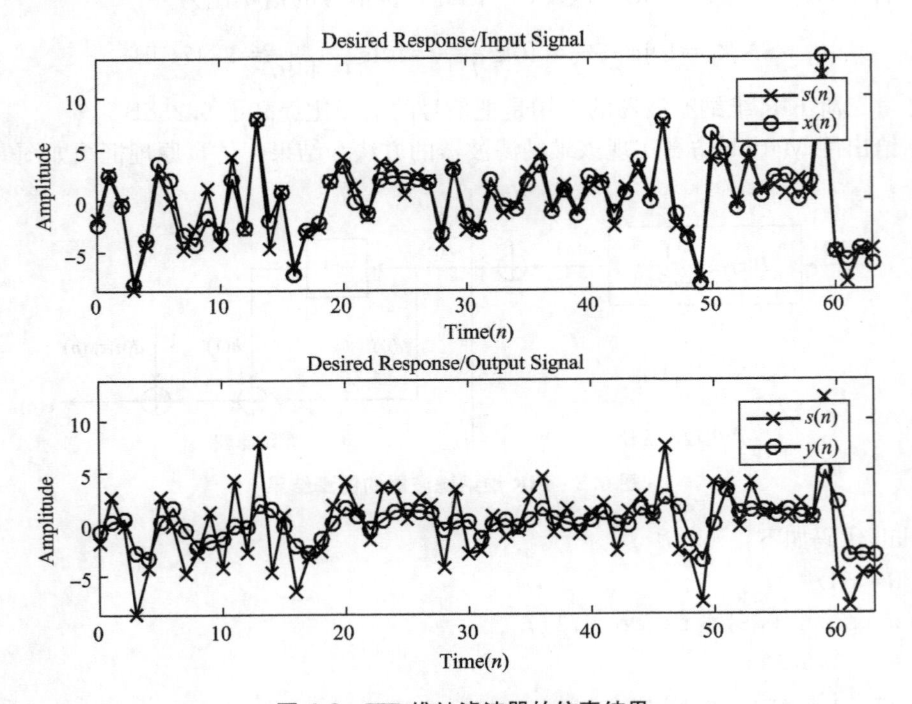

图 6.3　FIR 维纳滤波器的仿真结果

6.7.3 最优线性预测

最优线性预测（或简称为线性预测）是维纳滤波的一种特殊形式，将M个“过去”的数据构成数据矢量，把当前的输入作为期望响应，代入 Wiener－Hopf 方程，则可得到最优线性预测系数满足的方程。最优线性预测分为前向预测和后向预测两种情况。

1. 前向线性预测

用M个“过去”的数据点$\{x(n-1), x(n-2), \cdots, x(n-M)\}$预测“当前”数据点$x(n)$的值，是前向预测问题。在所有可能的线性预测器中，存在一个使预测误差的均方值最小的预测器，称这样的预测为最优前向线性预测。设预测器的系数为$w_{f,1}$，$w_{f,2}$，…，$w_{f,M}$，则$x(n)$的预测值为

$$\hat{x}(n)=\sum_{k=1}^{M}w_{f,k}x(n-k) \tag{6.7.23}$$

显然，最优前向线性预测相当于一个维纳滤波器，与维纳滤波器的理论相对应，线性预测的期望响应为

$$d(n)=x(n) \tag{6.7.24}$$

前向预测误差为

$$f_M(n)=x(n)-\hat{x}(n)=x(n)-\sum_{k=1}^{M}w_{f,k}x(n-k) \tag{6.7.25}$$

当预测器系数取最优解时，前向预测误差的均方差最小，设其为

$$P_M^f=E[|f_M(n)|^2] \tag{6.7.26}$$

为了把最优线性滤波器的结论直接应用到线性预测中，我们引入下列变量和参数。

先令输入数据矢量为

$$\boldsymbol{x}(n-1)=[x(n-1)\quad x(n-2)\quad \cdots \quad x(n-M)]^{\mathrm{T}} \tag{6.7.27}$$

由于$\boldsymbol{x}(n)$为实平稳随机信号，因而输入数据的自相关矩阵为

$$\boldsymbol{R}_x=E[\boldsymbol{x}(n-1)\boldsymbol{x}^{\mathrm{T}}(n-1)]=\begin{bmatrix} r_x(0) & r_x(1) & \cdots & r_x(M-1)\\ r_x(1) & r_x(0) & \cdots & r_x(M-2)\\ \vdots & \vdots & & \vdots\\ r_x(M-1) & r_x(M-2) & \cdots & r_x(0)\end{bmatrix} \tag{6.7.28}$$

输入数据与期望响应的互相关矢量为

$$\boldsymbol{r}_{xd}=E[\boldsymbol{x}(n-1)\boldsymbol{x}(n)]=\begin{bmatrix} r_x(-1)\\ r_x(-2)\\ \vdots\\ r_x(-M)\end{bmatrix}=\begin{bmatrix} r_x(1)\\ r_x(2)\\ \vdots\\ r_x(M)\end{bmatrix}=\boldsymbol{r}_x \tag{6.7.29}$$

这里利用了实平稳随机信号自相关函数的偶对称性。相应地，求解前向最优线性预测的 Wiener-Hopf 方程为

$$\boldsymbol{R}_x\boldsymbol{w}_f=\boldsymbol{r}_x$$

其中，$\boldsymbol{w}_f=[w_{f,1}\quad w_{f,2}\quad \cdots \quad w_{f,M}]^{\mathrm{T}}$为最优线性预测系数矢量。

当采用最优线性预测系数时，预测误差的均方值达到最小，得该最小均方误差为

$$P_M^f=\sigma_x^2-\boldsymbol{r}_x^{\mathrm{T}}\boldsymbol{w}_f=r_x(0)-\boldsymbol{r}_x^{\mathrm{T}}\boldsymbol{w}_f \tag{6.7.30}$$

2. 后向线性预测

用M个数据点$\{x(n), x(n-1), \cdots, x(n-M+1)\}$预测“以前”的数据点$x(n-M)$的值，称为后向预测。设后向线性预测器的系数为$w_{b,1}$，$w_{b,2}$，…，$w_{b,M}$，则后向预测值为

$$\hat{x}(n-M)=\sum_{k=1}^{M} w_{b,k}(n-k+1) \tag{6.7.31}$$

显然，最优后向线性预测也相当于一个维纳滤波器，与维纳滤波器的理论相对应，线性预测的期望响应为

$$d(n)=x(n-M) \tag{6.7.32}$$

后向预测误差为

$$b_M(n)=x(n-M)-\hat{x}(n-M) \tag{6.7.33}$$

注意：在上式中，预测误差的时间点区别于信号的时间点。当预测器系数取最优解时，后向预测误差的均方差最小，设其为

$$P_M^b=E[|b_M(n)|^2] \tag{6.7.34}$$

为了把最优线性滤波器的结论直接应用到线性预测中，我们引入下列变量和参数。

先设输入数据矢量为

$$\boldsymbol{x}(n)=[x(n)\quad x(n-1)\quad \cdots\quad x(n-M+1)]^{\mathrm{T}}$$

同样，由于$\boldsymbol{x}(n)$为实平稳随机信号，因而输入数据的自相关矩阵为

$$\boldsymbol{R}_x=E[\boldsymbol{x}(n)\boldsymbol{x}^{\mathrm{T}}(n)]=\begin{bmatrix} r_x(0) & r_x(1) & \cdots & r_x(M-1) \\ r_x(1) & r_x(0) & \cdots & r_x(M-2) \\ \vdots & \vdots & & \vdots \\ r_x(M-1) & r_x(M-2) & \cdots & r_x(0) \end{bmatrix} \tag{6.7.35}$$

输入数据与期望响应的互相关矢量为

$$\boldsymbol{r}_{xd}=E[\boldsymbol{x}(n)x(n-M)]=\begin{bmatrix} r_x(M) \\ r_x(M-1) \\ \vdots \\ r_x(1) \end{bmatrix}=\boldsymbol{r}_x^{\mathrm{B}}=\begin{bmatrix} r_x(1) \\ r_x(2) \\ \vdots \\ r_x(M) \end{bmatrix}^{\mathrm{B}} \tag{6.7.36}$$

其中，$\boldsymbol{r}_x$为自相关矢量，B为矢量倒置运算符。这样，我们可以把求解最优后向线性预测器系数的Wiener-Hopf方程写为

$$\boldsymbol{R}_x\boldsymbol{w}_b=\boldsymbol{r}_x^{\mathrm{B}} \tag{6.7.37}$$

其中，$w_b=[w_{b,1}\quad w_{b,2}\quad \cdots\quad w_{b,M}]^{\mathrm{T}}$。当采用最优线性预测系数时，预测误差的均方值达到最小，同样得最小均方误差为

$$P_M^b=r_x(0)-\boldsymbol{r}_x^{\mathrm{BT}}\boldsymbol{w}_b \tag{6.7.38}$$

当$x(n)$为实平稳随机信号时，前向和后向最优预测系数之间满足如下关系：

$$\boldsymbol{w}_b=\boldsymbol{w}_f^{\mathrm{B}}$$

说明：对于实平稳随机过程，前向最优线性预测系数向量经倒置后等于后向最优线性预测系数向量。也可写成如下的形式：

$w_{b,M-k+1}=w_{f,k}$，　$k=1, 2, \cdots, M$

$w_{b,k}=w_{f,M-k+1}$，　$k=1, 2, \cdots, M$

此外，可得

$$P_M^b = r_x(0) - \boldsymbol{r}_x^{\mathrm{BT}}\boldsymbol{w}_b = r_x(0) - \boldsymbol{r}_x^{\mathrm{BT}}\boldsymbol{w}_f^{\mathrm{B}} = r_x(0) - \boldsymbol{r}_x^{\mathrm{T}}\boldsymbol{w}_f = P_M^f$$

说明前向最优线性预测误差与后向最优线性预测误差功率也相等。

习　题

6.1　给定一独立观测序列 z_1，z_2，…，z_N，其均值为 m，方差为 σ^2，试问：

(1) 样本均值 $u = \dfrac{1}{N}\sum_{i=1}^{N} z_i$ 是否是 m 的无偏估计，并求 u 的方差；

(2) 若方差的估计是 $v = \dfrac{1}{N}\sum_{i=1}^{N}(z_i - u)^2$，试问 v 是否是 σ^2 的无偏估计。

6.2　设观测信号为 $x(t) = s(t) + v(t)$，其中 $s(t)$ 和 $v(t)$ 为零均值弱平稳过程。试由 $x(t)$ 的现在值，求 $s(t)$ 的估计 $\tilde{s}(t) = ax(t)$，并求最小均方差。

6.3　令观测样本由 $x_i = s + w_i$，$i = 1, 2, \cdots, n$ 给出，其中 w_i 是方差为 1 的零均值高斯白噪声。假定 s 的先验概率密度为 $f_s(a) = \dfrac{1}{\sqrt{2\pi}}\mathrm{e}^{-a^2/2}$，试用平方代价函数和均匀代价函数分别求 s 的贝叶斯估计。

6.4　从有噪声的观测中估计天线方位角。在观测之前已知角度 s 在$[-1, 1]$（单位为 mrad）上均匀分布，噪声 n_i 是各自独立的且与 s 无关，噪声的分布密度为

$$f(n_i) = \begin{cases} 1 - |n_i|, & -1 < n_i < 1 \\ 0, & \text{其他} \end{cases}$$

观测样本为 $z_i = s + n_i$。

(1) 求单次观测 $z_1 = 1.5$ 时的最小均方估计；

(2) 求单次观测 $z_1 = 1.5$ 时的最大后验概率估计。

6.5　给定 $z = \dfrac{s}{2} + n$，n 是均值为零、方差为 1 的高斯随机变量。

(1) 求 s 的最大似然估计 $\tilde{s}_{\mathrm{ml}}$；

(2) 对下列 $f(s)$ 求最大后验估计 $\tilde{s}_{\mathrm{map}}$：

$$f(s) = \begin{cases} \dfrac{1}{4}\exp\left(-\dfrac{s}{4}\right), & s \geqslant 0 \\ 0, & s < 0 \end{cases}$$

6.6　观测某个点目标的等速直线运动。设观测数据 x 为 $x_k = \theta_0 + \theta_1 t_k + n_k$（$k = 1, 2, \cdots, N$），其中 x_k 代表点目标在 t_k 时刻的距离，参量 θ_0 代表 $t = 0$ 时刻的初始距离，参量 θ_1 代表目标的平均速度，要求根据对距离 x 的测量作出对 θ_0 及 θ_1 的最小二乘估计。

6.7　已知观测方程为

$$\begin{bmatrix} 3 \\ 1 \\ 5 \end{bmatrix} = \begin{bmatrix} 1 & 1 \\ 0 & 1 \\ 1 & 2 \end{bmatrix}\boldsymbol{\theta} + \boldsymbol{\varepsilon}$$

其中观测误差的方差阵为

$$E(\boldsymbol{\varepsilon}\boldsymbol{\varepsilon}^{\mathrm{T}}) = \begin{bmatrix} 1 & 0 & 0 \\ 0 & 1 & 0 \\ 0 & 0 & 1/2 \end{bmatrix}$$

试正确地选择加权阵，并求 $\boldsymbol{\theta}$ 的加权最小二乘估计。

6.8　设接收波形为 $X(t)=A\cos(\omega_0 t-\theta)+\varepsilon(t)$，$0\leqslant t\leqslant t_0$，其中振幅 A 和频率 ω_0 均已知，为高斯白噪声，其功率谱密度为 $\dfrac{N_0}{2}$，试求相位 θ 的极大似然估计。

6.9　有一个零均值信号 $x(n)$，它的自相关序列的前两个值为 $r_x(0)=10$，$r_x(1)=5$，该信号在传输过程中混入了一个均值为零、方差为 5 的加性白噪声，该噪声与信号是不相关的，设计一个具有两个系数的 FIR 型 Wiener 滤波器，使滤波器的输出尽可能以均方意义逼近原信号 $x(n)$。

6.10　已知观测信号 $x(t)=s(t)+v(t)$，其中信号 $s(t)$ 和噪声 $v(t)$ 互不相关，且 $R_{ss}(\tau)=\mathrm{e}^{-|\tau|}$，$R_{vv}(\tau)=\delta(\tau)$，试求非因果 IIR 维纳滤波器 $h(t)$ 及最小均方误差。

第7章

离散随机信号特征的估计

用实验手段研究随机信号的统计特征，是研究随机信号的一种必不可少的手段。要想从理论上计算一些随机信号的统计特征是比较困难的，比如地震时记录的地震波、医学上记录的脑电波等，只有借助统计实验的方法。在取得一组随机信号的样本后，往往需要知道该信号的主要特征，如均值、均方值、方差、相关函数、功率谱等。有时可以直接用这些结果取得有用的结论，有时则可利用这些结果作为对信号进一步处理的依据，因此本章将介绍如何由信号的观察数据估计信号的特征。

7.1　随机信号时域特征的估计

均值、均方值、方差等数字特征的基本估计方法是所谓的“直接估计法”，即按照定义，但用有限样本来估计。由于各态历经性的假设，实验测得的一组样本 x_0，x_1，x_2，…，x_{N-1}可看作是随机序列 $\{X(n)\}$ 中的一组随机变量，则可用极大似然估计来进行均值和方差估计的推导。

定义在参量 α 条件下 $\{X(n)\}$ 的多维条件概率密度 $f(x_0, x_1, x_2, \cdots, x_{N-1}/\alpha)$ 为似然函数。若估计量 $\hat{\alpha}$ 能使似然函数 $f(x_0, x_1, x_2, \cdots, x_{N-1}/\alpha)$ 在 $\alpha=\hat{\alpha}$ 时有

$$f(x_0, x_1, x_2, \cdots, x_{N-1}/\alpha)=\max\{f(x_0, x_1, x_2, \cdots, x_{N-1}/\alpha)\} \tag{7.1.1}$$

则估计量 $\hat{\alpha}$ 被称为最大似然估计量。

若似然函数 $f(x_0, x_1, x_2, \cdots, x_{N-1}/\alpha)$ 对 α 连续可导，则最大似然估计量 $\hat{\alpha}$ 可由下式求解：

$$\left[\frac{\partial \ln f(x_0, x_1, x_2, \cdots, x_{N-1}/\alpha)}{\partial \alpha}\right]\Bigg|_{\alpha=\hat{\alpha}}=0 \tag{7.1.2}$$

7.1.1　均值的估计

1. 均值的最大似然估计

若对高斯信号 $X(t)$ 的采样是独立的，则 $\{X(n)\}$ 就是独立的高斯随机序列，实验测得的一组样本 x_0，x_1，x_2，…，x_{N-1}也可看作是相互独立的高斯随机变量。那么 $\{X(n)\}$ 以 m_X 为条件的似然函数为

$$f(x_0, x_1, x_2, \cdots, x_{N-1}/m_X)=\prod_{i=0}^{N-1}\left(\frac{1}{2\pi\sigma_X^2}\right)^{\frac{1}{2}}\exp\left[-\frac{(x_i-m_X)^2}{2\sigma_X^2}\right] \tag{7.1.3}$$

则

$$\ln f(x_0,\ x_1,\ x_2,\ \cdots,\ x_{N-1}/m_X)=K-\sum_{i=0}^{N-1}\exp\left[-\frac{(x_i-m_X)^2}{2\sigma_X^2}\right] \tag{7.1.4}$$

其中，K 是一个与 m_X 无关的量。可由

$$\left.\frac{\partial \ln f(x_0,\ x_1,\ x_2,\ \cdots,\ x_{N-1}/m_X)}{\partial m_X}\right|_{m_X=\hat{m}_X}=0 \tag{7.1.5}$$

解出均值的最大似然估计量为

$$\hat{m}_X=\frac{1}{N}\sum_{i=0}^{N-1}x_i \tag{7.1.6}$$

2. 估计量的评价

（1）$\hat{m}_X$ 是无偏估计量。

因为

$$E[\hat{m}_X]=E\left[\frac{1}{N}\sum_{i=0}^{N-1}x_i\right]=\frac{1}{N}\sum_{i=0}^{N-1}E[x_i]=E[x_i]=m_X \tag{7.1.7}$$

$$B=m_X-E[\hat{m}_X]=0 \tag{7.1.8}$$

所以这个估计量是无偏估计量。

（2）$\hat{m}_X$ 是一致估计量（假设样本数据 x_0，x_1，x_2，…，x_{N-1}之间不存在相关性）。由

$$\begin{aligned}E(\hat{m}_X^2)&=\frac{1}{N^2}\sum_{i=0}^{N-1}\sum_{j=0}^{N-1}E(x_ix_j)=\frac{1}{N^2}\left[\sum_{i=0}^{N-1}\sum_{j=0,j=i}^{N-1}E(x_ix_j)+\sum_{i=0}^{N-1}\sum_{j=0,j\neq i}^{N-1}E(x_ix_j)\right]\\&=\frac{1}{N^2}\left[\sum_{i=0}^{N-1}E(x_i^2)+\sum_{i=0}^{N-1}\sum_{j=0,j\neq i}^{N-1}E(x_i)E(x_j)\right]\\&=\frac{1}{N^2}[NE(x_i^2)+N(N-1)E(x_i)E(x_j)]\\&=\frac{1}{N}E(x_i^2)+\frac{N-1}{N}m_X^2\end{aligned} \tag{7.1.9}$$

可得估计量的方差为

$$\begin{aligned}\sigma_{\hat{m}_X}^2&=E[(\hat{m}_X-E(\hat{m}_X))^2]=E(\hat{m}_X^2)-E^2(\hat{m}_X)\\&=E(\hat{m}_X^2)-m_X^2=\frac{1}{N}E(x_i^2)-\frac{1}{N}m_X^2=\frac{1}{N}\sigma_X^2\end{aligned} \tag{7.1.10}$$

$$\lim_{N\to\infty}\sigma_{\hat{m}_X}^2=\lim_{N\to\infty}\frac{1}{N}\sigma_{\hat{m}_X}^2=0 \tag{7.1.11}$$

估计量的均方误差为

$$E[\widetilde{m}_X^2]=E[(\hat{m}_X-m_X)^2]=B^2+\sigma_{\hat{m}_X}^2=0+\sigma_{\hat{m}_X}^2 \tag{7.1.12}$$

则其极限

$$\lim_{N\to\infty}E(\widetilde{m}_X^2)=\lim_{N\to\infty}\sigma_{\hat{m}_X}^2=0 \tag{7.1.13}$$

所以该估计量也是一致估计量，这种情况适用于当样本数据内部不相关时，这时这种方法是一种好的估计方法。但如果内部数据存在关联性，会使一致性的效果下降，估计量的方差比数据内部不存在相关的情况下的方差要大。

7.1.2 方差的估计

1. 方差的最大似然估计

若对高斯信号 $X(t)$ 的采样是独立的，则 $\{X(n)\}$ 就是独立的高斯随机序列，实验测

得的一组样本 x_0，x_1，x_2，…，x_{N-1} 也可看作是相互独立的高斯随机变量。则由

$$\left[\frac{\partial \ln f(x_0, x_1, x_2, \cdots, x_{N-1}/\sigma_X^2)}{\partial \sigma_X^2}\right]\Bigg|_{\sigma_X^2=\hat{\sigma}_X^2}=0 \tag{7.1.14}$$

解出方差的最大似然估计量。

（1）若均值 m_X 已知，则最大似然估计量为

$$\hat{\sigma}_X^2=\frac{1}{N}\sum_{i=0}^{N-1}(x_i-m_X)^2 \tag{7.1.15}$$

（2）若均值 m_X 未知，则最大似然估计量为

$$\hat{\sigma}_X^2=\frac{1}{N}\sum_{i=0}^{N-1}(x_i-\hat{m}_X)^2 \tag{7.1.16}$$

2. 估计值的评价（假设样本数据 x_0，x_1，x_2，…，x_{N-1} 之间不存在相关性）

（1）$\hat{\sigma}_X^2$ 是有偏估计量。

$$\begin{aligned}E[\hat{\sigma}_X^2]&=\frac{1}{N}\sum_{i=1}^{N-1}[E(x_i^2)+E(\hat{m}_X^2)-2E(x_i\hat{m}_X)]\\&=\frac{1}{N}\sum_{i=0}^{N-1}E(x_i^2)+\frac{1}{N}\sum_{i=0}^{N-1}E(\hat{m}_X^2)-\frac{2}{N^2}\sum_{i=0}^{N-1}\sum_{j=0}^{N-1}E(x_ix_j)\\&=E(x_i^2)+E(\hat{m}_X^2)-2E(\hat{m}_X^2)\end{aligned} \tag{7.1.17}$$

$$E(\hat{\sigma}_X^2)=\frac{N-1}{N}[E(x_i^2)-m_X^2]=\frac{N-1}{N}\sigma_X^2 \tag{7.1.18}$$

则 $\hat{\sigma}_X^2$ 为有偏估计量，但

当 $N\to\infty$ 时，由于 $\lim\limits_{N\to\infty}E(\hat{\sigma}_X^2)=\sigma_X^2$，$\lim\limits_{N\to\infty}B=0$，则 $\hat{\sigma}_X^2$ 为渐近无偏的。

（2）$\hat{\sigma}_X^2$ 是一致估计量。

可推导证明估计量 $\hat{\sigma}_X^2$ 的均方误差为

$$E[(\tilde{\sigma}_X^2)^2]=E[(\hat{\sigma}_X^2-\sigma_X^2)^2]=B+\frac{1}{N}\{E[(x_i-\hat{m}_X)^4]-(E[(x_i-\hat{m}_X)^2])^2\} \tag{7.1.19}$$

因为其极限 $\lim\limits_{N\to\infty}E[(\tilde{\sigma}_X^2)^2]=0$，所以 $\hat{\sigma}_X^2$ 是一致估计量。

以上由关于 $\{X(n)\}$ 为高斯分布的假设，导出了均值、方差的最大似然估计量，当未知 $\{X(n)\}$ 的密度函数形式，或不是高斯分布时，也常用上面的估计方法，此时均值估计量仍为无偏一致估计量，而方差估计量仍为渐近无偏一致估计量。但对有限样本来讲，它们不再是最大似然估计，从而不能保证是最佳的了。

7.2　自相关函数的非参数估计

估计相关函数有两大类方法：

（1）非参数估计：对每一个延迟值 m 都估计一个 $R_X(m)$。

（2）参数估计：先假定自相关函数有一定解析形式，例如 $R_X(m)=R_X(0)a^{|m|}$，于是把对 $R_X(m)$ 的估计转化为对 $R_X(0)$ 和 a 的估计。

前一方法往往是对后一方法的先行：先初步取得关于 $R_X(m)$ 的知识后才能做出合理的

函数假设。因此我们只讨论非参数估计，介绍几种常用算法。

7.2.1 直接估计法

它也是根据定义但用有限样本来估计，根据定义对零均值平稳过程 $X(t)$ 采样得到随机序列 $\{X(n)\}$，其自相关函数为 $R_X(m)=E[X(n)X(n+m)]$。

由实验手段测得 $\{X(n)\}$ 的一组样本数据 x_0，x_1，x_2，…，x_{N-1}估计的方差 $\hat{\sigma}_X^2$，也就是零滞后自相关函数 $R_X(0)$ 的估计量

$$\hat{R}_X(0)=\hat{\sigma}_X^2=\frac{1}{N}\sum_{i=0}^{N-1}x_i^2=\frac{x_0^2+x_1^2+\cdots+x_{N-1}^2}{N} \tag{7.2.1}$$

注意：

(1) 当原过程 $X(t)$ 为独立高斯过程时，该估计量 $\hat{R}_X(0)$ 为最大似然估计量。

(2) 当 $\{X(n)\}$ 中各 X_i 独立但非高斯分布时，$\hat{R}_X(0)$ 为渐近无偏一致估计量。

(3) 当 $\{X(n)\}$ 中各 X_i 之间不独立时，往往也采用这样的估计量，严格来说这时的估计量已不再是最佳的，甚至可能不再是渐近无偏一致估计量了。

若对 $\hat{R}_X(0)$ 的估计方法推广至非零滞后自相关函数 $R_X(m)$ 的估计

$$\hat{R}_X(m)=\frac{x_0x_{0+|m|}+x_1x_{1+|m|}+\cdots+x_{N-1-|m|}x_{N-1-|m|+|m|}}{N}$$

$$=\frac{1}{N}\sum_{i=0}^{N-|m|-1}x_ix_{i+|m|},\quad m=0,1,\cdots,N-1 \tag{7.2.2}$$

估计量 $\hat{R}_X(m)$ 求和的项数一般小于 N，特别是当 m 很大时，参加求和的乘积项将非常少。当 $m\geqslant N$ 时，$x_ix_{i+|m|}=0$。因而，令 $m\geqslant N$ 时的自相关函数为零，即 $\hat{R}_X(m)=0$，$|m|\geqslant N$。

因此，自相关函数的估计量为

$$\hat{R}_X(m)=\begin{cases}\dfrac{1}{N}\displaystyle\sum_{i=0}^{N-|m|-1}x_ix_{i+|m|}, & m=0,1,\cdots,N-1\\ 0, & |m|\geqslant N\end{cases} \tag{7.2.3}$$

估计量的评价：

(1) $\hat{R}_X(m)$ 是渐近无偏估计。

由

$$E[\hat{R}_X(m)]=\frac{1}{N}\sum_{i=0}^{N-|m|-1}E[x_ix_{i+|m|}]=\left(1-\frac{|m|}{N}\right)R_X(m)$$

其极限为

$$\lim_{N\to\infty}E[\hat{R}_X(m)]=\lim_{N\to\infty}\left(1-\frac{|m|}{N}\right)R_X(m)=R_X(m)$$

偏移

$$B(m)=R_X(m)-E[\hat{R}_X(m)]=\frac{|m|}{N}R_X(m)$$

其极限为

$$\lim_{N\to\infty}B(m)=\lim_{N\to\infty}\frac{|m|}{N}R_X(m)=0$$

所以 $\hat{R}_X(m)$ 是渐近无偏估计。偏移 $B(m)=\frac{|m|}{N}R_X(m)$ 是 m 的函数。

为了使估计无偏，可采用下面的公式估计

$$\hat{R}_X(m)=\frac{1}{N-|m|}\sum_{n=0}^{N-|m|-1}x_n x_{n+m}, m=0, \pm 1, \pm 2\cdots \tag{7.2.4}$$

(2) $\hat{R}_X(m)$ 是一致估计量。

可以证明，当 $N\to\infty$ 时，$\hat{R}_X(m)$ 的方差趋于 0。

一般情况下这一结论的证明是比较复杂的。当原过程的 $X(t)$ 是高斯过程时，可以导出下列方差的近似公式：

$$D[\hat{R}_X(m)]\approx\frac{2}{N}\sum_{i=0}^{N-|m|-1}\left(1-\frac{|m|+i}{N}\right)[R_X^2(m)+R_X(i+m)R_X(i-m)] \tag{7.2.5}$$

可以证明此式对一般的非高斯过程也是近似成立的。因为尽管 $N\to\infty$，但是当 $i\to\pm\infty$ 时，$R_X(i)\to 0$。即 $\sum$ 号内仅有有限项存在，则

$$\lim_{N\to\infty}D[\hat{R}_X(m)]=0 \tag{7.2.6}$$

例题 1　用 Matlab 产生 64 个标准正态分布随机序列，分别进行自相关函数的无偏和有偏估计，并绘图比较。

解：Matlab 代码如下：

```
clc;clear;
N= 64;
x= randn(1,N);
Rx1= xcorr(x,'unbiased');
Rx2= xcorr(x,'biased');
m= (- N+ 1):(N- 1);
plot(m,Rx1,'k','linewidth',1);
hold on;
plot(m,Rx2,':k','linewidth',2);
axis([- N+ 1,N- 1,- 1,1.5]);
xlabel('m');ylabel('Rx');
legend('无偏估计','有偏估计');
grid on;
```

运行结果如图 7.1 所示，由图可见，当 m 值较小时，无偏估计和有偏估计较为接近；当 m 值较大时，无偏估计和有偏估计差别较大。不论是无偏估计还是有偏估计，自相关函数都是关于 $m=0$ 对称的。

例题 2　已知随机相位正弦信号与高斯白噪声信号的叠加信号为

$$X(t)=\cos(2\pi f_0 t+\Phi)+N(t)$$

其中，Φ 为在 $[0, 2\pi]$ 内均匀分布的随机变量，$N(t)$ 是均值为 0、方差为 1 的高斯白噪声，试仿真 $X(t)$ 的随机序列，并估计自相关函数。

解：显然 $X(t)$ 为各态历经随机过程。高斯白噪声 $N(t)$ 是长度为 1024 的序列，利用均匀分布随机数产生初始相位，将高斯白噪声叠加到随机相位正弦信号上，获得合成随机信

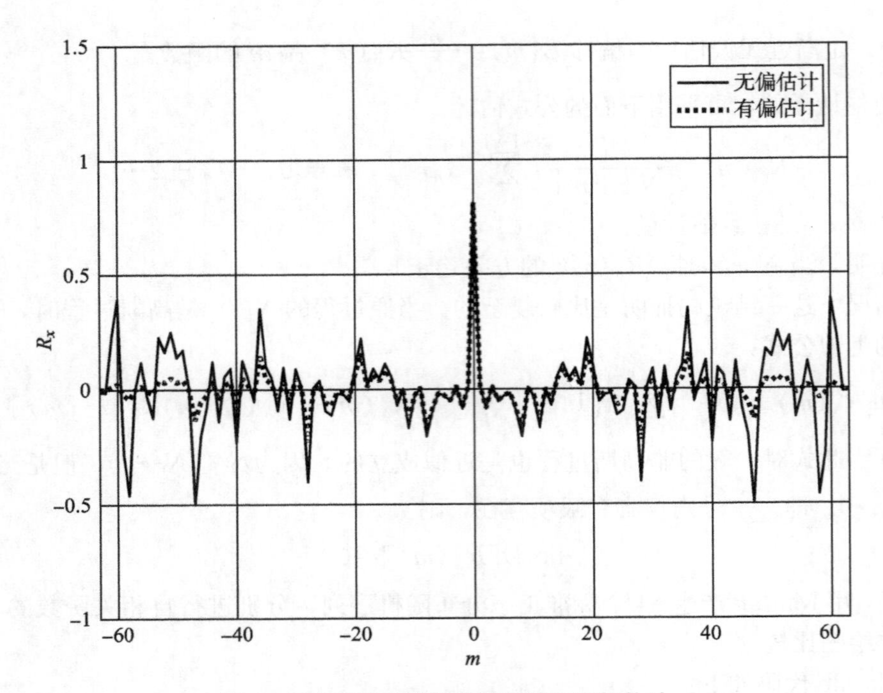

图 7.1　自相关函数的有偏估计和无偏估计

号序列 $X(n)$，然后用 FFT 法计算其自相关函数。

Matlab 代码如下：

```
clc;clear all;
N = 1024;
t= 0:(N- 1);
m = - N:(N- 1);
x1n = random('norm',0,1,N,1);
X1k = fft(x1n,2* N);
R1x = ifft((abs(X1k).^2)/N);
A = random('unif',0,1,1,1)* 2* pi;
for k = 1:1
    x2n(:,k) = cos(2* pi* 4* t(:)/N+ A(k));
    xn(:,k) = x1n(:,k) + x2n(:,k);
end
X2k = fft(x2n,2* N);
R2x = ifft((abs(X2k).^2)/N);
Xk = fft(xn,2* N);
Rx = ifft((abs(Xk).^2)/N);
subplot(3,1,1);
plot(m,fftshift(R1x));
axis([- N+ 1,N- 1,- 0.5,1.5]);
```

```
xlabel('m');ylabel('Rn(m)');
title('高斯白噪声的自相关');
grid on;
subplot(3,1,2);
plot(m,fftshift(R2x));
axis([- N+ 1,N- 1,- 0.5,1.5]);
xlabel('m');ylabel('Rs(m)');
title('随机相位正弦信号的自相关');
grid on;
subplot(3,1,3);
plot(m,fftshift(Rx));
axis([- N+ 1,N- 1,- 0.5,1.5]);
xlabel('m');ylabel('Rx(m)');
title('混有高斯白噪声的随机相位正弦信号的自相关');
grid on;
```

运行结果如图 7.2 所示。

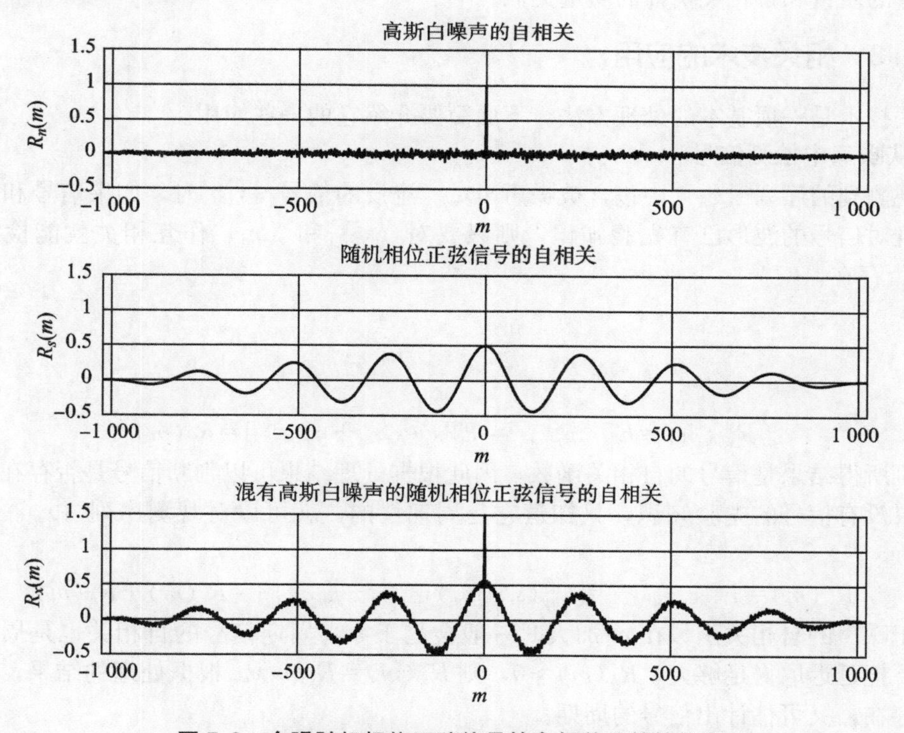

图 7.2　含噪随机相位正弦信号的自相关函数的仿真

由图可见高斯白噪声的自相关函数仅在 0 点处取得较大值，在其他点处自相关系数很小。随机相位正弦信号的自相关函数基本符合正弦函数形状，合成信号的自相关函数是以上两个自相关函数的叠加。

7.2.2 其他相关函数的估计

自协方差函数估计为

$$\hat{C}_X(m)=\frac{1}{N}\sum_{n=0}^{N-|m|-1}(x_n-m_X)(x_{n+m}-m_Y) \tag{7.2.7}$$

互相关估计为

$$\hat{R}_{XY}(m)=\frac{1}{N}\sum_{n=0}^{N-|m|-1}x_n y_{n+m} \tag{7.2.8}$$

$$\hat{R}_{XY}(-m)=\frac{1}{N}\sum_{n=0}^{N-|m|-1}x_{n+m}y_n \tag{7.2.9}$$

这里 $m=0,1,\cdots,N-1$。

互协方差估计为

$$\hat{C}_{XY}(m)=\frac{1}{N}\sum_{n=0}^{N-|m|-1}(x_n-m_X)(y_{n+m}-m_Y) \tag{7.2.10}$$

$$\hat{C}_{XY}(-m)=\frac{1}{N}\sum_{n=0}^{N-|m|-1}(x_{n+m}-m_X)(y_n-m_Y) \tag{7.2.11}$$

这些估计的质量和自相关估计的质量类似。

7.2.3 相关技术的应用

相关技术是一项基本的处理方法。下面简要介绍它的一些应用。

1. 从噪声中检测信号

当观测到的序列 $\{x_n\}$ 中包含被噪声 $\{n_n\}$ 淹没的信号 $\{s_n\}$ 时，如果信号和噪声不相关，而且对信号的波形已有先验知识，则只要对 $\{s_n\}$ 和 $\{x_n\}$ 作互相关就能检测出信号 $\{s_n\}$ 是否存在。

设

$$x_n=s_n+n_n \tag{7.2.12}$$

则

$$R_{sx}(m)=E[s_n x_{n+m}]=E[s_n(s_{n+m}+n_{n+m})]=R_s(m) \tag{7.2.13}$$

可见所得结果是信号的自相关函数，因此根据处理结果可以判断信号是否存在。

如果没有信号的先验知识，只知道它是周期性的，就可以对观测序列 $\{x_n\}$ 作自相关估计

$$R_x(m)=E[x_n x_{n+m}]=E[(s_n+n_n)(s_{n+m}+n_{n+m})]=R_s(m)+R_n(m) \tag{7.2.14}$$

由于噪声的自相关函数在 m 加大时一般会趋于零，周期信号的自相关也是周期的。因此，只要把延迟取得足够大，$R_n(m)\approx 0$，则 $R_x(m)=R_s(m)$。根据处理的结果，可判断信号是否存在，又可估计出信号的周期。

2. 估计两个相似信号的时间延迟

设 y_n 是 x_n 的延迟，$y_n=x_{n-n_0}$，则 $R_{xy}(m)$ 在 $m=n_0$ 时达到最大。因此，找到互相关函数的最大值时的延迟 n_0 就是两个波形间的延迟时间。

3. 用于系统的辨识

系统辨识是在对某系统不知其结构的情况下，如果要确定该系统的冲激响应 $h(t)$，可

以利用互相关函数和互谱之间的关系来测试系统的单位冲激响应函数。

将白噪声作为系统的输入 $n(t)$，测量系统的输出 $x(t)$，于是求得 $n(t)$ 和 $x(t)$ 的互相关函数

$$a(t)=R_{xn}(\tau)=\int_{-\infty}^{\infty}x(\tau)n(t-\tau)\mathrm{d}\tau=R_{nx}(-\tau) \tag{7.2.15}$$

由于白噪声的自相关函数 $R_{nn}(\tau)=\delta(\tau)$，而

$$R_{nx}(\tau)=R_{nn}(\tau)*h(-\tau)=\delta(\tau)*h(-\tau)=h(-\tau) \tag{7.2.16}$$

所以，$a(t)=R_{nx}(-\tau)=h(\tau)$。将 $a(t)$ 通过一个低通滤波器，可获得线性系统单位冲激响应 $h(t)$。

7.3 功率谱的经典估计

功率谱密度函数表示随机信号各频率成分的功率分布情况，是随机信号处理中应用得很广泛的技术。谱估计的基本问题是：已知随机过程 $X(t)$ 或 $X(n)$ 的某个实现…，x_{-2}，x_{-1}，x_0，x_1，x_2，…，x_{N-1}，…中的有限长序列段 $x_n(0\leqslant n\leqslant N-1)$，或者说"$N$ 个数"，如何由这"N 个数"尽可能准确地得到信号的功率谱密度 $G_X(\omega)$。

要获得质量比较好的谱估计有一定困难。主要是估计结果的方差特性较差。它主要表现在两方面：

(1) 各次估计的分散性较大。

(2) 每次估计中估计值随频率的起伏较激烈，而且数据越长起伏越严重。

功率谱估计分为两大类：一类是经典谱估计（非参数化方法），也称为线性谱估计；另一类是现代谱估计（参数化方法），也称为非线性谱估计。经典的谱估计方法也是直接建立在功率谱定义的基础上，但用有限长数据来进行估计的。它有以下两条可行的途径。

7.3.1 周期图谱估计

周期图法也称直接法，这是定义在功率谱定义的基础上的。先求 N 点数据的离散时间傅里叶变换 $X(\mathrm{e}^{\mathrm{j}\omega})$，再取其幅频特性平方乘以 $\frac{1}{N}$ 作为功率谱估计，称为周期图。即

$$X(\mathrm{e}^{\mathrm{j}\omega})=\sum_{n=-\infty}^{+\infty}x_n\mathrm{e}^{-\mathrm{j}n\omega}=\sum_{n=0}^{N-1}x_n\mathrm{e}^{-\mathrm{j}n\omega} \tag{7.3.1}$$

$$\hat{G}_X(\omega)=\frac{1}{N}|X(\mathrm{e}^{\mathrm{j}\omega})|^2 \tag{7.3.2}$$

用计算机作处理时，$X(\mathrm{e}^{\mathrm{j}\omega})$ 可以通过 DFT 来求。

7.3.2 间接法谱估计

间接法谱估计也称为自相关法，其是建立在维纳一辛钦定理的基础上。先对 N 点数据作自相关估计 $\hat{R}_X(m)$，共得 $2N-1$ 点估计值，然后对它作傅里叶变换，便得功率谱估计如下：

$$\hat{R}_X(m)=\frac{1}{N}\sum_{n=0}^{N-|m|-1}x_nx_{n+m},\qquad m=0,\pm1,\cdots,\pm(N-1) \tag{7.3.3}$$

$$\hat{G}_X(\omega)=\sum_{m=-\infty}^{+\infty}\hat{R}_X(m)e^{-jm\omega}=\sum_{m=-(N-1)}^{+(N-1)}\hat{R}_X(m)e^{-jm\omega} \tag{7.3.4}$$

可以证明周期图法和间接法途径所得结果是一致的。

证明：

定义

$$x_n^N=\begin{cases}x_n & n=0,\ 1,\ \cdots,\ N-1\\ 0 & \text{其他}\end{cases}$$

式中，上标 N 表示 x_n^N 为 N 点序列。

由于

$$\hat{G}_X^N(e^{j\omega})=FFT[\hat{R}_X^N(m)]$$

而 $\hat{R}_X^N(m)$ 是 x_n^N 的自相关函数，因此有

$$\hat{R}_x^N(m)=\frac{1}{N}[x_n^N * x_{-n}^N]$$

因此，由傅里叶变换的卷积定理有

$$\hat{G}_X(e^{j\omega})=\frac{1}{N}X^N(e^{j\omega})X^{N*}(e^{j\omega})=\frac{1}{N}|X^N(e^{j\omega})|^2$$

用计算机进行处理时数组的序号必须按上述要求正确定义，两种方法才能取得一致结果。另外，实际工作中应用自相关时往往取最大延迟值 $M<N-1$［因为 m 越大 $\hat{R}_X(m)$ 的估计偏差也越大］，此时两种方法得出的结果当然也不会一致。还要注意，所得结果是按归一频率给出的。它和实际频率间的关系是，归一频率序号 k 相当于实际频率 $\frac{k}{N}f_s$（f_s 是数据的采样频率）。

7.3.3 估计质量的评价

1. 均值

从均值上看，估计是有偏的，但是渐近无偏的。分析如下。

由于数据长度有限，所以谱估计的均值 $E[\hat{G}_X^N(\omega)]$ 不是 $R_X(m)$ 的傅里叶变换，而是 $R_X(m)$ 和一个三角形窗口相乘后的傅里叶变换。此点可如下说明：

$$E[\hat{G}_X^N(\omega)]=\sum_{m=-\infty}^{+\infty}E[\hat{R}_X(m)]e^{-j\omega m} \tag{7.3.5}$$

由前面小节知道

$$E[\hat{R}_X(m)]=\frac{N-|m|}{N}R_X(m) \tag{7.3.6}$$

因此可得

$$\begin{aligned}E[\hat{G}_X^N(\omega)]&=\sum_{m=-(N-1)}^{+(N-1)}R_X(m)\frac{N-|m|}{N}e^{-j\omega m}\\&=\sum_{m=-(N-1)}^{+(N-1)}[R_X(m)v^N(m)]e^{-j\omega m}\end{aligned} \tag{7.3.7}$$

式中

$$v^N(m)=\begin{cases}1-\dfrac{|m|}{N}, & m\leqslant N-1\\ 0, & \text{其他}\end{cases} \tag{7.3.8}$$

如图7.3所示，是一个三角形窗口。

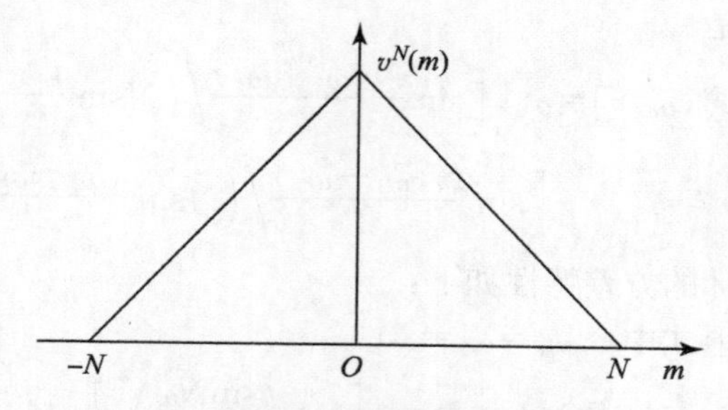

图7.3　功率谱估计时相关函数的三角窗

因此，根据频域的卷积定理，$E[\hat{G}_X^N(\omega)]$ 又可以表示为

$$E[\hat{G}_X^N(\omega)]=\frac{1}{2\pi}\int_{-\infty}^{+\infty}G_X(\lambda)V^N(\omega-\lambda)\mathrm{d}\lambda \tag{7.3.9}$$

式中，$V^N(\omega)$ 是 $v^N(m)$ 的离散时间傅里叶变换，其解析式是

$$V^N(\omega)=\frac{1}{N}\left[\sin\frac{N\omega}{2}\Big/\sin\frac{\omega}{2}\right]^2 \tag{7.3.10}$$

由此可见，用经典法所得谱估计的均值有以下特点：

(1) $\hat{G}_X^N(\omega)$ 是 $G_X(\omega)$ 的有偏估计。从时域上看，这是由于真实自相关函数被乘以窗口 $v^N(m)$ 所造成的。从频域上看是由于真实功率谱被谱窗口 $V^N(\omega)$ 所卷积。

(2) 当 $N\to\infty$ 时，$V^N(\omega)$ 趋于 δ 函数 [$\omega=0$ 时，$V^N(\omega)\to\infty$，其余各 ω 处 $V^N(\omega)=0$，且 $V^N(\omega)$ 的积分等于1]。因此估计是渐近无偏的，因为 δ 函数与任意函数的卷积仍得该函数。

引入窗函数是功率谱估计的特点。上述窗函数 $v^N(m)$ 是把数据 x_n 自然地截短成 x_n^N 造成的。也就是说：时域上对数据加矩形窗口等效于对自相关函数加三角形窗口。

谱窗口的卷积作用一方面是功率谱估计失真的主要原因。真实功率谱中较大的尖峰经谱窗卷积后使其附近各点的谱估计值显著变大，叫作泄漏效应。另一方面卷积又有把真实功率谱中的尖峰展平的作用。卷积范围过宽甚至可能把原来存在的尖峰在估计值 $\hat{G}_X(\omega)$ 中丢失。因此，作谱估计时数据长度 N 至少应长到使 $V^N(\omega)$ 的主瓣宽度比 $G_X(\omega)$ 中最窄的"山峰"还窄，这样才能避免卷积后使山峰丢失。由于 $V^N(\omega)$ 主瓣的宽度 $=2\times\frac{2\pi}{N}$，实际宽度 $=\frac{4\pi}{N}f_s$(rad/s)。因此当真实谱中最窄峰宽 $=B$(rad/s)时，数据长度应满足 $\frac{4\pi}{N}f_s<B$。

2. 方差

方差的一般分析比较困难，因此以下只对白色高斯过程做分析，不过所得结论对一般情况也有一定的普遍意义。这些结论是：

(1) 无论如何加大 N，功率谱估计也不是一致估计。其方差的数量级在 σ_X^4 (σ_X^2 是数据 x_n 的方差)。

(2) 功率谱上频率相距为 $\frac{2\pi}{N}$ 整数倍的各点估计值是互不相关的。因此估计结果沿频率轴起伏比较剧烈，而且 N 越大，$\frac{2\pi}{N}$ 越小，因此表现出的起伏程度越严重。

为了说明上述特点，我们从推导两个不同频率 ω_1、ω_2 处估计值的协方差入手分析，因为这既能说明不同频率处的起伏关系，又能说明每一点的方差特性（只要令 $\omega_1=\omega_2$ 即可）。

可证明协方差的特性是

$$\mathrm{Cov}[\hat{G}_X^N(\omega_1)\hat{G}_X^N(\omega_2)]=\sigma_X^4\left\{\left[\sin\frac{N(\omega_1+\omega_2)}{2}\Big/\left(N\sin\frac{(\omega_1+\omega_2)}{2}\right)\right]^2+\left[\sin\frac{N(\omega_1-\omega_2)}{2}\Big/\left(N\sin\frac{(\omega_1-\omega_2)}{2}\right)\right]^2\right\}$$

由此可得出经典谱估计的方差特性如下：

（1）估计的方差是（上式中令 $\omega_1=\omega_2=\omega$）

$$\mathrm{Var}[\hat{G}_X^N(\omega)]=\sigma_X^4\left[1+\left(\frac{\sin N\omega}{N\sin\omega}\right)^2\right]$$

可见即使 $N\to\infty$，$\mathrm{Var}[\hat{G}_X^N(\omega)]$ 也不会趋于 0，而是趋于 σ_X^4。

（2）当 $\omega_1=\frac{2\pi}{N}k$，$\omega_2=\frac{2\pi}{N}l$，k，l 是整数时，有

$$\mathrm{Cov}[\hat{G}_X^N(\omega_1)\hat{G}_X^N(\omega_2)]=\sigma_X^4\left\{\begin{aligned}&\left[\sin(k+l)\pi/\left(N\sin\frac{(k+l)\pi}{N}\right)\right]^2+\\&\left[\sin(k-l)\pi/\left(N\sin\frac{(k-l)\pi}{N}\right)\right]^2\end{aligned}\right\}$$

可见只要 $k\neq l$，$\mathrm{Cov}[\hat{G}_X^N(\omega_1)\hat{G}_X^N(\omega_2)]$ 便等于零。这就是说，周期图上相距为$\frac{2\pi}{N}$整数倍的两点，其估计值是不相关的。N 值越大，这些点相距越近。因此数据越长周期图沿频率轴的起伏越激烈。

例题 3 已知随机信号 $X(t)=\cos(2\pi f_1t+\Phi_1)+2\cos(2\pi f_2t+\Phi_2)+N(t)$，其中 $f_1=30$ Hz，$f_2=70$ Hz，Φ_1 和 Φ_2 为在 $[0,2\pi]$ 内均匀分布的随机变量，$N(t)$ 是均值为 0、方差为 1 的高斯白噪声。仿真 $X(t)$ 的一个 1024 点样本序列，用周期图法估计其功率谱密度。

解：Matlab 代码如下：

```
clc;clear;close all;
N = 1024;fs = 1000;
t = (0:N- 1)/fs;
fai = random('unif',0,1,1,2)* 2* pi;
A = [1,2];f = [30;70];
x = A* cos(2* pi* f* t+ fai'* t) + randn(size(t));
Sx = abs(fft(x).^2)/N;
f = (0:N/2- 1)* fs/N;
plot(f,10* log10(Sx(1:N/2)));
axis([0,500,- 30,40]);
xlabel('f(Hz)');ylabel('Sx(f)(dB/Hz)');
grid on;
```

运行结果如图 7.4（a）所示，这里取 $N=1\,024$ 点。可以看出，在 $f=30$ Hz 附近和 $f=70$ Hz 附近分别有两个谱峰，但谱峰较宽，说明它的频率分辨率不高，这是由于仿真的信号点数太少造成的，同时功率谱的起伏较大，说明其方差较大。当点数增加时，例如取 $N=4096$ 点，功率谱的分辨率明显增加，如图 7.4（b）所示。可以看出两个谱峰更加尖锐，

但是估计的功率谱起伏仍然很大，说明它的方差很大。理论上可以证明，周期图法估计的功率谱方差不随样本数 N 的增加而趋于零，这是周期图法估计的一个重大缺陷。

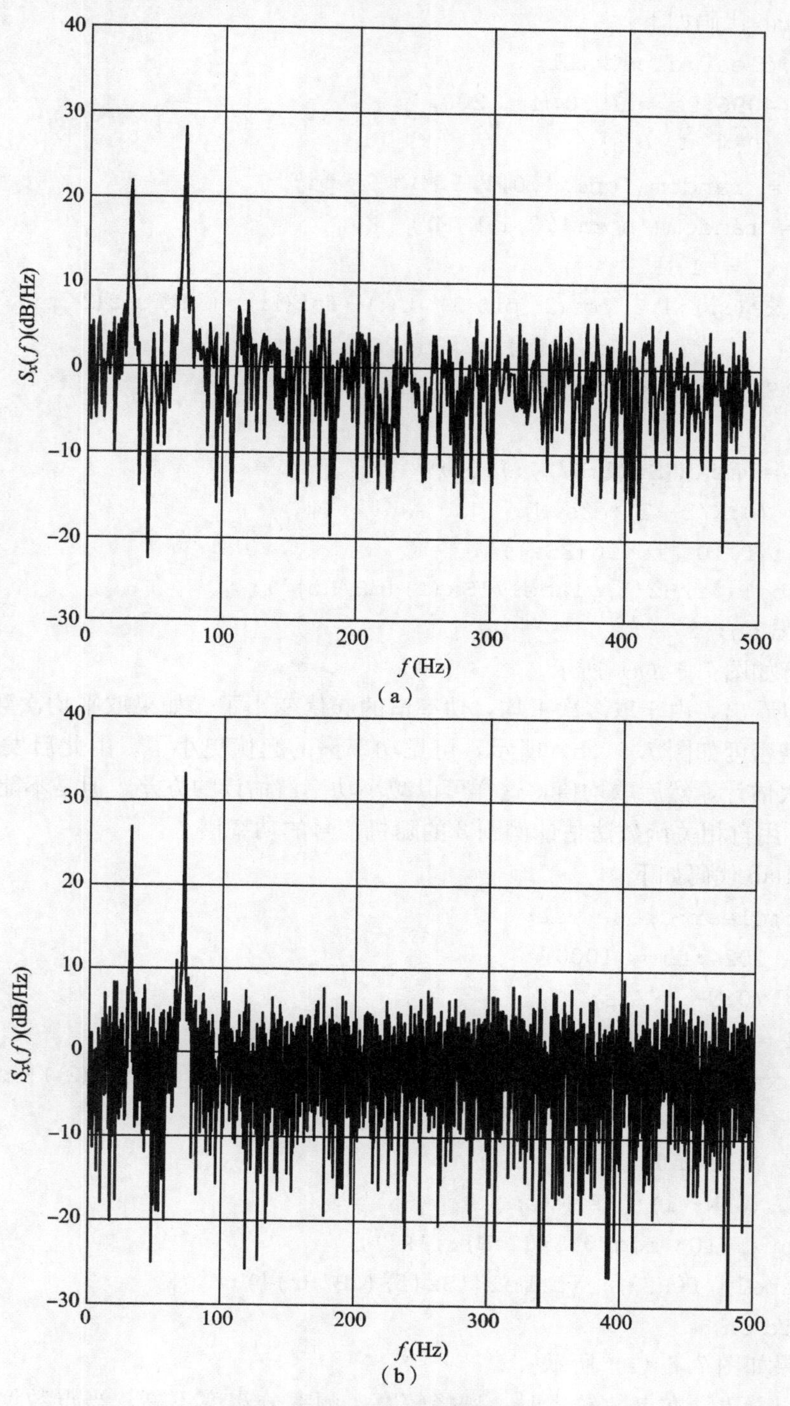

图 7.4　周期图法功率谱估计

(a) N=1 024；(b) N=4 096

例题 4 对例题 3 给定的随机信号分析其功率谱，要求用 Matlab 命令 periodogram 进行多次功率谱估计，然后进行平均，观察其功率谱图形。

解：Matlab 代码如下：

```
clc;clear;close all;
N = 4096;fs = 1000;M = 200;
t = (0:N- 1)/fs;
fai = random('unif',0,1,1,M)* 2* pi;
x1 = random('norm',0,1,N,M);
for ii = 1:M
    x2(:,ii) = cos(2* pi* 30* t(:)+ fai(ii)) + 3* cos(2* pi* 70* t(:)+
               fai(ii))+ x1(:,ii);
    Sx(:,ii) = periodogram(x2(:,ii));
end
ESx = mean(Sx(1:N/2,:),2);
f = (0:N/2- 1)* fs/N;
plot(f,10* log10(ESx));
xlabel('f/Hz');ylabel('Sx(f)(dB/Hz)');
grid on;
```

结果运行如图 7.5（a）所示。

由图可以看出，由于取多次平均，功率谱的起伏变小了。如果取平均次数 $M=200$，则得到的功率谱密度如图 7.5（b）所示，可见功率谱的起伏更小了。由此启发我们可以对功率谱进行多次估计，然后取均值，这样可以减小功率谱估计的方差，但是不能提高分辨率。

例题 5 用自相关函数法估计例题 3 的随机信号的功率谱。

解：Matlab 代码如下：

```
clc;clear;close all;
N = 1024;fs = 1000;
t = (0:N- 1)/fs;
fai = random('unif',0,1,1,2)* 2* pi;
x= cos(2* pi* 30* t+ fai(1))+ 3* cos(2* pi* 70* t+ fai(2))+ randn(1,N);
Rx = xcorr(x,'biased');
Sx = abs(fft(Rx));
f = (0:N- 1)* fs/N/2;
plot(f,10* log10(Sx(1:N)),'k');
xlabel('f(Hz)');ylabel('Sx(f)(dB/Hz)');
grid on;
```

运行结果如图 7.6（a）所示。

由图可以看出，在点数较小时，谱峰较宽，频率分辨率不高，当点数增加时，例如取 $N=4096$ 点时，功率谱的分辨率明显增加，可以看出两个谱峰更加尖锐，但是估计的功率谱起伏仍然很大，表明自相关函数法是一种非一致估计。

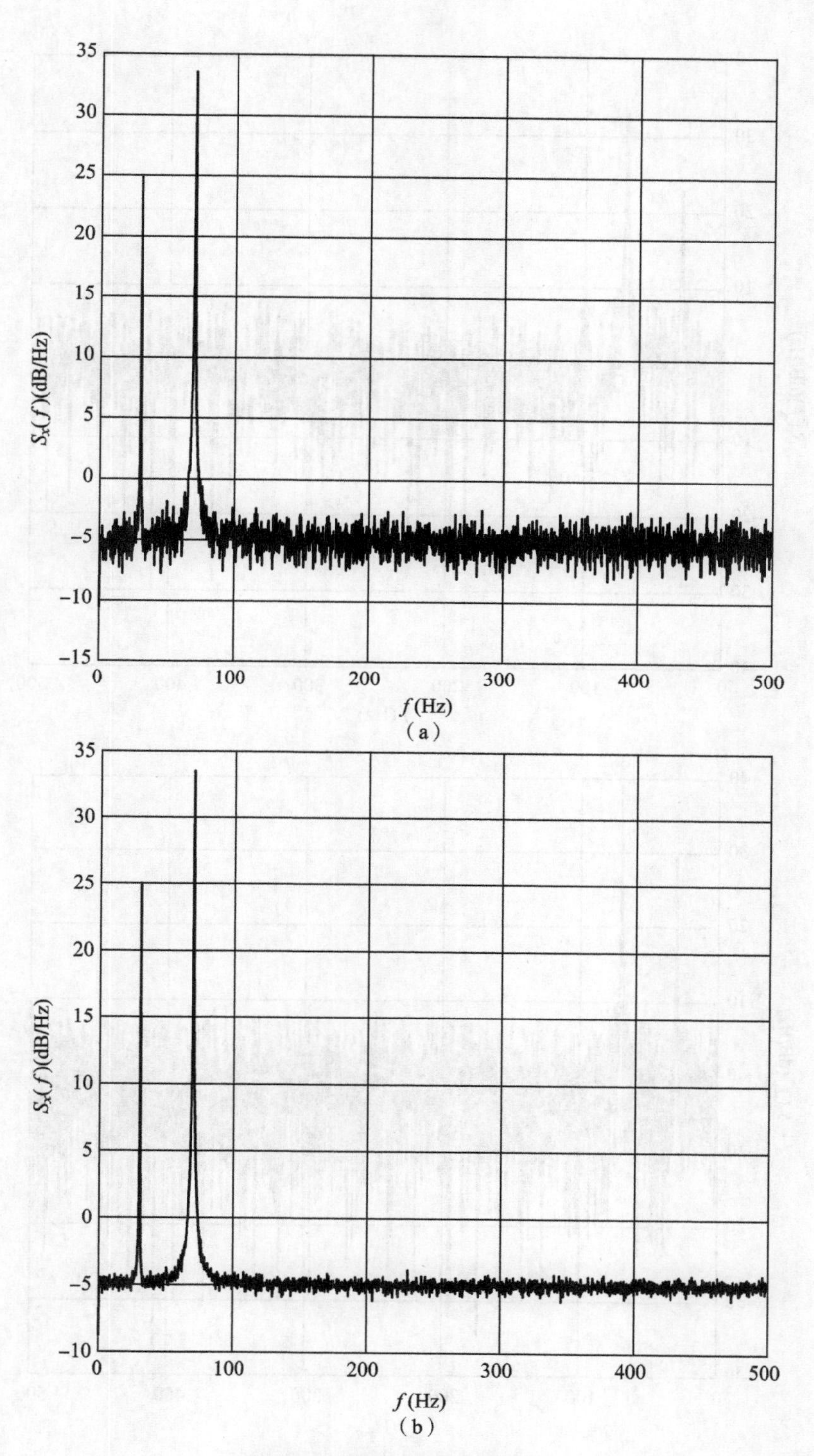

图 7.5　多样本时的功率谱估计

(a) $M=20$；(b) $M=200$

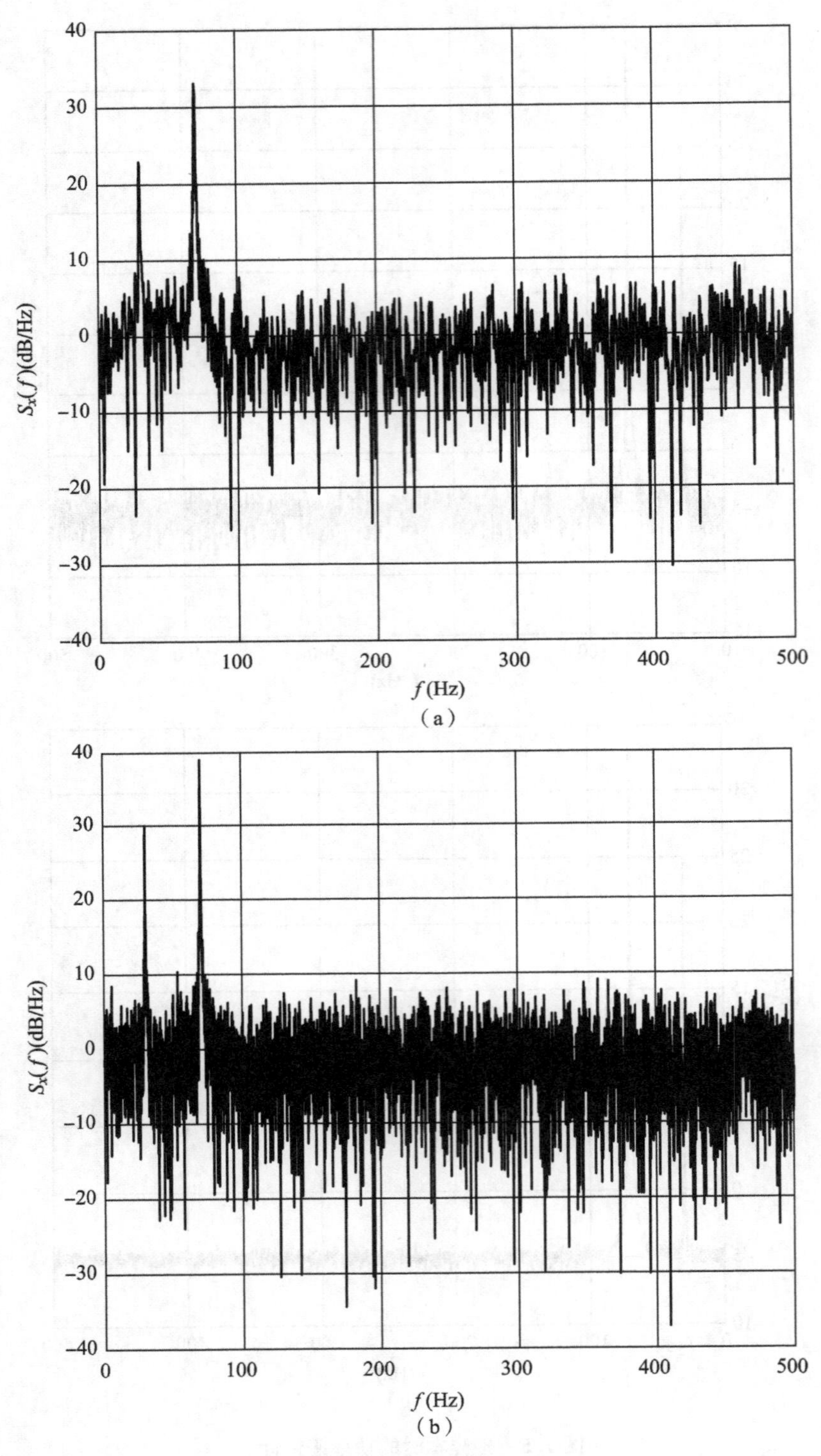

图 7.6 自相关函数法功率谱估计

(a) $N=1\ 024$；(b) $N=4\ 096$

7.3.4 经典谱估计的改进

经典的两种功率谱估计法是由傅里叶变换作为理论基础的，一种是19世纪末由舒斯特（Schuster）直接利用傅里叶级数去拟合某类信号时所提出的周期图法，又称直接法。另一种是由布莱克曼－图基（Blackman-Tukey）运用平稳过程的维纳－辛钦定理，由采样数据序列间接得到的功率谱估计法，又称间接法。

由于不管观测数据中 N 多大，直接、间接方法得出的估计均非理想的估计，它们的主要缺陷为：

（1）弱信号被强信号的旁瓣所淹没；

（2）分辨率约为数据长度的倒数，导致分辨率不高；

（3）频谱存在旁瓣，导致出现“泄漏”现象而使主瓣失真。

虽然，后来的几种改进算法改善了谱估计的性能，但仍未解决频率分辨率与稳定性之间的矛盾。特别是经典方法中采用了隐含的假设，即当观测数据 $x(n)$，$0\leqslant n\leqslant N-1$ 时，则认为对其他 n，有 $x(n)=0$，或等效地认为不能估计的相关函数值 $R(m)=0$，这与实际有很大的出入。因此，寻求更好的方法对这些未能观测到的或是未能估计出来的值进行估计，促进了现代谱估计方法的不断探求和发展。

由于经典谱估计不是功率谱的一致估计，而且 N 增大时起伏更激烈，因此需要研究如何加以改进。有两类改进途径：

（1）对同一过程作多次周期图估计，再加以平均。

（2）用加窗的办法对单一功率谱估计加以平滑。

实际的程序中往往是同时采用这两种改进措施。

（1）平均。

此法的基本思路是将整个长数据 N 分成 K 段，每段 $\dfrac{N}{K}=M$，对每一段分别估计其功率谱，然后求其平均值作为最后的谱估计。理论上，如果各段数据是互相独立的，则求平均值后估计值的均值不变，仍等于每段估计的均值，但可以使估计值的方差减小到每段估计值方差的 $\dfrac{1}{K}$。

下面讨论估计的质量。

①均值。

平均后的谱估计

$$\hat{G}_X^{\mathrm{AV}}(\omega)=\frac{1}{K}\sum_{i=1}^{K}G_{X,i}^{M}(\omega) \tag{7.3.11}$$

上式中上标AV代表“平均后”，$G_{X,i}^{M}(\omega)$ 代表用 M 点长的第 i 段数据按经典法估计出的功率谱。

因此

$$E[\hat{G}_X^{\mathrm{AV}}(\omega)]=\frac{1}{K}\sum_{i=1}^{K}E[G_{X,i}^{M}(\omega)]=E[G_{X,i}^{M}(\omega)] \tag{7.3.12}$$

根据上面小节的内容，上式又可以写为

$$E[\hat{G}_X^{AV}(\omega)]=\frac{1}{2\pi}[G_X(\omega)*V^M(\omega)]$$

式中，$V^M(\omega)$是$M=N/K$点三角窗口的频谱。有

$$V^M(\omega)=\frac{1}{M}\left[\sin\frac{M\omega}{2}\Big/\sin\frac{\omega}{2}\right]^2 \tag{7.3.13}$$

可见估计是有偏的。而且因为$M<N$，所以偏差比直接用N点数据作周期图的估计偏差要大。

②方差。

如果各段数据独立，则

$$\mathrm{Var}[\hat{G}_X^{AV}(\omega)]=\frac{1}{K}\mathrm{Var}[\hat{G}_{X,i}^M(\omega)] \tag{7.3.14}$$

根据上小节内容，有

$$\mathrm{Var}[\hat{G}_X^{AV}(\omega)]=\frac{\sigma_X^4}{K}\{1+[\sin M\omega/(M\sin\omega)]^2\} \tag{7.3.15}$$

可见，K越大方差越小，$K\to\infty$时则方差趋近于零，因此是一致估计。

不过如果K的增加是通过减小每段长度M而来的，则均值的偏差将加大。因此实际工作时M和N的值要根据对信号的先验知识来决定。K大则M小，因而偏差大方差小，曲线平滑但不能正确反映原谱的尖峰。反之，K小则M大，因为偏差小方差大，曲线起伏较剧烈，但平均地看更接近于真实值。如果已知功率谱中应用一个窄峰，而且希望把它反映出来，则M值要足够大才能保证所需要的分辨率，同时$N=KM$应根据所希望的方差改进程度来确定。也就是说：根据分辨率要求定M，再根据方差要求定K，从而定$N=KM$。

另外，实际上各组数据中相邻的几个往往有较强的相关性，并非互相独立。所以上面得出的结论偏于乐观。也有人主张分段时允许各组数据交叠。这样，在同一N值下，如果保证M一定，段数K便可增加，方差可进一步下降。不过此时各段数据间的统计独立性将更差，因而所得结果和理论结论相差更大。

(2) 平滑。

由上可见，平均周期图法功率谱估计方差的减小是以增大偏移和降低分辨率为代价得来的。实际中降低谱估计方差还有一种方法，它是用一适当的功率谱窗函数$W(e^{j\omega})$与周期图进行卷积而使周期图平滑，故称为周期图平滑法，又称为窗函数法。

方法是作出自相关估计后先用适当的窗函数和它相乘，然后再作傅里叶变换，得出最后的功率谱估计。

具体地说，令$\hat{R}_X^N(m)$，$m=0$，±1，±2，…，$\pm(M-1)$是由N点数据$x_0\sim x_{N-1}$作出的前$2M-1$点自相关估计［通常取$M\ll N$以保证$\hat{R}(m)$的偏差较小］。将$\hat{R}_X^N(m)$乘以$(2M-1)$点的窗函数$w^M(m)$［它只在$-(M-1)$至$+(M-1)$区间有值，其他各处都等于0］，再作离散时间傅里叶变换，即

$$\begin{aligned}\hat{G}_X^{SM}(\omega)&=\sum_{m=-\infty}^{+\infty}w^M(m)\hat{R}_X^N(m)e^{-jm\omega}\\&=\sum_{m=-(M-1)}^{+(M-1)}w^M(m)\hat{R}_X^N(m)e^{-jm\omega}\end{aligned} \tag{7.3.16}$$

式中，上标SM代表平滑后的谱估计，上标 N、M 代表原始数据的点数。

从频域上看，这一步骤的含义是用 $w^M(m)$ 的离散时间傅里叶变换 $W^M(\omega)$ 与 $\hat{R}_X^N(m)$ 的离散时间傅里叶变换 $\hat{G}_X^N(\omega)$（也就是周期图）相卷积作为平滑后的功率谱估计 $\hat{G}_X^{SM}(\omega)$

$$\hat{G}_X^{SM}(\omega)=\frac{1}{2\pi}\int_{-\pi}^{+\pi}G_X^N(\lambda)W^M(\omega-\lambda)\mathrm{d}\lambda \tag{7.3.17}$$

式中

$$W^M(\omega)=\sum_{m=-(M-1)}^{+(M-1)}w^M(m)\mathrm{e}^{-\mathrm{j}m\omega} \tag{7.3.18}$$

卷积的效果是使周期图 $\hat{G}_X^N(\omega)$ 得到平滑。只要窗函数选择合适，就可以减少泄漏效应，使旁瓣降低及谱平滑，从而使偏移与方差减小，但这种方法也是以窗函数主瓣变宽为代价的，因此，功率谱估计分辨率降低。

(3) 修改的周期图求平均法（Welch法）。

这是应用得很广的实用程序，性质上属于平均法，但也吸收了平滑法的特点。把数据分段后先对每段数据在时域上乘以窗函数，然后再作傅里叶变换。

这种方法先如平均周期图那样，把 N 个数据序列分成每段 M 个数据的 K 个区段，即 $N=KM$，然后如窗函数法那样，把窗函数 $w(n)$ 加到数据区段上，得出修正的周期图，再将修正的周期图求平均，作为功率谱估计。如果允许各段数据交叠，则段数 K 可以更多，有利于进一步减小平均后的方差。

定义 K 个修正的周期图为

$$J_M^{(i)}(\omega)=\frac{1}{MU}\left|\sum_{n=0}^{M-1}x^{(i)}(n)w(n)\mathrm{e}^{\mathrm{j}\omega n}\right|,\quad i=1,2,\cdots,K \tag{7.3.19}$$

式中

$$U=\frac{1}{M}\sum_{n=0}^{M-1}w^2(n) \tag{7.3.20}$$

功率谱估计为

$$B_X^w(\omega)=\frac{1}{K}\sum_{i=1}^{K}J_M^{(i)}(\omega) \tag{7.3.21}$$

为使功率谱估计是渐近无偏的，式中归一化因子是不可少的。

此算法有两个问题需要稍加说明：

①平滑法中窗函数是加在自相关估计上，而Welch法中窗函数则是直接加在数据上的。

②求平均时引入归一化算子的目的是使功率谱估计成为渐近无偏的估计。

例题6　对例题3给定的随机信号分别用平均法和加窗平均法估计其功率谱。

解：Matlab程序代码如下：

```
clc;clear;close all;
N= 4096;fs= 1000;
t= (0:N- 1)/fs;
fai= random('unif',0,1,1,2)* 2* pi;
x= cos(2* pi* 30* t+ fai(1))+ 3* cos(2* pi* 70* t+ fai(2))+ randn(1,N);
Nseg= 1024;
```

```
win = rectwin(1024)';
Sx1 = abs(fft(win.* x(1:1024)).^2)/norm(win)^2;
Sx2 = abs(fft(win.* x(1025:2048)).^2)/norm(win)^2;
Sx3 = abs(fft(win.* x(2049:3072)).^2)/norm(win)^2;
Sx4 = abs(fft(win.* x(3073:4096)).^2)/norm(win)^2;
Sx = 10* (log10(Sx1)+ log10(Sx2)+ log10(Sx3)+ log10(Sx4))/4;
f = (0:Nseg/2- 1)* fs/Nseg;
plot(f,Sx(1:Nseg/2),'k');
xlabel('f(Hz)');ylabel('Sx(f)(dB/Hz)');
grid on;
```

运行结果如图 7.7 所示。

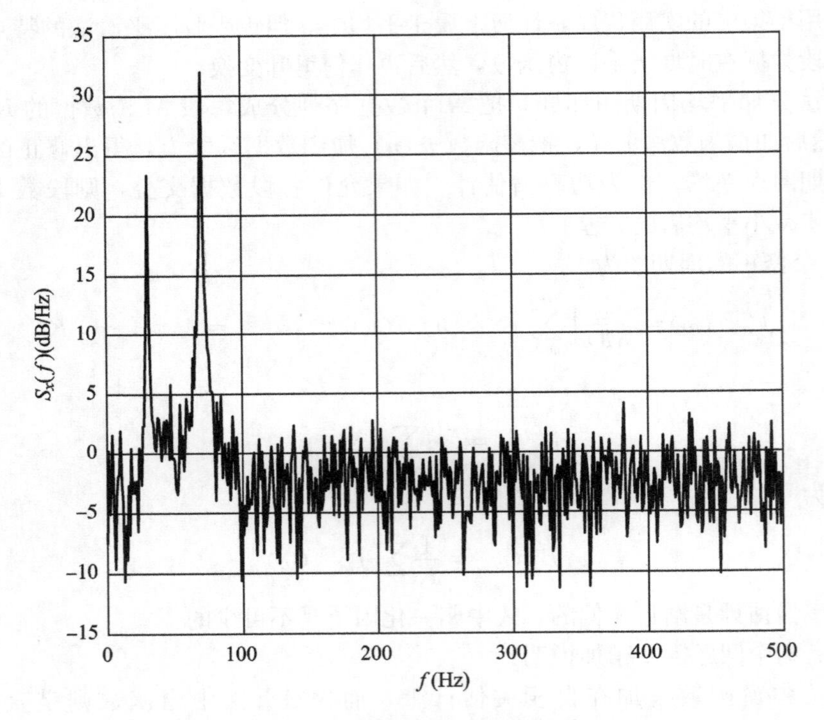

图 7.7　分段平均法功率谱估计

在本例中，将 rectwin（1024）语句改为 hanning（1024），就得到汉宁窗的平滑法功率谱估计，如图 7.8 所示。比较图 7.7 和图 7.8 可以发现，分段平均法得到的功率谱曲线的起伏较小，但是它的分辨率有所降低，因为它参与功率谱估计的长度实际上为数据长度的 1/4，因此分辨率下降了，而加窗平滑法得到的功率谱曲线的起伏更小，分辨率也提高了。

例题 7　用 Welch 法估计例题 3 给定的随机信号的功率谱

解：Matlab 程序代码如下：

```
clc;clear;close all;
```

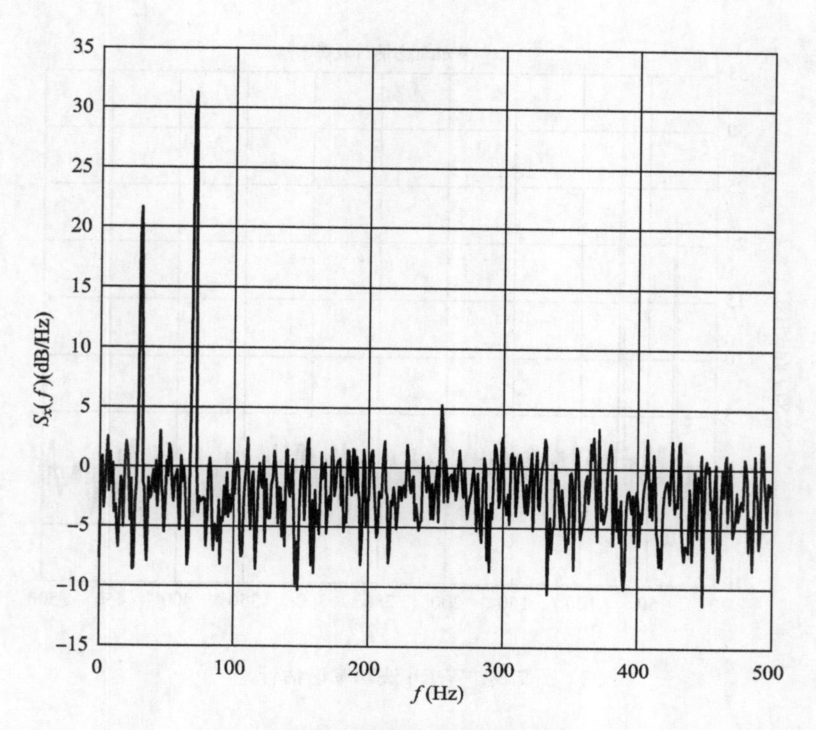

图 7.8　加窗平滑法功率谱估计

```
N= 4096;fs= 1000;
t= (0:N-1)/fs;
fai= random('unif',0,1,1,2)* 2* pi;
x= cos(2* pi* 30* t+ fai(1))+ 3* cos(2* pi* 70* t+ fai(2))+ randn(1,N);
Nseg= 1024;
win= hanning(1024)';
noverlap= Nseg/2;
f= (0:Nseg/2)* fs/Nseg;
Sx= pwelch(x,win,512,Nseg,fs,'onesided')* fs/2;
plot(f,10* log10(Sx),'k');
xlabel('f(Hz)');ylabel('Sx(f)(dB/Hz)');
title('Welch 法估计功率谱');
grid on;
```

运行得到如图 7.9 所示的结果，由图可见，Welch 法得到的功率谱相对于加窗平滑法更加平滑，但是频率分辨率没有改进。

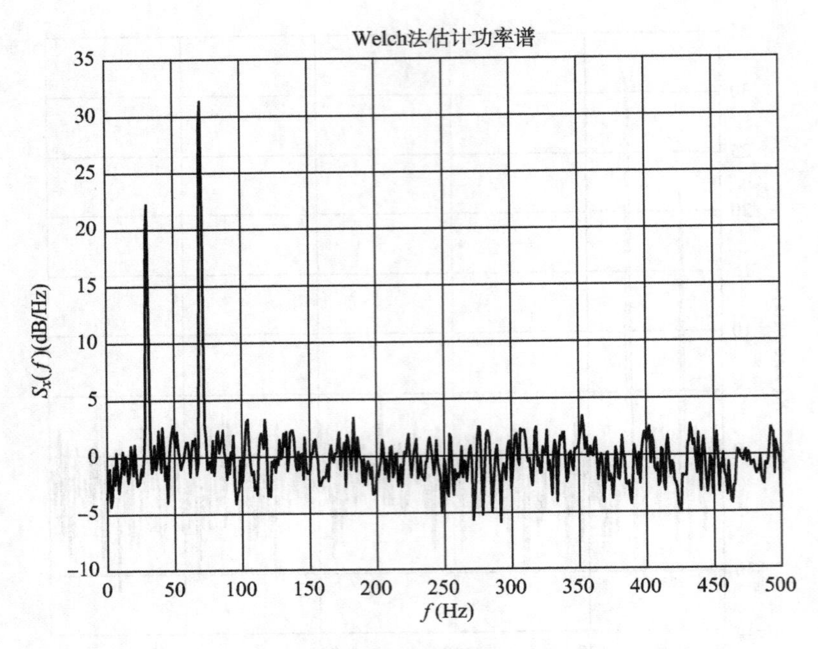

图 7.9 Welch 法功率谱估计

7.4 现代谱估计

经典功率谱估计方法的方差性能较差，分辨率较低。方差性能差的原因是无法实现功率谱原始定义中的求均值和求极限的运算。分辨率低的原因，对周期图法是假定了数据窗以外的数据全为零，对自相关法是假定了在延迟窗口以外的自相关函数全为零，这在频域里相当于引入了一个与之卷积的 sinc 函数。由于 sinc 函数主瓣不是无限窄，主瓣宽度反比于数据记录长度 N，而在实际中一般又不可能获得很长的数据记录。如果原来真实的功率谱是窄的，那么与主瓣卷积会使功率谱向附近频率扩展，使得信号模糊，降低了分辨率，可见主瓣越宽分辨率越差，严重时，会使主瓣产生很大失真，甚至主瓣中的弱分量会被旁瓣中的强泄漏所掩盖。

为了克服以上缺点，人们提出了平均、加窗平滑等方法，在一定程度上改善了经典谱估计的性能。但是，经典方法始终无法解决频率分辨率和谱估计稳定性之间的矛盾，特别是在数据记录很短的情况下，这一矛盾显得尤为突出。

从 20 世纪 60 年代中期开始出现的谱估计的参数模型法就完全去除了上述的隐含假设。一般地，都在人们获知被估计的随机信号某些先验统计知识条件下，对其做出合理的假定。

7.4.1 AR、MA、ARMA 模型

在第 4 章的讨论中我们已经知道，任何具有有理功率谱密度的随机信号都可以看成由一白噪声 $w(n)$ 激励一物理网络所形成。如果能根据已观察到的数据估计出这一物理网络的物理参数，就不必认为 N 个以外的数据全为零，这就有可能克服经典谱估计的缺点，如由这个模型来求功率谱估计，可望得到比较好的结果。

参数模型谱估计的思路如下：

(1) 假定所研究的过程 $x(n)$ 是由一个输入序列 $u(n)$ 激励一个线性系统 $H(z)$ 的输出。

(2) 由已知的 $x(n)$，或其自相关函数来估计 $H(z)$ 的参数。

(3) 由 $H(z)$ 的参数来估计 $x(n)$ 的功率谱。

众所周知，对一个研究对象建立数学模型是现代工程中常用的方法，它一方面使所研究的对象有一个简洁的数学表达式，另一方面，通过对模型的研究，可得到更多的参数，也可使我们对所研究的对象有更深入的研究。

$u(n)$ 和 $x(n)$ 总有如下的输入、输出关系

$$x(n)=-\sum_{k=1}^{p}a_k x(n-k)+\sum_{k=0}^{q}b_k u(n-k) \tag{7.4.1}$$

及

$$x(n)=\sum_{k=0}^{\infty}h(k)u(n-k) \tag{7.4.2}$$

对上两式分别取 z 变换，并假定 $b_0=1$，可得

$$H(z)=\frac{B(z)}{A(z)} \tag{7.4.3}$$

式中

$$A(z)=1+\sum_{k=1}^{p}a_k z^{-k} \tag{7.4.4}$$

$$B(z)=1+\sum_{k=1}^{q}b_k z^{-k} \tag{7.4.5}$$

$$H(z)=\sum_{k=0}^{\infty}h(k)z^{-k} \tag{7.4.6}$$

为了保证 $H(z)$ 是一个稳定的且是最小相位的系统，$A(z)$、$B(z)$ 的零点都应在单位圆内。

假定 $u(n)$ 是一个方差为 σ^2 的白噪声序列，由随机信号通过线性系统的理论可知，输出序列 $x(n)$ 的功率谱为

$$P_x(\mathrm{e}^{\mathrm{j}\omega})=\frac{\sigma^2 B(\mathrm{e}^{\mathrm{j}\omega})B^*(\mathrm{e}^{\mathrm{j}\omega})}{A^*(\mathrm{e}^{\mathrm{j}\omega})A(\mathrm{e}^{\mathrm{j}\omega})}=\frac{\sigma^2|B(\mathrm{e}^{\mathrm{j}\omega})|^2}{|A(\mathrm{e}^{\mathrm{j}\omega})|^2} \tag{7.4.7}$$

这样，如果激励白噪声的方差 σ^2 及模型的参数 a_1，a_2，…，a_p；b_1，b_2，…，b_q 已知，那么由上式可求出输出序列 $x(n)$ 的功率谱。

基于模型的功率谱估计方法大体上可按下列几个步骤进行：

(1) 选择一个合适模型。

(2) 用已观测到的数据估计模型参数。

(3) 将模型参数代入功率谱的计算公式就可得到功率谱估计。

由以上讨论可知，用模型法作功率谱估计，实际上要解决的是模型的参数估计问题，所以这类谱估计方法又统称为参数化方法。以下分三种情况来考虑。

(1) 如果 b_1，b_2，…，b_q 全为零，那么有

$$x(n)=-\sum_{k=1}^{p}a_k x(n-k)+u(n) \tag{7.4.8}$$

$$H(z)=\frac{1}{A(z)}=\frac{1}{1+\sum_{k=1}^{p}a_kz^{-k}} \tag{7.4.9}$$

$$P_x(e^{j\omega})=\frac{\sigma^2}{\left|1+\sum_{k=1}^{p}a_ke^{-j\omega k}\right|^2} \tag{7.4.10}$$

此三式给出的模型称为自回归（auto-regressive）模型，简称 AR 模型，它是一个全极点的模型，“自回归”的含义是：该模型现在的输出是现在的输入和过去 p 个输入的加权和。

（2）如果 a_1，a_2，…，a_p 全为零，那么有

$$x(n)=\sum_{k=0}^{q}b_ku(n-k)=u(n)+\sum_{k=1}^{q}b_ku(n-k),\quad b_0=1 \tag{7.4.11}$$

$$H(z)=B(z)=1+\sum_{k=1}^{q}b_kz^{-k} \tag{7.4.12}$$

$$P_x(e^{j\omega})=\sigma^2\left|1+\sum_{k=1}^{q}b_ke^{-j\omega k}\right|^2 \tag{7.4.13}$$

此三式给出的模型称为移动平均（moving-average）模型，简称 MA 模型，它是一个全零点的模型。

（3）a_1，a_2，…，a_p；b_1，b_2，…，b_q 不全为零时，则称为自回归一移动平均模型，简称 ARMA 模型，ARMA 模型是一个既有极点、又有零点的模型。

由于 ARMA 或 MA 模型的参数估计常需要解一组非线性方程，而 AR 模型的参数估计只需要解一组线性方程，相对要容易些，鉴于 Wold 分解定理，当被估计的随机信号是 ARMA 或 MA 时，总可以化为阶数很高的 AR 模型。所以，AR 模型的参数估计得以深入研究和广泛应用。

7.4.2 AR 模型谱估计法

由前面讨论可知，p 阶 AR 模型的差分方程和系统函数为

$$x(n)=-\sum_{k=1}^{p}a_kx(n-k)+u(n) \tag{7.4.14}$$

及

$$H(z)=\frac{1}{A(z)}=\frac{1}{1+\sum_{k=1}^{p}a_kz^{-k}} \tag{7.4.15}$$

模型输出的功率谱则为

$$P_{XX}(\omega)=\frac{\sigma^2}{|A(e^{j\omega})|^2}=\frac{\sigma^2}{\left|1+\sum_{k=1}^{p}a_ke^{-j\omega k}\right|^2} \tag{7.4.16}$$

若已知参数 a_1，a_2，…，a_p 及 σ^2，就可以得到信号的功率谱估计。现在我们研究这些参数与自相关函数的关系。将 AR 模型的差分方程代入 $x(n)$ 的自相关函数表达式，得

$$\begin{aligned}R_X(m)&=E[x(n)x(n+m)]\\&=E\left\{x(n)\left[-\sum_{k=1}^{p}a_kx(n+m-k)+u(n+m)\right]\right\}\end{aligned} \tag{7.4.17}$$

$$=-\sum_{k=1}^{p}a_kR_X(m-k)+E[x(n)u(n+m)]$$

按前式，$x(n)$只与$u(n)$相关而与$u(n+m)$独立，故

$$E[x(n)u(n+m)]=E[u(n)u(n+m)]=\begin{cases}\sigma^2, & m=0\\ 0, & m>0\end{cases} \tag{7.4.18}$$

将上式代入自相关函数的表达式得

$$R_X(m)=\begin{cases}-\sum_{k=1}^{p}a_kR_X(m-k), & m>0\\ -\sum_{k=1}^{p}a_kR_X(m-k)+\sigma^2, & m=0\end{cases} \tag{7.4.19}$$

将$m=1$，2，…，p代入上式，并将两式合并后写成矩阵形式，得

$$\begin{bmatrix}R_X(0) & R_X(-1) & R_X(-2) & \cdots & R_X(-p)\\ R_X(1) & R_X(0) & R_X(-1) & \cdots & R_X(-(p-1))\\ R_X(2) & R_X(1) & R_X(0) & \cdots & R_X(-(p-2))\\ \vdots & \vdots & \vdots & & \vdots\\ R_X(p) & R_X(p-1) & R_X(p-2) & \cdots & R_X(0)\end{bmatrix}\begin{bmatrix}1\\ a_1\\ a_2\\ \vdots\\ a_p\end{bmatrix}=\begin{bmatrix}\sigma^2\\ 0\\ 0\\ \vdots\\ 0\end{bmatrix} \tag{7.4.20}$$

上式就是AR模型的Yule－Walker方程。对于实序列，由于$R_X(-m)=R_X(m)$，因此只要已知或估计出$p+1$个自相关函数值，可由该方程解出$p+1$个模型参数$\{a_1, a_2, \cdots, a_p, \sigma^2\}$，根据这些参数即可得到随机信号的功率谱估计。

7.4.3　LD递推谱估计法

从以上讨论可知，AR模型可归结为利用Yule－Walker方程求解AR系数$\{a_1, a_2, \cdots, a_p, \sigma^2\}$。但直接以Yule－Walker方程求解这些参数还较麻烦，因为需作p阶矩阵求逆运算，当p较大时，运算量很大，而且当模型阶数增加一阶、矩阵增大一维时，还得全部重新计算，因此有必要寻找更简便的计算方法。

Levinson－Durbin对Yule－Walker方程提出了高效的递推算法，它利用自相关矩阵的对称性和Toepltz性质。该算法运算量的数量级为p^2，它首先以$AR(0)$和$AR(1)$模型参数作为初始条件，计算$AR(2)$模型参数，然后根据这些参数计算$AR(3)$模型参数，一直到计算出$AR(p)$模型参数为止。Levinson－Durbin算法的关键是要推导出由$AR(k)$模型的参数计算$AR(k+1)$模型的参数递推计算公式。下面根据$AR(1)$、$AR(2)$、$AR(3)$各阶模型的Yule－Walker方程的求解结果归纳出一般的迭代计算公式：

一阶AR模型的Yule－Walker矩阵方程为

$$\begin{bmatrix}R_X(0) & R_X(1)\\ R_X(1) & R_X(0)\end{bmatrix}\begin{bmatrix}1\\ a_{11}\end{bmatrix}=\begin{bmatrix}\sigma_1^2\\ 0\end{bmatrix} \tag{7.4.21}$$

解方程中的未知参数a_{11}和σ_1^2为

$$a_{11}=-\frac{R_X(1)}{R_X(0)} \tag{7.4.22}$$

$$\sigma_1^2=(1-|a_{11}|^2)R_X(0) \tag{7.4.23}$$

然后从二阶 AR 模型的矩阵方程

$$\begin{bmatrix} R_X(0) & R_X(1) & R_X(2) \\ R_X(1) & R_X(0) & R_X(1) \\ R_X(2) & R_X(1) & R_X(0) \end{bmatrix} \begin{bmatrix} 1 \\ a_{11} \\ a_{22} \end{bmatrix} = \begin{bmatrix} \sigma_1^2 \\ 0 \\ 0 \end{bmatrix} \tag{7.4.24}$$

得到 AR(2) 参数为

$$a_{22} = -\frac{R_X(0)R_X(2) - R_X^2(1)}{R_X^2(0) - R_X^2(1)} = -\frac{R_X(2) + a_{11}R_X(1)}{\sigma_1^2} \tag{7.4.25}$$

$$a_{21} = -\frac{R_X(0)R_X(1) - R_X(1)R_X(2)}{R_X^2(0) - R_X^2(1)} = a_{11} + a_{22}a_{11} \tag{7.4.26}$$

$$\sigma_2^2 = (1 - |a_{22}|^2)\sigma_1^2 \tag{7.4.27}$$

以此类推得递推公式

$$a_{kk} = -\frac{R_X(k) + \sum_{l=1}^{k-1} a_{k-1,l}R_X(k-l)}{\sigma_{k-1}^2} \tag{7.4.28}$$

$$a_{ki} = a_{k-1,i} + a_{kk}a_{k-1,k-i}, \quad i = 1,\ 2,\ \cdots,\ k-1 \tag{7.4.29}$$

$$\sigma_k^2 = (1 - |a_{kk}|^2)\sigma_{k-1}^2, \quad \sigma_0^2 = R_X(0) \tag{7.4.30}$$

因此，Levinson－Durbin 递推公式大体是先估计出自相关函数，然后根据上式进行递推得到 $AR(k)$ 的各参数值，直至所需的阶数为止。

7.4.4 AR 模型阶数选择原则

用 AR 模型来拟合一个随机信号，模型的阶数需要适当选择。一般来说，AR 模型的阶数预先是不知道的。前面已经提到 AR 谱估计方法与线性预测误差滤波器等效，由于 σ_k^2 为误差功率，$\sigma_k^2 > 0$。由以上讨论也可知，$|a_{kk}| < 1$ 和 $\sigma_{k+1}^2 < \sigma_k^2$。而在 Levinson 算法的递推计算过程中，如果 $\sigma_{k+1}^2 < \sigma_k^2$ 和 $|a_{kk}| < 1(k=1,\ 2,\ \cdots,\ p)$，则 $AR(p)$ 模型一定是稳定的。这等效于线性预测误差滤波器的传递函数的所有极点都在单位圆内。如果信号的正确模型是 p 阶 AR 模型，则当 $k=p$ 时，均方误差值已满足实际要求，这时已无须继续迭代下去。

若阶选择太低，低于要拟合信号的实际阶数时，形成的功率谱受到的平滑太厉害，平滑后的谱可能已经分解不出真实的两个峰了；若阶选择过高，这时虽然可以提高谱估计的分辨率，但会产生假的谱峰。

一种简单而直观的确定 AR 模型的阶的方法是在不断增加模型阶数的同时观察预测误差功率，当该功率下降到足够小时，对应的阶便可界定为模型的阶。但是较难确定 σ_k^2 降到什么程度才算合适。另外，还应注意到随着模型阶数的增加，模型阶数的数目亦增多了，谱估计的方差会变大（表现在虚假谱峰的出现）。因此，人们还提出了几种不同的误差准则作为确定模型阶数的依据，下面简单介绍三种。

1. 最终预测误差（Final Prediction Error，FPE）

FPE 准则是 H. Akaike 提出的，这种准则的基本思想是选择一个阶，使得一步预测的平均误差最小。经过推导，$AR(k)$ 过程的最终预测误差为

$$FPE(k) = \sigma_k^2\left(\frac{N+k+1}{N-k+1}\right) \tag{7.4.31}$$

式中，N 是数据样本数目，括号内的数值随着 k 的增大（趋近于 N）而增加，由于 σ_k^2 随阶

的增加而减小，所以FPE将有一个最小值，它所对应的阶便是最后欲求的阶。

2. Akaika 信息量准则（Akaike Information Criterion，AIC）

AIC准则是从最大似然法推导出来的，经过推导，AIC定义为

$$AIC(k)=N\log\sigma_k^2+2k \tag{7.4.32}$$

AIC最小值对应的阶就是要选择的阶。可以证明，当$N\rightarrow\infty$时，FPE与AIC等效。

3. 判别自回归传输函数准则（Criterion Autoregressive Transfer Function，CAT）

这一准则是把实际预测误差滤波器（可能是无限长）和相应的估计滤波器的均方误差之间的差值最小所对应的阶作为最佳阶。Parzen证明，若不知道真正的误差滤波器时也可以计算这种差，它定义为

$$CAT(k)=\frac{1}{N}\sum_{i=1}^{k}\frac{1}{\hat{\sigma}_j^2}-\frac{1}{\hat{\sigma}_k^2} \tag{7.4.33}$$

式中，$CAT(k)$ 最小时的 k 值即为所需的阶。

用FPE、AIC和CAT估计AR模型的阶，所得的谱估计结果常常并无多大区别，有时会混合使用这三种准则来判阶，以取得比较满意的结果。但是当已知的信号序列的长度较短时，这三种准则都不太理想。另外，在分析噪声中的谐波时，如果信噪比很高，用FPE或AIC准则判阶往往阶数偏低。实验表明，对于特别主要的数据，阶数最好选在数据长度的$\frac{1}{3}\sim\frac{1}{2}$之间，一般可以获得较为令人满意的结果。在实际应用这些准则时，还应该参照实验结果对模型的阶数作适当调整。

例题8 设序列 $x(n)$ 由两个正弦信号组成，其频率分别为 $f_1=20$ Hz，$f_2=30$ Hz，并含有一定的噪声分量，试分别用周期图法、Yule－Walker估计序列的功率谱。

解：Matlab程序如下：

```
clc;clear;close all;
Fs = 200;
n = 0:1/Fs:1;
xn = sin(2* pi* 20* n) + sin(2* pi* 30* n) + 0.1* randn(size(n));
nfft = 512;
[Pxx,f] = periodogram(xn,window,nfft,Fs);
plot(f,10* log10(Pxx)),grid
xlabel('频率(Hz)');
ylabel('功率谱(dB/Hz)');
title('周期图法');
figure
pyulear(xn,15,nfft,Fs);
xlabel('频率(Hz)');
ylabel('功率谱(dB/Hz)');
title('15阶AR模型');
```

运行结果如图7.10所示。

两种谱估计大致形状比较一致，但是用Yule－Walker方法估计的功率谱曲线比周期图

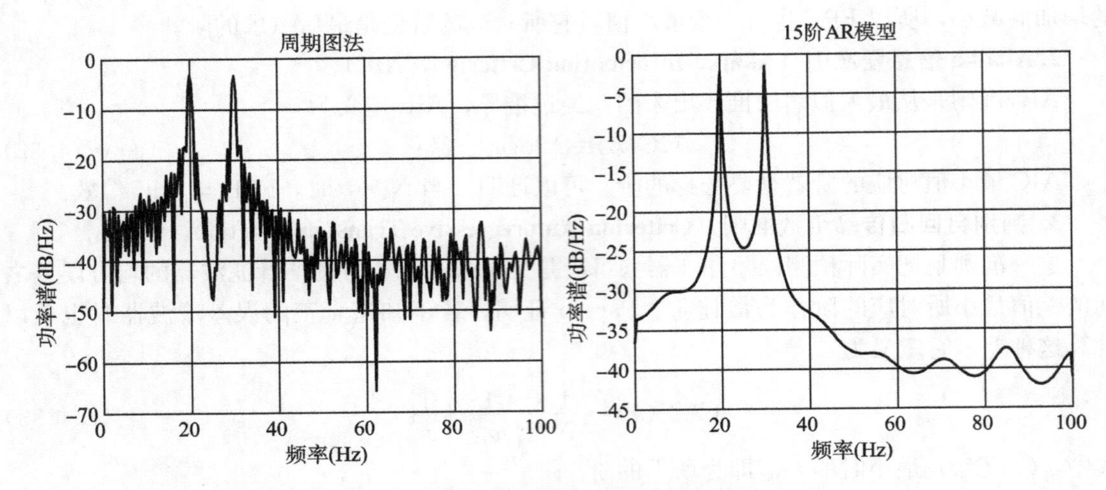

图 7.10　周期图法和 AR 模型功率谱估计效果比较

法的要平滑得多，这是由于其具有简单的全极点模型的缘故。

习　题

7.1　试论述方差估计的一致性，讨论在方差估计中，相关性对估计结果的影响。

7.2　请详细论述如何利用快速傅里叶变换进行相关函数估计。

7.3　讨论互相关函数和互协方差函数的估计质量。

7.4　已知心电图的频率上限约为 50 Hz，因此以 $f_s=200$ Hz 进行采样。如果要求的频率分辨率 $\Delta f=2$ Hz，试确定作谱估计时每段数据的点数。

7.5　证明：用式 $\hat{R}_X(m)=\dfrac{1}{N}\sum\limits_{n=0}^{N-|m|-1}x^*(n)x(n+m)$ 进行自相关函数的估计是渐近一致估计。

7.6　设信号的自相关函数 $R(k)=\rho^k$，$k=0$，1，2，3，试用 Yule－Walker 方程和 Levinson－Durbin 递推方法求解 $AR(3)$ 模型参量。

7.7　设 $N=5$ 的数据记录为 $x_0=1$，$x_1=2$，$x_3=4$，$x_4=5$，试用 Levinson－Durbin 递推方法求 $AR(3)$ 模型参量及 x_4 的预测估计 $\hat{x}_4$。

7.8　已知一实信号序列的相关函数估计为

$$\hat{R}(0)=1,\ \hat{R}(1)=0.8,\ \hat{R}(2)=0.5$$

(1) 写出二阶 AR 估计的表达式。

(2) 写出最小均方误差参数估计方程，并用直接法求解各个参数。

(3) 试用 Levinson－Durbin 递推方法求 $AR(2)$ 模型参量。

7.9　设由白噪声 $w(n)$ 激励产生的 $MA(q)$ 序列为

$$x(n)=\sum_{k=1}^{q}b_k w(n-k)+w(n)$$

试求其相关函数 $R(m)$，$m=0$，1，…，M $(M>q)$，并对结果加以讨论。

第 8 章
信号检测

在通信、雷达等应用中，发送端发送的是若干特定的信号波形，但由于在传输过程中，噪声与干扰不可避免地要附加到信号上，这样在接收端得到一个观测信号后，因为干扰的存在，我们不能确定它是否包含信号，也不能肯定地说包含的是哪一个信号，更不能确定它包含什么参量的信号。经典的信号检测理论主要研究在受噪声干扰的随机信号中，通过在给定的观测时间内，对观测信号进行分析处理，再根据确定的优化准则确定信号的有无或信号属于哪个状态的概念、方法和性能等问题，它的数学基础是统计判决理论，又称为假设检验理论。

8.1 经典检测理论

现代检测理论是用于判决和信息提取的电子信号处理系统设计的基础，比如雷达、通信、语音、声呐、生物医学等系统，这些系统都有一个共同的目标，就是要能够确定感兴趣的事件在什么时候发生，然后就是要确定该事件更多的信息。确定事件的发生即判决问题一般称为检测理论。

比如在雷达系统中，感兴趣的是确定是否有飞机正在靠近。为了完成这一目标，可以发射一个电磁脉冲，如果这个脉冲被大的运动目标反射，那么就显示有飞机出现。如果一架飞机出现，那么接收波形将是由反射的脉冲（在某个时间之后）和周围的辐射以及接收机内的电子噪声组成。如果飞机没有出现，那么就只有噪声。信号处理器的功能就是要确定接收到的波形中只有噪声（没有飞机）还是噪声中含有回波（飞机出现）。

在这些电子系统中，遇到的是根据连续波形做出判决的问题。现代信号处理系统使用数字计算机对一个连续的波形进行采样，并存储采样值。这样就等效成一个根据离散时间波形或数据集做出判决的问题。从数学上讲，有 N 点可用的数据集 $\{x(0), x(1), \cdots, x(N-1)\}$，为了做出判决，要首先形成一个数据函数 $T(x(0), x(1), \cdots, x(N-1))$，根据它的值来做出判决。确定函数 T，把它映射成一个判决是检测理论中的中心问题。现在的系统都是根据离散时间信号和数字电路进行设计的，因此检测问题就成了根据一组时间序列的观测来进行判决的问题，也就是根据数据进行判决的问题，这是统计假设检验的中心内容。

最简单的检测问题是在含有噪声的情况下确定信号存在还是只有噪声。由于我们是根据两种可能的假设来做出判决，即确定信号与噪声同时出现还是只有噪声出现，称其为二元假设检验问题。检测的目标就是在做出判决时尽可能有效地利用接收数据，并且希望这种判决在大多数情况下是正确的。在通信问题中，遇到的是二元假设检验问题的更一般的形式，感兴趣的是确定两种可能信号中的哪一个被发出，在这种情况下，两种假设是由噪声中含有相位为0°的正弦信号和噪声中含有相位为180°的正弦信号组成。而在语音处理问题中，遇到的问题会是在10个可能的数字中确定说出的是哪一个数字，这样的问题称为多元假设检验问题。所以这些问题都具有一个特征，那就是根据观测数据集需要在两个或多个可能的假设中做出判决。由于噪声固有的随机特性，如语音模式和噪声，因此必须采用统计的方法。

下面从简单的二元信号检测问题入手，介绍经典检测理论的基本概念，包括假设检验、优化准则、似然比检验等概念。

8.1.1 假设检验

以最简单的二元假设信号检测为例，雷达目标检测和二进制数字通信就是典型的二元假设检测问题。典型的二元假设信号检测理论模型的基本组成如图8.1所示，主要由四部分组成。

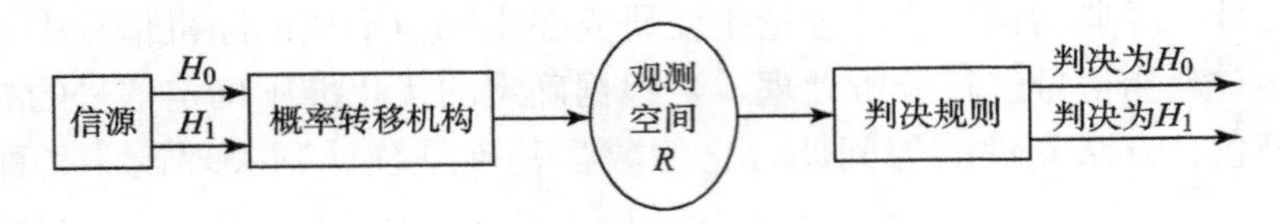

图8.1 二元假设信号检测理论模型

(1) 模型的第一部分是信源。信源在某一时刻输出一种信号，而在另一时刻可能输出另一种信号。对于二元信号的情况，信源在某一时刻输出的是两种不同的信号之一。因为在接收端，人们事先并不知道信源在某一时刻输出的是哪种信号，分别记为假设 H_0 和假设 H_1。当信源输出一种信号时记为假设 H_0，则当信源输出另一种信号时就记为假设 H_1。一般并不知道哪一种假设为真，因此需要进行判决。一些典型的二元信源如在雷达系统中，雷达对特定区域进行观测并判定该区域是否存在目标，这时假设 H_0 表示目标不存在，假设 H_1 表示目标存在。

(2) 模型的第二部分是概率转移机构。它是在信源输出的其中一个假设为真的基础上，把噪声干扰背景中的假设 H_0 或 H_1 为真的信号以一定的概率关系映射到观测空间，即概率转移机构按照某种概率规则在观测空间产生一个点。

考虑二元信号的检测问题。当假设 H_0 为真时，信源产生输出信号-1，当 H_1 为真时，信源产生输出信号$+1$。信源的输出信号与均值为零、方差为 σ^2 的高斯噪声 n 叠加，其和就是观测空间中的随机观测信号 y。这样，在两个假设下，观测信号模型为

$$\begin{cases} H_0: y=-1+n \\ H_1: y=+1+n \end{cases} \tag{8.1.1}$$

图8.2显示的是这样一个二元观测信号产生模型。

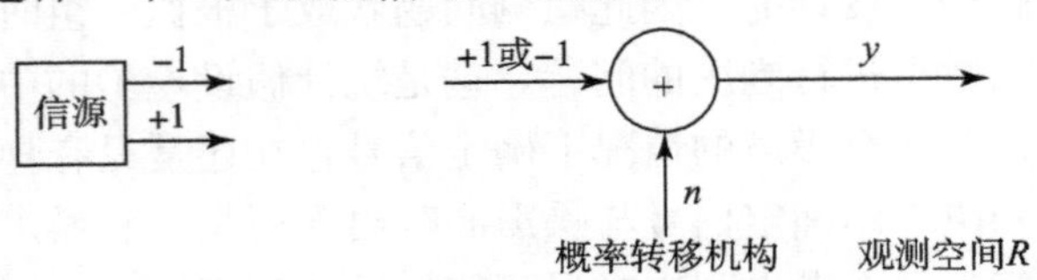

图8.2 观测信号产生模型

根据已知条件，可以写出两种假设条件下观测信号的概率密度函数，分别为

$$p(y|H_1)=\frac{1}{\sqrt{2\pi}\sigma}\exp\left[-\frac{(y-1)^2}{2\sigma^2}\right] \tag{8.1.2}$$

$$p(y|H_0)=\frac{1}{\sqrt{2\pi}\sigma}\exp\left[-\frac{(y+1)^2}{2\sigma^2}\right] \tag{8.1.3}$$

高斯噪声的概率密度函数及两种情况下观测信号的概率密度函数如图 8.3 所示。

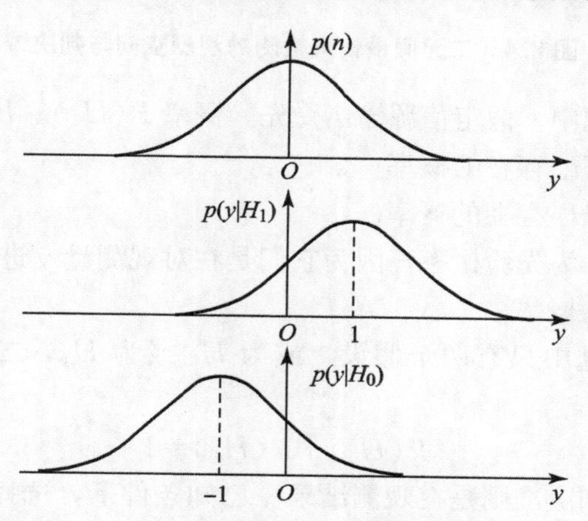

图 8.3 二元假设观测信号的统计模型

如果没有噪声，信源输出的信号将映射到观测空间中的某一个确定的点，但在噪声干扰的情况下，它将以一定的概率映射到整个观测空间，而映射到某一点附近的概率取决于概率密度函数 $p(y|H_1)$ 和 $p(y|H_0)$。

(3) 模型的第三部分是观测空间 R。观测空间 R 是在信源输出不同信号状态下，在噪声干扰下，由概率转移机构所生成的全部可能观测量的集合。观测量可以是一维的随机观测信号，也可以是多维的随机观测矢量，这时候观测值 y 是一个由 N 个值构成的矢量，即 $y=[y_1, y_2, \cdots, y_N]$。

(4) 模型的第四部分是判决规则。观测量落入观测空间后，就可以用来推断哪一个假设成立是合理的，即判决信号属于哪种状态。判决规则使观测空间的每一个点对应着一个相应的假设 $H_i(i=0, 1)$。判决结果就是选择假设 H_0 成立，还是选择假设 H_1 成立。在二元假设信号检测中，把整个观测空间 R 划分为 R_0 或 R_1 两个子空间，并满足

$$\begin{cases}R=R_0+R_1\\R_0\cap R_1=\varnothing\end{cases} \tag{8.1.4}$$

其中，子空间 R_1 称为假设 H_1 的判决域，子空间 R_0 称为假设 H_0 的判决域。如果观测值 y 落入 R_1 域，就判决假设 H_1 成立；如果观测值 y 落入 R_0 域，就判决为假设 H_0 成立，如图 8.4 所示。

假设检验的目的就是要根据获得的观测量，按照某种判决规则，做出信号是属于哪个假设的判决。假设检验有时又称为信号的统计检测。

8.1.2 信号检测系统的设计思想

本节用二元假设检验来说明统计信号检测系统的基本构思。

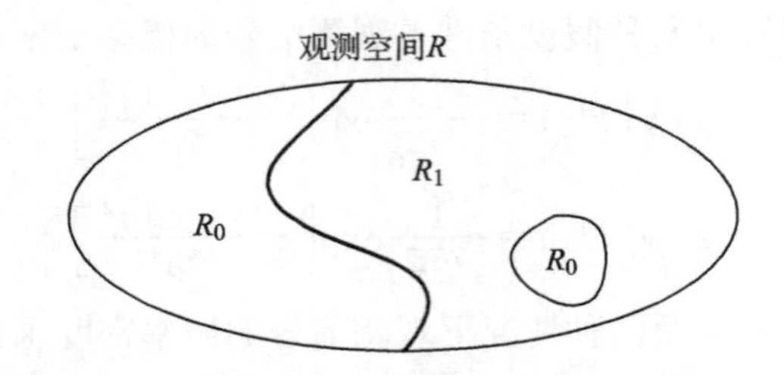

图 8.4　二元假设信号检测的观测空间与判决域

在二元假设检验问题中，假定信源输出受先验概率 $P(H_0)$、$P(H_1)$ 控制，即

(1) $P(H_0)$：假设 H_0 存在的概率；

(2) $P(H_1)$：假设 H_1 存在的概率。

称 $P(H_0)$、$P(H_1)$ 为先验概率，因为它们是在对观测量 y 进行统计检验之前就已经知道了，故而称为“先验”概率。

在二元假设检验问题中只有两个假设，或为 H_0 或为 H_1，二者必居其一，互不相容，即有

$$P(H_0)+P(H_1)=1$$

显然，一个合理的判决准则是在观测结果 y 已知条件下，选择事件 H_0 或 H_1 出现概率大的那一个事件，即通过比较 $P(H_0|y)$、$P(H_1|y)$ 的大小来判定是选择 H_0 还是选择 H_1。即当

$$P(H_1|y)>P(H_0|y) \tag{8.1.5}$$

或

$$\frac{P(H_1|y)}{P(H_0|y)}>1 \tag{8.1.6}$$

时，选择 H_1，否则选择 H_0。上述判决过程可简化写成下列表达式

$$\frac{P(H_1|y)}{P(H_0|y)}\underset{H_0}{\overset{H_1}{\gtrless}}1 \tag{8.1.7}$$

上式通常称为判决表示式。因为 $P(H_0|y)$ 和 $P(H_1|y)$ 两个条件概率是在得到观测值 y 后事件 H_0 和 H_1 出现的概率，所以称它们为后验概率。根据上式判决的准则称为最大后验概率准则。

观测值 y 可以是一个连续随机变量，对于连续随机变量，这个判决规则用概率密度函数表示往往更方便。对于连续随机变量 y，设 $p(y)$ 表示 y 的概率密度，则有

$$P(H_0|y)=\frac{P(y|H_0)}{p(y)}P(H_0) \tag{8.1.8}$$

和

$$P(H_1|y)=\frac{P(y|H_1)}{p(y)}P(H_1) \tag{8.1.9}$$

于是，最大后验概率判决表示式可写成

$$\frac{P(y|H_1)P(H_1)}{P(y|H_0)P(H_0)}\underset{H_0}{\overset{H_1}{\gtrless}}1 \tag{8.1.10}$$

或

$$\frac{P(y|H_1)}{P(y|H_0)} \underset{H_0}{\overset{H_1}{\gtrless}} \frac{P(H_0)}{P(H_1)} = \frac{P(H_0)}{1-P(H_0)} = \eta \tag{8.1.11}$$

其中，转移概率密度函数 $P(y|H_1)$ 和 $P(y|H_0)$ 通常称为似然函数，它们的比例为似然比，似然比定义为

$$\Lambda(y) = \frac{P(y|H_1)}{P(y|H_0)} \tag{8.1.12}$$

所以，似然比检测的判决表示式为

$$\Lambda(y) \underset{H_0}{\overset{H_1}{\gtrless}} \eta \tag{8.1.13}$$

其中，η 为判决门限。

根据上式组成的检测系统如图 8.5 所示，该系统称为似然比处理器，有时也称为最优处理器。似然比处理器由两个基本部分组成，其中一个是似然比计算装置，另一个是门限装置。

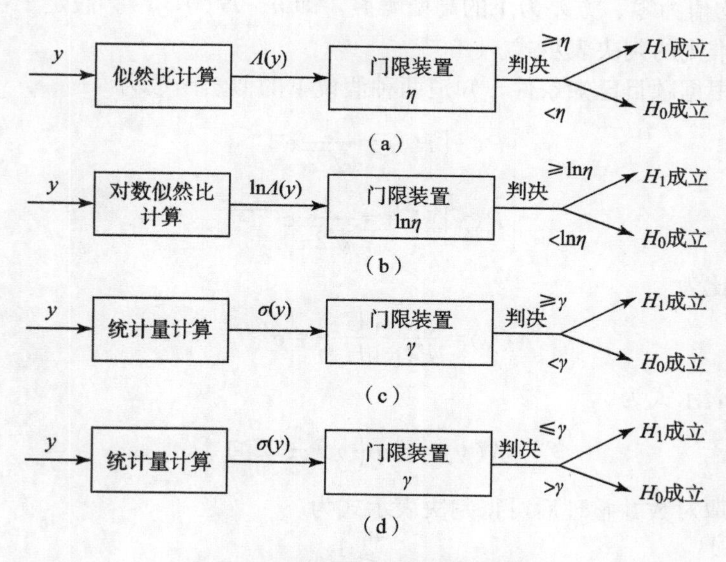

图 8.5　二元假设信号检验原理框图

(a) 似然比检验；(b) 对数似然比检验；(c) 统计量检验；(d) 统计量检验

从判决门限表达式可以看出，似然比处理器的检测门限大小由假设 H_0 和 H_1 的先验概率 $P(H_0)$ 和 $P(H_1)$ 决定。容易得出，H_0 的先验概率 $P(H_0)$ 越大，就更倾向于选择 H_0；同时，当 $P(H_0)$ 越大时，门限 $P(H_0)/P(H_1)$ 就大，似然比 $\Lambda(y)$ 超过门限的可能性越小，这样选择 H_0 的机会就更大。类似的说法对 H_1 的情况也是适用的。

似然比判决表示式通常是可以简化的，例如，在高斯噪声中的信号检测问题，因为似然函数是指数函数，所以似然比也是指数函数，此时，对似然比判决表达式两边取自然对数，这样就可以去掉似然比中的指数形式，从而使判决式得到简化，这样，信号检测的判决表达式变为

$$\ln\Lambda(y) \underset{H_0}{\overset{H_1}{\gtrless}} \ln\eta \tag{8.1.14}$$

上式称为对数似然比检验，它对应的系统原理框图如图 8.5（b）所示。

有时，对似然比检验表示式采用一些其他方式进行简化，使得判决表示式的左边是观测量的最简函数 $\sigma(y)$，而判决表示式右边变为另一个门限 γ。这样，判决表示式变为

$$\sigma(y) \underset{H_0}{\overset{H_1}{\gtrless}} \gamma \tag{8.1.15}$$

或

$$\sigma(y) \underset{H_1}{\overset{H_0}{\lessgtr}} \gamma \tag{8.1.16}$$

其中，$\sigma(y)$ 称为检验统计量；γ 为检测门限。通过检验统计量进行判决的系统原理框图如图 8.5（c）和图 8.5（d）所示。

例题 1 设有两种假设

$$\begin{cases} H_0: y=n \\ H_1: y=1+n \end{cases}$$

其中，n 为服从均值为零、方差为 1 的高斯噪声，即 $n\sim N(0,1)$。假定 $P(H_0)=P(H_1)$，求最大后验概率准则的判决表示式。

解：首先，根据题目已知条件，知道两种假设下的似然函数为

$$\begin{cases} P(y|H_0)=\dfrac{1}{\sqrt{2\pi}}e^{-\frac{y^2}{2}} \\ P(y|H_1)=\dfrac{1}{\sqrt{2\pi}}e^{-\frac{(y-1)^2}{2}} \end{cases}$$

所以，似然比为

$$\Lambda(y)=\frac{P(y|H_1)}{P(y|H_0)}=e^{\left(y-\frac{1}{2}\right)}$$

似然比判决表示式为

$$\Lambda(y)=\exp\left(y-\frac{1}{2}\right) \underset{H_0}{\overset{H_1}{\gtrless}} 1$$

对上式两边取对数并整理后可得判决表示式为

$$y \underset{H_0}{\overset{H_1}{\gtrless}} \frac{1}{2}$$

在本例中，观测空间为 $R=(-\infty,\infty)$，H_0 的判决区域为 $R_0=(-\infty,1/2)$，H_1 的判决区域为 $R_1=(1/2,\infty)$。

8.1.3 检测性能

信号的统计检测就是统计学中的假设检验。检验就是信号检测系统对信号属于哪个状态的统计判决，所以信号的统计检测又称假设检验。以二元假设检验为例来讨论信号的检测性能。

在二元假设检验问题中，信源输出有两种可能，分别记为假设 H_1 和 H_0。概率转移机构将信源的输出以一定的概率映射到观测空间中的一点，形成观测量 y。判决规则将整个观测空间 R 划分为区域 R_0 和 R_1。当观测值落入 R_0 时，就判决为 H_0；当观测值落入 R_1 时，就判决为 H_1。所以，对于二元假设检验问题，在进行判决时可能发生下列 4 种情况：

（1）H_0 为真，判决为 H_0，记为 $(H_0|H_0)$；

(2) H_1 为真，判决为 H_1，记为$(H_1|H_1)$；

(3) H_0 为真，判决为 H_1，记为$(H_1|H_0)$；

(4) H_1 为真，判决为 H_0，记为$(H_0|H_1)$。

其中，情况（1）、（2）属于正确判决；情况（3）、（4）属于错误判决。

对应每一种判决结果$(H_i|H_j)(i, j=0, 1)$，有相应的判决概率 $P(H_i|H_j)$ $(i, j=0, 1)$，它表示在假设 H_j 为真的条件下，判决为假设 H_i 的概率。设似然函数为 $P(y|H_j)(j=0, 1)$，判决规则把整个观测空间 R 划分为区域 R_0 和 R_1，则判决概率 $P(H_i|H_j)(i, j=0, 1)$ 为

$$P(H_i|H_j)=\int_{R_i}P(y|H_j)\mathrm{d}y,\quad i, j=0, 1 \tag{8.1.17}$$

在雷达信号检测中，通常假设 H_0 对应信号不存在或目标不存在，H_1 对应信号存在或目标存在，这时定义以下几个概念：

$$P_{\mathrm{D}}=P(H_1|H_1)=\int_{R_1}P(y|H_1)\mathrm{d}y \tag{8.1.18}$$

$$P_{\mathrm{F}}=P(H_1|H_0)=\int_{R_1}P(y|H_0)\mathrm{d}y \tag{8.1.19}$$

$$P_{\mathrm{M}}=P(H_0|H_1)=\int_{R_0}P(y|H_1)\mathrm{d}y=1-P_{\mathrm{D}} \tag{8.1.20}$$

其中，条件概率 P_{D} 表示信号存在判定为信号存在的概率，称为检测概率（当有目标时为有目标）；条件概率 P_{F} 表示信号不存在判定为信号存在的概率，称为虚警概率（当没有目标时视为有目标）；条件概率 P_{M} 表示信号存在判定为信号不存在，称为漏警概率（当有目标时视为没有目标）；总错误概率 P_{e} 为

$$P_{\mathrm{e}}=P(H_0|H_1)P(H_1)+P(H_1|H_0)P(H_0) \tag{8.1.21}$$

从上式可以看出，总错误概率 P_{e} 不仅与两类错误概率有关，而且与两个先验概率 $P(H_0)$、$P(H_1)$ 有关。设计一个检测系统希望检测概率应尽量大，而虚警概率与漏警概率应尽量小。但是，由于它们之间存在着相互制约的关系，只能在一定条件下实现最佳选择。

例题 2　设有两种假设

$$\begin{cases}H_0: y=n\\ H_1: y=1+n\end{cases}$$

其中，n 为服从均值为零、方差为 1 的高斯噪声，即 $n\sim N(0, 1)$。假定 $p(H_0)=p(H_1)$，求检测判决性能。

解：根据例题 1 的结果知道，H_0 的判决区域为 $R_0=(-\infty, 1/2)$，H_1 的判决区域为 $R_1=(1/2, \infty)$，所以，判决虚警概率为

$$P_{\mathrm{F}}=P(H_1|H_0)=\int_{R_1}P(y|H_0)\mathrm{d}y=\int_{1/2}^{\infty}\frac{1}{\sqrt{2\pi}}\mathrm{e}^{-\frac{y^2}{2}}\mathrm{d}y=Q(1/2)=0.3085$$

其中，$Q(x)$ 称为正态概率右尾函数，它的定义为

$$Q(x)=\int_{x}^{\infty}\frac{1}{\sqrt{2\pi}}\mathrm{e}^{-\frac{y^2}{2}}\mathrm{d}y$$

漏警概率为

$$P_{\mathrm{M}}=P(H_0|H_1)=\int_{R_0}P(y|H_1)\mathrm{d}y=\int_{-\infty}^{1/2}\frac{1}{\sqrt{2\pi}}\mathrm{e}^{-\frac{(y-1)^2}{2}}\mathrm{d}y$$

$$= \int_{-\infty}^{-1/2} \frac{1}{\sqrt{2\pi}} e^{-\frac{y^2}{2}} dy = Q(1/2) = 0.3085$$

检测概率为

$$P_D = 1 - P_M = 1 - Q(1/2) = 0.6915$$

8.2 判决准则

如前所述，信号检测问题即根据观测值来选择其中的一个假设为真，并使得判决在某种意义下或判决规则下达到最佳。判决规则也称为判决准则，它使得判决结果或判决性能在某种意义上达到最优，所以也称为优化准则。除了介绍过的最大后验概率准则，本节继续介绍贝叶斯（Bayes）准则、最小平均错误概率准则、极小化极大准则和奈曼－皮尔逊（Neyman－Pearson）准则。

8.2.1 贝叶斯准则

在信号检测理论的术语中，计算两类错误概率时常将加权因子称为“代价函数”，而将加权后的错误概率称为“风险”。

对于二元假设检验，有四种判决情况，其中两种错误判决，两种正确判决，做出错误的判决是要付出代价的，同样，正确的判决也要付出代价，只不过正确判决的代价一般要小于错误判决的代价。为了描述每种判决情况的代价，引入代价因子 c_{ij}，表示假设 H_j 却选择了 H_i 成立所付出的代价，即 i 表示检验结果，j 表示原来假设。对于二元假设 i 和 j 只能为 0 或 1。

已知 H_1 为真的条件下，做出判决的平均代价为假设 H_1 下的条件代价，记为 r_1，且有

$$r_1 = P(H_0 | H_1) c_{01} + P(H_1 | H_1) c_{11} \tag{8.2.1}$$

同样，已知 H_0 为真的条件下，做出判决的平均代价为假设 H_0 下的条件代价，记为 r_0，且有

$$r_0 = P(H_0 | H_0) c_{00} + P(H_1 | H_0) c_{10} \tag{8.2.2}$$

由于事先不知道 H_1 或 H_0 为真，因而总平均代价，即平均风险等于各条件代价按其先验概率进行平均，总的平均代价为

$$\begin{aligned} C &= P(H_0) r_0 + P(H_1) r_1 \\ &= P(H_0)[P(H_0 | H_0) c_{00} + P(H_1 | H_0) c_{10}] + P(H_1)[P(H_0 | H_1) c_{01} + P(H_1 | H_1) c_{11}] \end{aligned} \tag{8.2.3}$$

于是，贝叶斯准则要求这样地确定判决区域 R_0 和 R_1，使上式中的平均代价最小。

贝叶斯准则可以简化为似然比准则，因而它是似然比准则的特例。对于二元选择检测，有 $P(H_0 | H_1) = 1 - P(H_1 | H_1)$ 和 $P(H_0 | H_0) = 1 - P(H_1 | H_0)$。将这些关系式代入平均代价表达式中，则有

$$C = P(H_1) c_{01} + P(H_0) c_{00} + P(H_0)(c_{10} - c_{00}) P(H_1 | H_0) - P(H_1)(c_{01} - c_{11}) P(H_1 | H_1) \tag{8.2.4}$$

显然，虚警概率 $P(H_1 | H_0)$ 和检测概率 $P(H_1 | H_1)$ 可表示为

$$\begin{cases} P(H_1|H_0)=\int_{R_1} p(y|H_0)\mathrm{d}y \\ P(H_1|H_1)=\int_{R_1} p(y|H_1)\mathrm{d}y \end{cases} \tag{8.2.5}$$

式中，$p(y|H_0)=p(y_1, y_2, \cdots, y_n|H_0)$ 和 $p(y|H_1)=p(y_1, y_2, \cdots, y_n|H_1)$ 分别表示假设 H_0 和 H_1 条件下接收波形样本的 n 维概率密度函数，称为似然函数，代入平均代价表示式，则得到用似然函数表示的平均风险表达式

$$C=P(H_1)c_{01}+P(H_0)c_{00}+\int_{R_1}\{P(H_0)(c_{10}-c_{00})p(y|H_0)-P(H_1)(c_{01}-c_{11})p(y|H_1)\}\mathrm{d}y \tag{8.2.6}$$

贝叶斯准则要求我们选择判决区域 R_1，使上式中 C 达到极小。由于上式中前两项与判决区域 R_1 的选择无关，因而要求第三项积分式达到最小。由于被积函数可能为正，也可能为负，为了使积分达到最小，只要选择区域 R_1 使被积函数总为负或零就能达到。因此，选择 H_1 的区域 R_1 应满足

$$P(H_1)(c_{01}-c_{11})p(y|H_1)\geqslant P(H_0)(c_{10}-c_{00})p(y|H_0) \tag{8.2.7}$$

上式经过简单代数运算，可写为

$$\frac{p(y|H_1)}{p(y|H_0)}\geqslant\frac{P(H_0)(c_{10}-c_{00})}{P(H_1)(c_{01}-c_{11})} \tag{8.2.8}$$

用似然比表示，贝叶斯判决准则为

$$\Lambda(y)=\frac{p(y|H_1)}{p(y|H_0)}\underset{H_0}{\overset{H_1}{\gtrless}}\frac{P(H_0)(c_{10}-c_{00})}{P(H_1)(c_{01}-c_{11})}=\eta \tag{8.2.9}$$

由此可见，贝叶斯意义下的最佳判决系统变为计算似然比的系统，将似然比 $\Lambda(y)$ 与一门限 η 比较，如果 $\Lambda(y)\geqslant\eta$，则判 H_1 为真；反之，则判 H_0 为真。

为了进一步说明似然比准则的物理概念，在如图 8.6 所示的 n 维输入空间 $\mathbf{Y}$ 上表示似然函数。对于空间中的每一个点 $y\in\mathbf{Y}$，似然函数 $p(y|H_1)$ 和 $p(y|H_0)$ 具有确定的数值，图中点的密度形象地表示似然函数的大小。显然，$p(y|H_1)$ 较大的区域应判 H_1 为真，而 $p(y|H_0)$ 较大的区域应判 H_0 为真。判决规则应为：如果 $p(y|H_1)\geqslant p(y|H_0)$，则该点属于区域 R_1，反之，属于 R_0。区域 R_1 和 R_0 的分界面满足方程式 $\Lambda(y)=\eta$。

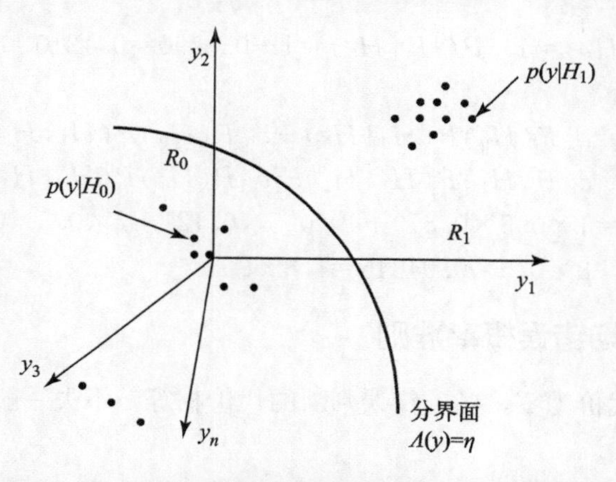

图 8.6　似然比检测的信号空间表示法示意图

例题 3 设二元假设检验的观测信号模型为

$$\begin{cases} H_0: y(t) = -1 + n(t) \\ H_1: y(t) = 1 + n(t) \end{cases}$$

其中，$n(t)$ 是均值为零、方差为 1/2 的高斯噪声。若两种假设是等先验概率的，并且知道代价函数为 $c_{00}=1$，$c_{01}=8$，$c_{10}=4$，$c_{11}=2$。试求贝叶斯判决表示式和平均代价。

解：两种假设的先验概率为

$$P(H_0) = P(H_1) = \frac{1}{2}$$

根据已知条件，两种假设下的似然函数分别为

$$P(y|H_0) = \frac{1}{\sqrt{\pi}} e^{-(y+1)^2}$$

$$P(y|H_1) = \frac{1}{\sqrt{\pi}} e^{-(y-1)^2}$$

似然比为

$$\Lambda(y) = \frac{P(y|H_1)}{P(y|H_0)} = e^{4y}$$

似然比形式的贝叶斯准则为

$$e^{4y} \underset{H_0}{\overset{H_1}{\gtrless}} \frac{(c_{10}-c_{00})P(H_0)}{(c_{01}-c_{11})P(H_1)} = \frac{(4-1)/2}{(8-2)/2} = \frac{1}{2}$$

取自然对数，贝叶斯判决准则简化为

$$y \underset{H_0}{\overset{H_1}{\gtrless}} \frac{1}{4} \ln \frac{1}{2} = -0.1733$$

根据上面的判决式，两个判决区域分别为 $R_0=(-\infty, -0.1733)$，$R_1=(-0.1733, \infty)$，所以有

$$P_M = P(H_0|H_1) = \int_{R_0} P(y|H_1) dy = \int_{-\infty}^{-0.1733} \frac{1}{\sqrt{\pi}} e^{-(y-1)^2} dy = 0.04846$$

$$P_D = P(H_1|H_1) = 1 - P(H_0|H_1) = 1 - 0.04846 = 0.95154$$

$$P(H_0|H_0) = \int_{R_0} P(y|H_0) dy = \int_{-\infty}^{-0.1733} \frac{1}{\sqrt{\pi}} e^{-(y+1)^2} dy = 0.8790$$

$$P_F = P(H_1|H_0) = 1 - P(H_0|H_0) = 1 - 0.8790 = 0.1210$$

所以，平均代价为

$$\begin{aligned} C &= c_{00}P(H_0)P(H_0|H_0) + c_{10}P(H_0)P(H_1|H_0) + \\ &\quad c_{11}P(H_1)P(H_1|H_1) + c_{01}P(H_1)P(H_0|H_1) \\ &= 1\times0.5\times0.879 + 4\times0.5\times0.121 + 2\times0.5\times0.95154 + \\ &\quad 8\times0.5\times0.04846 = 1.8269 \end{aligned}$$

8.2.2 最小平均错误概率准则

假定正确判断的代价为零，各类错误判断的代价相等。不失一般性，设错误判断的代价为 1，即

$$\begin{cases} c_{00} = c_{11} = 0 \\ c_{01} = c_{10} = 1 \end{cases} \tag{8.2.10}$$

这时的平均风险为

$$C=P(H_0|H_1)P(H_1)+P(H_1|H_0)P(H_0) \tag{8.2.11}$$

即平均风险 C 就是平均错误率 P_e，此时的最小平均代价准则就是最小平均错误概率准则。最小平均错误概率准则是贝叶斯准则的一种特例。可得到最小平均错误概率准则下的判决规则为

$$\Lambda(y)=\frac{P(y|H_1)}{P(y|H_0)}\underset{H_0}{\overset{H_1}{\gtrless}}\frac{P(H_0)}{P(H_1)}=\eta \tag{8.2.12}$$

可以看出，即最小平均错误概率准则与最大后验概率准则是一致的。

8.2.3 极小化极大准则

使用贝叶斯准则需要同时知道先验概率和代价因子。如果仅知道先验概率而不知道代价因子，则可使用最大后验概率准则。在实际工程中常常会出现与此相反的情况，即仅知道代价因子而不知道先验概率。例如，在雷达观测中，敌机出现或不出现的先验概率是很难确定的。在博弈中，也很难估计对方出某牌的先验概率。这时，一种合理的办法是使可能出现的最大风险达到极小，这就是极大极小化准则。

贝叶斯准则确定判决门限需要知道代价因子和先验概率 $P(H_1)$ 和 $P(H_0)$，如果先验概率未知，这时可以采用极大极小化准则。

极小化极大准则的关键是寻求那个最不利的先验概率，有了它就可以计算检验门限。首先，我们知道判决风险为

$$\begin{aligned}C=&c_{00}P(H_0)P(H_0|H_0)+c_{10}P(H_0)P(H_1|H_0)+\\&c_{11}P(H_1)P(H_1|H_1)+c_{01}P(H_1)P(H_0|H_1)\end{aligned} \tag{8.2.13}$$

令 $P_1=P(H_1)$ 则 $P(H_0)=1-P_1$，又 $P_F=P(H_1|H_0)$，$P(H_0|H_0)=1-P_F$，$P_M=P(H_0|H_1)$，$P(H_1|H_1)=1-P_M$，将这些关系式代入上式，经整理后可得

$$C=c_{00}(1-P_F)+c_{10}P_F+P_1((c_{11}-c_{00})+(c_{01}-c_{11})P_M-(c_{10}-c_{00})P_F) \tag{8.2.14}$$

对于给定的 P_1，如果按照贝叶斯准则确定判决门限，即

$$\Lambda(y)=\frac{P(y|H_1)}{P(y|H_0)}\underset{H_0}{\overset{H_1}{\gtrless}}\frac{(c_{10}-c_{00})(1-P_1)}{(c_{01}-c_{11})P_1} \tag{8.2.15}$$

那么，对应于先验概率 P_1 的最小风险，即贝叶斯风险可表示为

$$C_{\min}(P_1)=c_{00}(1-P_F)+c_{10}P_F+P_1((c_{11}-c_{00})+(c_{01}-c_{11})P_M-(c_{10}-c_{00})P_F) \tag{8.2.16}$$

很显然，不同的先验概率 P_1，判决门限不同，对应的最小风险也不同。可以证明，上式表示的风险是严格凸函数，由此可以画出一条最小风险随先验概率 P_1 变化的曲线，如图8.7中的曲线 A 所示。

从图中可以看出，存在一个先验概率 P_1^*，对应的最小风险达到最大，这个先验概率 P_1^* 称为最不利的先验概率。

现在考虑不知道先验概率 P_1 的情况，为了能采用贝叶斯准则，只能猜测一个先验概率 P_1^*，用这个先验概率 P_1^* 确定贝叶斯判决门限，此时 P_F 和 P_M 都是 P_1^* 的函数，记为 $P_F(P_1^*)$ 和 $P_M(P_1^*)$。此时的风险为

$$\begin{aligned}C(P_1^*,P_1)=&c_{00}(1-P_F(P_1^*))+c_{10}P_F(P_1^*)+P_1((c_{11}-c_{00})+(c_{01}-c_{11})P_M(P_1^*)-\\&(c_{10}-c_{00})P_F(P_1^*))\end{aligned} \tag{8.2.17}$$

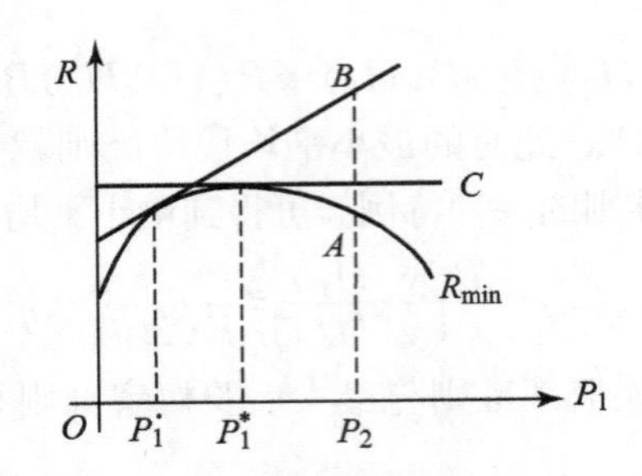

图 8.7　最小风险与先验概率 P_1 的关系曲线

$C(P_1^{\cdot}, P_1)$ 与 P_1 的关系是一条直线，如图 8.7 中的曲线 B 所示。很显然，$C(P_1^{\cdot}, P_1^{\cdot})=C_{\min}(P_1^{\cdot})$，即当猜测的先验概率 $P_1^{\cdot}$ 恰好等于实际的先验概率 P_1 时，风险达到最小，即为贝叶斯风险，所以直线 $C(P_1^{\cdot}, P_1)$ 与 $C_{\min}(P_1)$ 在 $P_1=P_1^{\cdot}$ 处相切。

由图可以看出，当实际的 P_1 与 $P_1^{\cdot}$ 相差不大时，风险与最小风险相差不大；当实际的 P_1 与 $P_1^{\cdot}$ 相差较大时，风险会变得很大，如图中 P_2 对应的风险，我们不希望出现这样的情况；如果选择 $P_1^{\cdot}=P_1^{*}$，这时风险是平行于横轴的，这时的风险不随 P_1 变化，是个恒定值。极小化极大准则就是根据最不利的先验概率确定门限的一种贝叶斯判决方法，这时的风险是一个恒定值，不随先验概率变化。要使风险为常数，平均代价表示的直线斜率应该为零，因此，可解出最不利的先验概率 P_1^{*}。

$$(c_{11}-c_{00})+(c_{01}-c_{11})P_{\mathrm{M}}(P_1^{*})-(c_{10}-c_{00})P_{\mathrm{F}}(P_1^{*})=0 \tag{8.2.18}$$

把上式称为极小化极大方程，通过令最小风险对 P_1 的导数为零也可以求得最不利先验概率 P_1^{*}，即

$$\left.\frac{\partial C_{\min}(P_1)}{\partial P_1}\right|_{P_1=P_1^{*}}=0 \tag{8.2.19}$$

当 $c_{11}=c_{00}=0$，$c_{01}=c_{10}=1$ 时，极小化极大方程简化为

$$P_{\mathrm{M}}(P_1^{*})=P_{\mathrm{F}}(P_1^{*}) \tag{8.2.20}$$

此时的平均代价等于总错误概率。

例题 4　设有两种假设

$$\begin{cases} H_0: y(t)=n(t) \\ H_1: y(t)=1+n(t) \end{cases}$$

其中，$n(t)$ 是均值为零、方差为 1 的高斯分布噪声。假定 $c_{11}=c_{00}=0$，$c_{01}=c_{10}=1$。试求极小化极大准则的判决表达式和判决门限。

解：根据题目已知条件，计算出的似然比为

$$\Lambda(y)=\frac{P(y|H_1)}{P(y|H_0)}=\mathrm{e}^{(y-1/2)}$$

所以判决表达式为

$$\Lambda(y)=\frac{P(y|H_1)}{P(y|H_0)}=\mathrm{e}^{(y-1/2)}\underset{H_0}{\overset{H_1}{\gtrless}}\frac{(c_{10}-c_{00})P(H_0)}{(c_{01}-c_{11})P(H_1)}=\frac{1-P_1}{P_1}$$

或者取对数再简化为

$$y \underset{H_0}{\overset{H_1}{\gtrless}} \frac{1}{2}+\ln\left(\frac{1-P_1}{P_1}\right)=\gamma$$

其中，判决门限 γ 由极小化极大方程求出。

因为

$$P_{\mathrm{F}}=P(H_1|H_0)=\int_{\gamma}^{\infty}P(y|H_0)\mathrm{d}y=\int_{\gamma}^{\infty}\frac{1}{\sqrt{2\pi}}\mathrm{e}^{-y^2/2}\mathrm{d}y=Q(\gamma)$$

$$P_{\mathrm{M}}=P(H_0|H_1)=\int_{-\infty}^{\gamma}P(y|H_1)\mathrm{d}y=\int_{-\infty}^{\gamma}\frac{1}{\sqrt{2\pi}}\mathrm{e}^{-(y-1)^2/2}\mathrm{d}y=1-Q(\gamma-1)$$

根据极小化极大方程得到

$$1-Q(\gamma-1)=Q(\gamma)$$

从而解得判决门限 $\gamma=\frac{1}{2}$。

8.2.4　奈曼－皮尔逊准则

在很多场合下，例如在雷达系统中，确定各类错误的代价和先验概率均十分困难。这时不能再使用最大后验概率准则和极大极小化准则，而必须使用既不包括先验概率，也不估计代价的最佳准则，这就是奈曼－皮尔逊准则。这个准则可表述为：在给定虚警概率 $P(H_1|H_0)$ 条件下，使检测概率 $P(H_1|H_1)$ 达到最大。在雷达系统中，由于虚警造成干扰，并使计算机过载，必须限制虚警次数足够小。同时，希望检测概率尽可能大，以便及早可靠地发现目标。因而在雷达系统中，几乎无例外地采用奈曼－皮尔逊准则。

在数学上，奈曼－皮尔逊准则可表示为：在给定虚警概率 $P(H_1|H_0)=\alpha$ 的条件下，使检测概率 $P(H_1|H_1)$ 达到最大，或使漏警概率 $P(H_0|H_1)$ 达到最小。这是一个有约束条件的变分问题，其解的必要条件应使以下新的目标函数达到最小。

$$\begin{aligned}Q&=P(H_0|H_1)+\mu(P(H_1|H_0)-\alpha)\\&=\int_{R_0}P(y|H_1)\mathrm{d}y+\mu\left(\int_{R_1}P(y|H_0)\mathrm{d}y-\alpha\right)\end{aligned}\tag{8.2.21}$$

因为

$$\int_{R_1}P(y|H_0)\mathrm{d}y=1-\int_{R_0}P(y|H_0)\mathrm{d}y\tag{8.2.22}$$

所以目标函数可以变为

$$Q=\mu(1-\alpha)+\int_{R_0}(P(y|H_1)-\mu P(y|H_0))\mathrm{d}y\tag{8.2.23}$$

要使 Q 最小，只要使被积函数 $P(y|H_1)-\mu P(y|H_0)$ 为负的 y 值划归为 R_0 域，从而判决为 H_0，否则划归为 R_1 域，判决为 H_1，即判决规则为

$$P(y|H_1)\underset{H_0}{\overset{H_1}{\gtrless}}\mu P(y|H_0)\tag{8.2.24}$$

或者写成似然比检验的形式，判决规则为

$$\Lambda(y)=\frac{P(y|H_1)}{P(y|H_0)}\underset{H_0}{\overset{H_1}{\gtrless}}\mu\tag{8.2.25}$$

应当指出，当 $\mu=1$ 时，奈曼－皮尔逊准则变为直接比较两种假设下的似然函数，这就是所谓的最大似然准则，它是奈曼－皮尔逊准则的一种特例。

奈曼一皮尔逊准则的求解步骤如下。

对观测信号 y 进行统计描述，得到似然函数 $P(y|H_1)$ 和 $P(y|H_0)$，再求出似然比 $\Lambda(y)$，对似然比判决式进一步化简，获得检验统计量的判决表示式

$$\sigma(y)\underset{H_0}{\overset{H_1}{\gtrless}}\gamma(\mu) \tag{8.2.26}$$

或

$$\sigma(y)\underset{H_1}{\overset{H_0}{\gtrless}}\gamma(\mu) \tag{8.2.27}$$

其中，检测门限待求，它根据虚警概率确定。

求出检测统计量 $\sigma(y)$ 在两个假设下的概率密度函数 $P(\sigma|H_1)$ 和 $P(\sigma|H_0)$。根据检验统计量判决式，有

$$P(H_1|H_0)=\int_{\gamma(\mu)}^{\infty}P(\sigma|H_0)\mathrm{d}\sigma=\alpha \tag{8.2.28}$$

或者

$$P(H_1|H_0)=\int_{-\infty}^{\gamma(\mu)}P(\sigma|H_0)\mathrm{d}\sigma=\alpha \tag{8.2.29}$$

根据上面两式，就可以反求出检测门限 $\gamma(\mu)$ 或似然比检测门限 μ。

下面举例说明奈曼一皮尔逊准则的应用。

例题5　在二元数字通信系统中，假设为 H_1 时信源输出为 1，假设为 H_0 时信源输出为 0，信号在通信信道上传输时叠加了均值为零、方差为 2 的高斯噪声，构造一个虚警概率为 $P(H_1|H_0)=0.1$ 的纽曼一皮尔逊准则接收机。

解：根据题目给定条件知道，系统观测模型为

$$\begin{cases}H_0: y=n(t)\\ H_1: y=1+n(t)\end{cases}$$

似然函数为

$$P(y|H_0)=\frac{1}{2\sqrt{\pi}}\mathrm{e}^{-y^2/4}$$

$$P(y|H_1)=\frac{1}{2\sqrt{\pi}}\mathrm{e}^{-(y-1)^2/4}$$

似然比为

$$\Lambda(y)=\frac{P(y|H_1)}{P(y|H_0)}=\mathrm{e}^{(y/2-1/4)}$$

似然比形式的奈曼一皮尔逊判决准则为

$$\mathrm{e}^{\left(\frac{y}{2}-\frac{1}{4}\right)}\underset{H_0}{\overset{H_1}{\gtrless}}\mu$$

化简为

$$y\underset{H_0}{\overset{H_1}{\gtrless}}\frac{1}{2}+2\ln\mu=\gamma$$

判决门限 γ 由给定的虚警概率决定，即

$$P(H_1|H_0)=\int_{\gamma}^{\infty}P(y|H_0)\mathrm{d}y=\int_{\gamma}^{\infty}\frac{1}{2\sqrt{\pi}}\exp\left(-\frac{y^2}{4}\right)\mathrm{d}y=0.1$$

从而算出 $\gamma=1.8$。于是，判决规则为：

$$y \underset{H_0}{\overset{H_1}{\gtrless}} 1.8$$

这时的检测概率为

$$P_{\mathrm{D}}=P(H_1|H_1)=\int_{\gamma}^{\infty}P(y|H_1)\mathrm{d}y=\int_{1.8}^{\infty}\frac{1}{2\sqrt{\pi}}\exp\left[-\frac{(y-1)^2}{4}\right]\mathrm{d}y=0.285$$

8.3 高斯白噪声中确知信号的检测

在上面两小节中，已经建立了从噪声中检测信号的理论基础。已知道，所谓“检测”就是利用概率与统计的工具，在某一最佳准则下，来设计检测接收信号的数学模型，通过数学上的处理尽可能地从噪声干扰中鉴别出有用信号，或者在噪声存在的情况下区分不同的信号。

在讨论信号检测时，将涉及信号和加性噪声构成的信道模型。信号按其确知的程度，可分为确知信号、随机参量信号和随机信号。加性噪声按其统计特性，可分为高斯噪声和非高斯噪声。这两种噪声按其功率谱密度分布又可分为白噪声和色噪声。上述信道模型可表示如下：

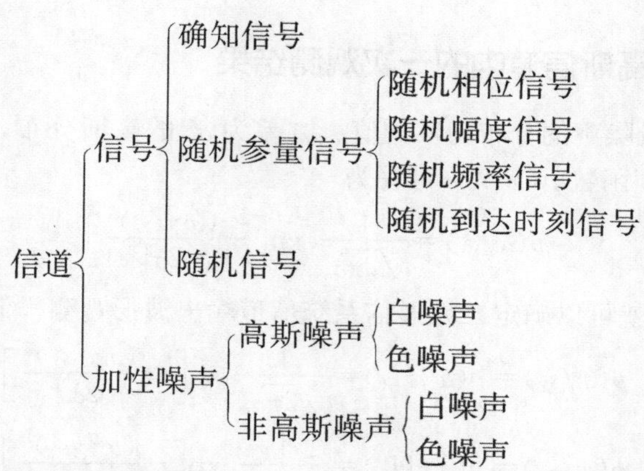

为了叙述方便，将信号检测理论分为两部分讨论。一种是经典的高斯白噪声背景下的信号检测；另一种是工程实际中经常遇到的非经典情况，这主要包括高斯色噪声背景下和噪声分布未知情况下的信号检测，以及接收波形取样数可变时的信号检测。本书主要就介绍高斯白噪声下确知信号的检测问题。

所谓确知信号，是指一个其波形和全部参量都是已知的信号。例如正弦信号，它的幅度、频率和相位等都是确知的。与这样的信号相联系的假设必然是简单的，得到的是参量检测系统。

高斯白噪声下检测确知信号的模型虽然是较为简单的理想情况，但是相当多的实际系统接近这种理想情况，而且这种理想系统的性能还可以作为其他非理想系统的比较标准。

8.3.1 二元通信系统

首先研究二元通信系统。此时，在时间间隔（0，T）内，发射机送出两个信号 $s_0(t)$ 和

$s_1(t)$ 中的一个，这两个信号都是确知的。由于受到信道加性噪声 $n(t)$ 的干扰，在接收机处，在时间间隔（0，T）内观察到的是信号与噪声的混合波形 $x(t)$。假定 $n(t)$ 是均值为零、功率谱密度为 $N_0/2$ 的高斯白噪声，我们的目的是设计一种最佳检测系统来对 $x(t)$ 进行处理，以便在下述两个假设中选择一个：

$$\begin{aligned} H_0 &: x(t)=s_0(t)+n(t), 0\leqslant t\leqslant T \\ H_1 &: x(t)=s_1(t)+n(t), 0\leqslant t\leqslant T \end{aligned} \tag{8.3.1}$$

由上一小节可知，最佳检测可根据不同的准则进行。但不管采用哪一种准则，最佳判决规则都是将似然比与某一门限进行比较，不同的准则仅仅体现在门限值不同。所以先不考虑指定哪一个具体准则，而是从一般的似然比准则着手研究最佳接收机，其结构如图 8.8 所示。

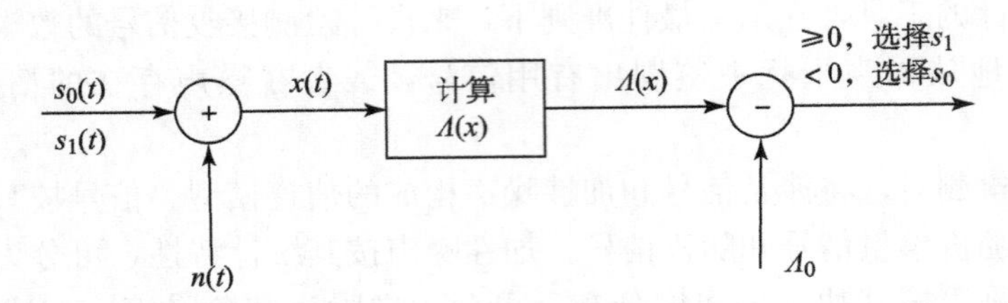

图 8.8　最佳接收机

8.3.2　在白色高斯信道中的一次观测结果

前面已提到，背景噪声的分布为零均值、方差为 σ_n^2 的高斯分布，观测样值 s_i 在已知条件下 x 的条件概率密度函数 $p(x/s_i)$ 可写为

$$p(x/s_i)=\frac{1}{\sqrt{2\pi}\sigma_n}\exp\left[-\frac{(x-s_i)^2}{2\sigma_n^2}\right] \tag{8.3.2}$$

根据式（8.3.2）就可以确定二元通信系统信道输出波形观测样值的似然函数分别为

$$p(x/s_1)=p(x/H_1)=\frac{1}{\sqrt{2\pi}\sigma_n}\exp\left[-\frac{(x-s_1)^2}{2\sigma_n^2}\right] \tag{8.3.3}$$

$$p(x/s_0)=p(x/H_0)=\frac{1}{\sqrt{2\pi}\sigma_n}\exp\left[-\frac{(x-s_0)^2}{2\sigma_n^2}\right] \tag{8.3.4}$$

式中，s_1 是对应于假设 H_1 的确知信号观测样值，s_0 则是对应于假设 H_0 的确知信号观测样值。

由此可以求出在高斯信道下的似然比为

$$\begin{aligned} \Lambda(x)&=\frac{p(x/H_1)}{p(x/H_0)}=\exp\left[\frac{2x(s_1-s_0)-(s_1^2-s_0^2)}{2\sigma_n^2}\right] \\ &=\exp\left[-\frac{(s_1^2-s_0^2)}{2\sigma_n^2}\right]\exp\left[\frac{x(s_1-s_0)}{\sigma_n^2}\right] \end{aligned} \tag{8.3.5}$$

可见，它是随机变量 x 的单调函数，$\Lambda(x)$ 也是一维随机变量。

确定了似然比后就可以根据不同的准则来进行假设检测，首先是根据门限似然比来确定门限电平。例如采用 Bayes 准则的门限似然比为

$$\Lambda(x)=\frac{P(H_0)}{1-P(H_0)}\left(\frac{c_{10}-c_{00}}{c_{01}-c_{11}}\right) \tag{8.3.6}$$

将式（8.3.6）代入式（8.3.5）后可以求出 x_B，此时

$$\frac{P(H_0)}{1-P(H_0)}\left(\frac{c_{10}-c_{00}}{c_{01}-c_{11}}\right)=\exp\left[-\frac{(s_1^2-s_0^2)}{2\sigma_n^2}\right]\exp\left[\frac{x_B(s_1-s_0)}{\sigma_n^2}\right]$$

稍加整理后，可得

$$x_B=\frac{\sigma_n^2}{s_1-s_0}\ln\left[\frac{P(H_0)(c_{10}-c_{00})}{(1-P(H_0))(c_{01}-c_{11})}\right]+\frac{s_1-s_0}{2} \tag{8.3.7}$$

知道了门限电平 x_B 后，Bayes 判决不等式就可以写成

$$x\mathop{\gtrless}_{H_0}^{H_1}x_B \tag{8.3.8}$$

当代价函数给定为 $c_{00}=c_{11}=0$ 和 $c_{10}=c_{01}=1$，并且先验概率 $P(H_0)=P(H_1)=1/2$ 的情况下，式（8.3.7）可以简写成

$$x_B=\frac{s_1+s_0}{2} \tag{8.3.9}$$

这就是在二元数字通信系统中经常遇到的 Bayes 门限值，它是信号 s_1 和 s_0 的平均值。当接收到的观测值 x 大于这个平均值时接收机就判决它为假设 H_1，即存在信号 s_1；否则就判决为假设 H_0，即存在信号 s_0。

8.3.3 在白噪声信道中的多次观测结果

在实际检测中，仅用一次取样是不能取得良好性能的，一般都是在时间间隔（0，T）内取 N 个样本。当 N 趋于无穷时，便成为连续取样情况，其判决规则也就变为用连续函数来表示。这样，便可以充分利用连续输入波形 $x(t)$ 所提供的信息。

在 $t=t_k(0\leqslant t_k\leqslant T)$ 时，$x(t)$、$s_i(t)$（$i=0$，1）和 $n(t)$ 的取样值记为 x_k、s_{ik} 和 n_k。由式（8.3.1）显然有

$$x_k=s_{ik}+n_k, 1\leqslant k\leqslant N \tag{8.3.10}$$

定义噪声矢量 $\boldsymbol{n}$，信号矢量 $\boldsymbol{s}_0$、$\boldsymbol{s}_1$ 和观测矢量 $\boldsymbol{x}$ 如下：

$$\left.\begin{aligned}\boldsymbol{n}&=[n_1,\ n_2,\ \cdots,\ n_N]^{\mathrm{T}}\\ \boldsymbol{s}_0&=[s_{01},\ s_{02},\ \cdots,\ s_{0N}]^{\mathrm{T}}\\ \boldsymbol{s}_1&=[s_{11},\ s_{12},\ \cdots,\ s_{1N}]^{\mathrm{T}}\\ \boldsymbol{x}&=[x_1,\ x_2,\ \cdots,\ x_N]^{\mathrm{T}}\end{aligned}\right\} \tag{8.3.11}$$

由于噪声取样值 n_k 是均值为零、方差为 σ_n^2 的高斯随机变量，x_k 的条件均值为

$$E\{x_k\mid H_i\}=E\{(s_{ik}+n_k)\mid H_i\}=E\{n_k^2\mid H_i\}=s_{ik}$$

x_k 的条件方差为

$$\mathrm{Var}\{x_k\mid H_i\}=E\{[x_k-E(x_k)]^2\mid H_i\}=E\{n_k^2\mid H_i\}=\mathrm{Var}\{n_k\}=\sigma_n^2 \tag{8.3.12}$$

于是，x_k 条件概率密度可写为

$$p(x_k|H_i)=\frac{1}{\sqrt{2\pi}\sigma_n}\exp\left[-\frac{(x_k-s_{ik})^2}{2\sigma_n^2}\right] \tag{8.3.13}$$

为求出 N 点取样的联合概率密度，先假定噪声过程为带限白噪声，其功率谱密度 $N(\omega)$ 为

$$N(\omega)=\begin{cases}\dfrac{N_0}{2}, & |\omega|<\Omega\\ 0, & 其他\end{cases} \tag{8.3.14}$$

则其自相关函数为

$$R_n(\tau)=E[n(t)n(t+\tau)]=\frac{N_0\Omega}{2\pi}\cdot\frac{\sin\Omega\tau}{\Omega\tau} \tag{8.3.15}$$

由于假定噪声的均值为零，则噪声的方差为

$$\sigma_n^2=R_n(0)=\frac{N_0\Omega}{2\pi} \tag{8.3.16}$$

如果以 $\Delta t=\pi/\Omega$ 为间隔进行采样，则得到各取样值是互不相关的，由于已假定噪声为高斯分布，因而它们是统计独立的。此时，在观测时间间隔（0，T）内统计独立取样值的数目为

$$N=\frac{T}{\Delta t}=\frac{T\Omega}{\pi} \tag{8.3.17}$$

现在先以两次观测结果为例来说明问题。假定第一次观测时刻是 t_1，得到的信号样值是 s，噪声样值是 n_1，因此混合样值为 $x_1=s+n_1$。第二次观测时刻是 t_2，得到的信号样值 s 不变，但噪声样值是 n_2，因此混合样值为 $x_2=s+n_2$。

由此可以得到两次观测的联合似然函数，在噪声样值相互统计独立的条件下，它等于每次观测得到的似然函数乘积，即

$$\begin{aligned}p(x\mid H_0)&=p(x_1\mid H_0)=p(x_2\mid H_0)\\&=\left(\frac{1}{\sqrt{2\pi}\sigma_n}\right)^2\exp\left[-\frac{(x_1-s_0)^2}{2\sigma_n^2}\right]\exp\left[-\frac{(x_2-s_0)^2}{2\sigma_n^2}\right]\end{aligned} \tag{8.3.18}$$

和

$$\begin{aligned}p(x\mid H_1)&=p(x_1\mid H_1)=p(x_2\mid H_1)\\&=\left(\frac{1}{\sqrt{2\pi}\sigma_n}\right)^2\exp\left[-\frac{(x_1-s_1)^2}{2\sigma_n^2}\right]\exp\left[-\frac{(x_2-s_1)^2}{2\sigma_n^2}\right]\end{aligned} \tag{8.3.19}$$

因此，两次观测的似然比为

$$\begin{aligned}\Lambda(x)&=\frac{p(x\mid H_1)}{p(x\mid H_0)}\\&=\exp\left[-\frac{(x_1-s_1)^2}{2\sigma_n^2}-\frac{(x_2-s_1)^2}{2\sigma_n^2}+\frac{(x_1-s_0)^2}{2\sigma_n^2}+\frac{(x_2-s_0)^2}{2\sigma_n^2}\right]\\&=\exp\left[\frac{(s_1-s_0)}{\sigma_n^2}(x_1+x_2)-\frac{(s_1^2-s_0^2)}{\sigma_n^2}\right]\end{aligned} \tag{8.3.20}$$

假定门限似然比是 Λ_0，则由式（8.3.20）可以确定两次观测时的判决门限，即

$$\exp\left[\frac{(s_1-s_0)}{\sigma_n^2}(x_1+x_2)-\frac{(s_1^2-s_0^2)}{\sigma_n^2}\right]=\Lambda_0 \tag{8.3.21}$$

或者

$$x_1+x_2=(s_1+s_0)+\frac{\sigma_n^2}{s_1-s_0}\ln\Lambda_0=x_0 \tag{8.3.22}$$

式中，$x_0=(s_1+s_0)+\frac{\sigma_n^2}{s_1-s_0}\ln\Lambda_0$ 是个常数。

式（8.3.17）在 x_1-x_2 平面上是一根具有负斜率的直线，它与 x_1 轴和 x_2 轴的交点均为 x_0。该直线就是两次观测时的判决界限，它将判决空间划分为两个判决区，即 R_0 和 R_1。当 x 落在 R_1 区时判决输出为 H_1，即信号 s_1 存在；否则当 x 落在 R_0 区时判决输出为 H_0，

即信号 s_0 存在。

可以证明，采用两次观测的检验方法可以使平均风险进一步减小，并可以推广到 N 次观测的情况。N 越大，所得的平均风险就可能越小。当 $N\to\infty$时就是观测整个信号波形。

在 N 次观测的情况下就有 N 个观测样值存在，它们的联合似然函数应该用 N 维条件概率密度来描述。但是在白噪声高斯信道内由于 N 个随机变量是相互统计独立的，因此可用 N 个一维条件概率密度的乘积来代替，即

$$p(x \mid H_0)=\prod_{k=1}^{N} p(x_k \mid H_0)=\left(\frac{1}{2\pi\sigma_n^2}\right)^{\frac{N}{2}}\prod_{k=1}^{N}\exp\left[-\frac{(x_k-s_{0k})^2}{2\sigma_n^2}\right] \tag{8.3.23}$$

$$p(x \mid H_1)=\prod_{k=1}^{N} p(x_k \mid H_1)=\left(\frac{1}{2\pi\sigma_n^2}\right)^{\frac{N}{2}}\prod_{k=1}^{N}\exp\left[-\frac{(x_k-s_{1k})^2}{2\sigma_n^2}\right] \tag{8.3.24}$$

这里 x 代表 N 个观测样值的集合$\{x_1, x_2, \cdots, x_N\}$。

由此可得在 $t=t_k$ 时似然比为

$$\begin{aligned}\Lambda(x)&=\frac{p(x \mid H_1)}{p(x \mid H_0)}=\prod_{k=1}^{N}\exp\left[-\frac{(x_k-s_{1k})^2}{2\sigma_n^2}\right]\exp\left[\frac{(x_k-s_{0k})^2}{2\sigma_n^2}\right]\\&=\exp\left\{\sum_{k=1}^{N}\left[-\frac{(x_k-s_{1k})^2-(x_k-s_{0k})^2}{2\sigma_n^2}\right]\right\}\\&=\exp\left\{\frac{(s_1-s_0)}{\sigma_n}\sum_{k=1}^{N}x_k-N\frac{(s_1^2-s_0^2)}{2\sigma_n}\right\}\end{aligned} \tag{8.3.25}$$

于是判决规则为

$$\Lambda(x)\underset{H_0}{\overset{H_1}{\gtrless}}\Lambda_0 \tag{8.3.26}$$

式中，门限似然比 Λ_0 取决于所选用的最佳准则。

给定门限似然比为 Λ_0 后，则可得在 N 次观测时的判决界限为

$$\exp\left\{\frac{(s_{1k}-s_{0k})}{\sigma_n^2}\sum_{k=1}^{N}x_k-N\frac{(s_{1k}^2-s_{0k}^2)}{2\sigma_n^2}\right\}=\Lambda_0 \tag{8.3.27}$$

或者

$$\sum_{k=1}^{N}x_k=\frac{\sigma_n^2}{s_{1k}-s_{0k}}\ln\Lambda_0+N\frac{(s_{1k}+s_{0k})}{2} \tag{8.3.28}$$

实际上，式（8.3.21）或式（8.3.22）是它在 $N=2$ 时的特殊情况。

在一般情况下，N 维空间内的判决界限可能是一个曲面，式（8.3.27）或式（8.3.28）仅是在高斯信道内检测确知信号的一个特例。

此外，我们对式（8.3.23）和式（8.3.24）用 $\sigma_n^2=2\Delta t/N_0$ 做代换，于是似然函数变为

$$p(x \mid H_0)=\left(\frac{\Delta t}{\pi N_0}\right)^{\frac{N}{2}}\exp\left(-\sum_{k=1}^{N}\frac{(x_k-s_{0k})^2\Delta t}{N_0}\right) \tag{8.3.29}$$

$$p(x \mid H_1)=\left(\frac{\Delta t}{\pi N_0}\right)^{\frac{N}{2}}\exp\left(-\sum_{k=1}^{N}\frac{(x_k-s_{1k})^2\Delta t}{N_0}\right) \tag{8.3.30}$$

令取样间隔 $\Delta t\to 0$，维数 $N\to\infty$，而 $\Delta t=T$，极限情况下，便得到时域连续接收波形 $x(t)$ 的似然函数

$$p(x \mid H_0)=F\cdot\exp\left\{-\frac{1}{N_0}\int_0^T\left[x(t)-s_0(t)\right]^2\mathrm{d}t\right\} \tag{8.3.31}$$

$$p(x \mid H_1) = F \cdot \exp\left\{-\frac{1}{N_0}\int_0^T [x(t) - s_1(t)]^2 \mathrm{d}t\right\} \tag{8.3.32}$$

式中，F 为一常数。

为了得到连续观测下的判决规则，可在观测时间 T 保持不变的情况下使取样数趋于无穷，即令 Δt 趋于零，此时限带频率 $\Omega=\pi/\Delta t$ 趋于无限大，噪声的方差 $N_0/(2\Delta t)$ 也相应增大，因而带限白噪声变为理想白噪声情况，并在 $\Delta t\to 0$，$N\to\infty$，$N\Delta t\to T$ 的情况下判决规则可写为如下连续函数形式

$$\int_0^T x(t)s_1(t)\mathrm{d}t - \int_0^T x(t)s_0(t)\mathrm{d}t \underset{H_0}{\overset{H_1}{\gtrless}} \frac{N_0}{2}\ln\Lambda_0 + \frac{1}{2}\int_0^T [s_1^2(t) - s_0^2(t)]\mathrm{d}t \triangleq \beta \tag{8.3.33}$$

式中，β 为判决门限值，并可简化为

$$\beta = \frac{N_0}{2}\ln\Lambda_0 + \frac{1}{2}\int_0^T [s_1^2(t) - s_0^2(t)]\mathrm{d}t = \frac{1}{2}N_0\ln\Lambda_0 + \frac{1}{2}(E_1 - E_0) \tag{8.3.34}$$

式中，E_1 和 E_0 分别表示信号 $s_1(t)$ 和 $s_0(t)$ 的能量，即

$$E_i = \int_0^T s_i^2(t)\mathrm{d}t \quad (i=0,1) \tag{8.3.35}$$

式（8.3.33）的判决规则可用图 8.9 所示的相关接收机实现，它计算接收波形 $x(t)$ 与信号 $s_1(t)$ 和 $s_0(t)$ 的互相关，相减后再与门限 β 比较，做出判决。图 8.9 的系统可等效地用图 8.10 实现。这就是高斯白噪声下二元确知信号的最佳检测系统或最佳接收机，也就是人们熟知的相关接收机。

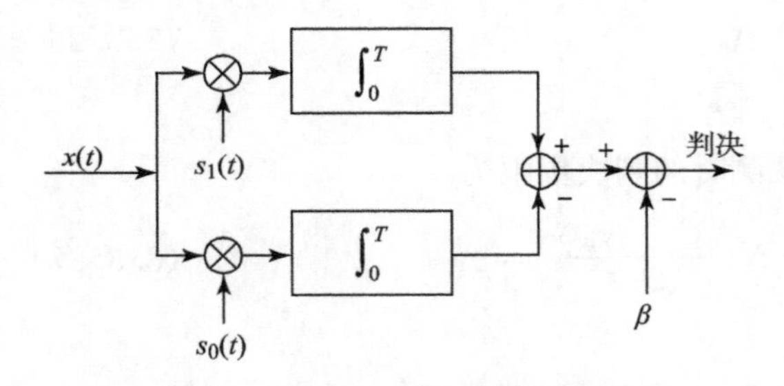

图 8.9 二元确知信号的最佳检测系统

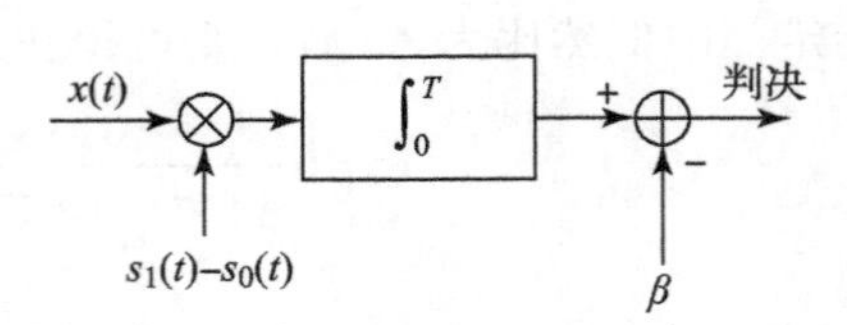

图 8.10 图 8.9 的等效实现

8.4 匹配滤波器

前面所讨论的加性高斯白噪声中检测确知信号的最佳检测器是“相关接收”。本节将介绍另一种最佳准则——最大信噪比准则。匹配滤波器是使其输出信噪比为最大的一种滤波器，而且可以证明，匹配滤波器与相关器是等效的。

1943 年诺斯（D. D. North）提出了匹配滤波器的理论。所谓匹配滤波器就是这样一种最佳线性滤波器，在输入为确知信号加噪声的情况下，所得输出信噪比达到最大。我们知道，在接收机中有时并不需要复现原来的信号波形，而只需知道信号能量是否存在。针对这类问题，我们就要求线性滤波器在输出端能够提供最大的瞬时信噪比。这种能提供输出信噪比最大的最佳滤波器称为匹配滤波器。

匹配滤波器的应用十分广泛，它明显地提高通信、雷达和其他许多无线电系统检测信号

的能力。而且后面的讨论将表明，匹配滤波器是许多最佳检测系统的基本组成部分，它也在最佳信号参量估计、信号分辨、某些信号波形的产生和压缩等方面起重要作用。

8.4.1 线性滤波器的一种最佳准则——信噪比最大准则

现在，根据使输出信噪比为最大准则推导线性时不变系统的时域冲激响应 $h(t)$ 和频率响应 $H(\omega)$。

考虑含有信号和加性噪声的接收波形

$$x(t)=s(t)+n(t) \tag{8.4.1}$$

其中，信号是确知的，并存在于时间间隔 $[0,T]$ 内，噪声不一定是白噪声，也不一定是高斯分布的，但它是一广义平稳随机过程，其均值为零，自相关函数为 $R_n(\tau)$。要求设计一个线性滤波器，使其在时刻 T 输出信噪比为最大。

假设滤波器的冲激响应为 $h(t)$，则在时刻 T，信号与噪声的输出分量分别为

$$s_0(T)=\int_0^T h(\tau)s(T-\tau)\mathrm{d}\tau \tag{8.4.2}$$

$$n_0(T)=\int_0^T h(\tau)n(T-\tau)\mathrm{d}\tau \tag{8.4.3}$$

由于输入噪声均值为零，输出噪声均值也为零。输出噪声的方差即噪声的功率为

$$\begin{aligned}\sigma_n^2&=E[n_0^2(T)]=E\left[\int_0^T h(\tau)n(T-\tau)\mathrm{d}\tau\cdot\int_0^T h(t)n(T-t)\mathrm{d}t\right]\\&=\int_0^T\int_0^T h(\tau)h(t)R_n(t-\tau)\mathrm{d}t\mathrm{d}\tau\end{aligned} \tag{8.4.4}$$

显然，输出功率信噪比为 $s_0^2(T)/\sigma_n^2$，匹配滤波器就是使 $s_0^2(T)/\sigma_n^2$ 为最大的滤波器。这等效于在 $s_0(T)$ 为常数的约束条件下，使输出噪声平均功率 $E[n_0^2(T)]$ 最小，这是一个有约束条件的变分问题，其解的必要条件应使目标函数

$$J=E[n_0^2(T)]-\mu s_0(T) \tag{8.4.5}$$

达到极小值。式中 μ 是拉格朗日乘数。将式（8.4.2）和式（8.4.3）代入式（8.4.5），得

$$\begin{aligned}J&=\int_0^T\int_0^T h(\tau)h(t)R_n(t-\tau)\mathrm{d}t\mathrm{d}\tau-\mu\int_0^T h(t)s(T-t)\mathrm{d}t\\&=\int_0^T h(t)\left[\int_0^T h(\tau)R_n(t-\tau)\mathrm{d}\tau-\mu s(T-t)\right]\mathrm{d}t\end{aligned} \tag{8.4.6}$$

假定 $h_0(t)$ 是使 J 极小的最佳滤波器的冲激响应，则任意滤波器的冲激响应可表示为

$$h(t)=h_0(t)+\alpha\varepsilon(t) \tag{8.4.7}$$

式中，$\varepsilon(t)$ 是定义于 $0\leqslant t\leqslant T$ 的任意函数，α 为一任意乘数。将式（8.4.7）代入式（8.4.6）得

$$\begin{aligned}J(\alpha)=&\int_0^T\int_0^T[h_0(t)+\alpha\varepsilon(t)][h_0(\tau)+\alpha\varepsilon(\tau)]R_n(t-\tau)\mathrm{d}\tau\mathrm{d}t-\\&\mu\int_0^T[h_0(t)+\alpha\varepsilon(t)]s(T-t)\mathrm{d}t\end{aligned} \tag{8.4.8}$$

对于任意给定的函数 $\varepsilon(t)$，$J(\alpha)$ 应在 $\alpha=0$ 处达到极值。所以，$h_0(t)$ 满足如下方程：

$$\frac{\partial J(\alpha)}{\partial\alpha}\bigg|_{\alpha=0}=0 \tag{8.4.9}$$

式（8.4.8）对 α 求导，得

$$\frac{\partial J(\alpha)}{\partial \alpha}=\int_0^T\int_0^T[\varepsilon(t)h_0(\tau)+2\alpha\varepsilon(\tau)\varepsilon(t)]\cdot R_n(t-\tau)\mathrm{d}\tau\mathrm{d}t-\mu\int_0^T\varepsilon(t)s(T-t)\mathrm{d}t \tag{8.4.10}$$

因为 $R_n(\tau-t)=R_n(t-\tau)$，上式重积分中第一项和第二项相等。将式（8.4.10）代入式（8.4.9），则最佳冲激响应 $h_0(t)$ 应满足如下方程：

$$\int_0^T\varepsilon(t)\left[\int_0^T 2h_0(\tau)R_n(t-\tau)\mathrm{d}\tau-\mu s(T-t)\right]\mathrm{d}t=0 \tag{8.4.11}$$

由于 $\varepsilon(t)$ 的任意性，上式等效于

$$\int_0^T 2h_0(\tau)R_n(t-\tau)\mathrm{d}\tau-\mu s(T-t)=0,\quad 0\leqslant t\leqslant T \tag{8.4.12}$$

即

$$\int_0^T h_0(\tau)R_n(t-\tau)\mathrm{d}\tau=\frac{1}{2}\mu s(T-t),\quad 0\leqslant t\leqslant T \tag{8.4.13}$$

因为拉格朗日乘数是一个常数，$\mu/2$ 只改变滤波器的增益，对信号和噪声的影响相同，并不改变信噪比，可令它为 1。于是，式（8.4.13）的最佳滤波器冲激响应应满足下述积分方程：

$$\int_0^T h_0(\tau)R_n(t-\tau)\mathrm{d}\tau=s(T-t),\quad 0\leqslant t\leqslant T \tag{8.4.14}$$

这就是匹配滤波器方程的普遍形式。该方程的物理意义为，当滤波器输入端确知信号为 $s(t)$，加性噪声的自相关函数为 $R_n(\tau)$ 时，则满足这一积分方程的滤波器 $h_0(t)$ 使输出信噪比达到最大。

把式（8.4.14）代入式（8.4.2）和式（8.4.4）中，就得到最佳滤波器的最大输出（功率）信噪比：

$$\left(\frac{S}{N}\right)_{\max}=\frac{s_0^2(T)}{E[n_0^2(T)]}=\frac{\left[\int_0^T h_0(\tau)s(T-t)\mathrm{d}\tau\right]^2}{\int_0^T h_0(\tau)\left[\int_0^T h_0(t)R_n(\tau-t)\mathrm{d}t\right]\mathrm{d}\tau}=\int_0^T h_0(\tau)s(T-t)\mathrm{d}\tau \tag{8.4.15}$$

为了具体求出最佳滤波器的冲激响应，需要解方程式（8.4.14），该方程是第一类弗雷霍姆（Fredholm）积分方程。一般来说，这样的积分方程不能直接求解。但当积分方程的核是有理核时可以直接求解。

8.4.2 白噪声背景下的匹配滤波器

有一种特殊而又常见的情况，就是噪声为白噪声，其自相关函数 $R_n(\tau)=(N_0/2)\cdot\delta(\tau)$ 的情况，此时可以直接求解积分方程式（8.4.14），其解为

$$h_0(t)=\frac{2}{N_0}s(T-t)=cs(T-t),\quad 0\leqslant t\leqslant T \tag{8.4.16}$$

式中，$c=2/N_0$ 为一常数。这便是白噪声情况下匹配滤波器的冲激响应。根据式（8.4.15）和式（8.4.16），匹配滤波器的输出信噪比为

$$\left(\frac{S}{N}\right)_{\max}=\int_0^T\frac{2}{N_0}s^2(\tau)\mathrm{d}\tau=\frac{2E}{N_0} \tag{8.4.17}$$

它只与输入信号能量 E 和白噪声功率谱密度 $N_0/2$ 有关，而与输入信号的波形和噪声的概率

分布无关。

应用式（8.4.16），可以得出匹配滤波器在时刻 T 的输出为

$$y_0(T)=\int_0^T x(t)h_0(T-t)\mathrm{d}t=\frac{2}{N_0}\int_0^T x(t)s(t)\mathrm{d}t \tag{8.4.18}$$

值得注意的是，匹配滤波器输出在 $t=T$ 时刻的抽样值与相关器输出相等，因此，可以用匹配滤波器来代替相关器组成最佳接收机。

相关器和匹配滤波器的实现各有其难处，采用哪个合适要视具体情况而定。一般而言，相关器需要一个有用信号 $s(t)$ 的本地复制品，而且要求它和接收信号 $x(t)$ 中的有用信号成分严格同步，这是它的难点。匹配滤波器不需要本地复制品，因此结构上比较简单。然而其冲激响应与有用信号的匹配往往是难以精确做到的。此外，要求有准确的抽样时刻，这也不是轻而易举能办到的。

由式（8.4.16）可见，在高斯白噪声情况下，匹配滤波器的冲激响应为输入信号的镜像函数，若信号持续时间间隔为（0，T），观测时间为 t_f。当 $t_f<T$ 时，$h_0(t)$ 为物理不可实现的，因为它在 $t<0$ 时做出响应，也就是信号未出现前做出响应。对物理可实现滤波器来说，为了充分利用输入信号能量，必须选择观测时间 t_f 使之满足 $t_f\geqslant T$，但 $t_f>T$ 是没有必要的，一般选择 $t_f=T$。

在讨论了时域解之后，再回来研究匹配滤波器的频域传输函数。假定信号的傅里叶变换为

$$S(\omega)=\int_0^T s(t)\mathrm{e}^{-\mathrm{j}\omega t}\mathrm{d}t \tag{8.4.19}$$

滤波器的传输函数 $H(\omega)$ 为（为了书写方便，从下式开始，略去匹配滤波器冲激响应 $h_0(t)$ 的下标）

$$H(\omega)=\int_{-\infty}^{\infty} h(t)\mathrm{e}^{-\mathrm{j}\omega t}\mathrm{d}t \tag{8.4.20}$$

将匹配滤波器冲激响应表示式（8.4.16）代入式（8.4.20），则有

$$H(\omega)=\int_0^T s(T-t)\mathrm{e}^{-\mathrm{j}\omega t}\mathrm{d}t \tag{8.4.21}$$

令 $\tau=T-t$，得到

$$H(\omega)=\int_0^T s(\tau)\mathrm{e}^{-\mathrm{j}\omega(T-\tau)}\mathrm{d}\tau$$

即

$$H(\omega)=\mathrm{e}^{-\mathrm{j}\omega T}\int_0^T s(\tau)\mathrm{e}^{\mathrm{j}\omega\tau}\mathrm{d}\tau \tag{8.4.22}$$

上式积分为 $\mathrm{e}^{-\mathrm{j}\omega T}S^*(\omega)$，所以在频域内匹配滤波器与信号的关系是

$$H(\omega)=K\mathrm{e}^{-\mathrm{j}\omega T}S^*(\omega)\text{，通常取 }K=1 \tag{8.4.23}$$

我们再从包络检波前的接收机输出信噪比关系来考察匹配滤波器。设输出信号为

$$y(t)=\int_{-\infty}^{\infty}\exp(\mathrm{j}\omega t)S(\omega)H(\omega)\mathrm{d}f \tag{8.4.24}$$

令 $y(T)$ 为 $y(t)$ 的最大值。滤波器输出端的噪声功率谱为

$$N(\omega)=\frac{N_0}{2}|H(\omega)|^2 \tag{8.4.25}$$

式中，$N_0/2$ 是滤波器输入端的噪声功率谱密度（以 W/Hz 为单位）。因为在分析过程中使用了负频率和正频率，则产生了 1/2 的系数，而通常的噪声密度的定义只考虑正频率，因此平均噪声输出功率为

$$N=\frac{N_0}{2}\int_{-\infty}^{\infty}|H(\omega)|^2\mathrm{d}f$$

输入信号能量可写为

$$E=\int_{-\infty}^{\infty}s^2(t)\mathrm{d}t=\int_{-\infty}^{\infty}|S(\omega)|^2\mathrm{d}f \tag{8.4.26}$$

一个最佳雷达检测器必须使其输出端的峰值信号功率与平均噪声功率之比

$$\frac{|y(T)|^2}{N}=\frac{\left|\int_{-\infty}^{\infty}S(\omega)H(\omega)\exp(\mathrm{j}\omega T)\mathrm{d}f\right|^2}{\frac{N_0}{2}\int_{-\infty}^{\infty}|H(\omega)|^2\mathrm{d}f} \tag{8.4.27}$$

达到最大。使这个比值达到最大的滤波器传输函数 $H(\omega)$ 可使用柯西－施瓦茨不等式求得，即

$$\left|\int_{-\infty}^{\infty}H(\omega)S(\omega)\mathrm{d}\omega\right|^2\leqslant\int_{-\infty}^{\infty}|H(\omega)|^2\mathrm{d}\omega\int_{-\infty}^{\infty}|S(\omega)|^2\mathrm{d}\omega \tag{8.4.28}$$

可得

$$\frac{|y(T)|^2}{N}\leqslant\frac{2E}{N_0} \tag{8.4.29}$$

且在等式成立时得到最大输出信噪比。只有

$$H(\omega)=KS^*(\omega)\mathrm{e}^{-\mathrm{j}\omega T} \tag{8.4.30}$$

时，式（8.4.29）才变为等式。式中，“$*$”表示复共轭；T 是使滤波器实际上能够实现匹配的时间延迟；K 是增益常数。式（8.4.30）便是匹配滤波器的传输函数表示式，与式（8.4.23）相同。

由此可见，除了相移 $\mathrm{e}^{-\mathrm{j}\omega T}$ 外，匹配滤波器的频率响应函数是接收信号频谱的共轭，其相移随频率而均匀变化，其作用是引入一个恒定的延时。结果，峰值信噪比为

$$\frac{\hat{S}}{N}=\frac{2E}{N_0}$$

应注意，$\hat{S}$ 是瞬时峰值信号功率，N 为平均噪声功率。因为在推导中未使用波形 $s(t)$ 的任何其他条件，所以只要是白噪声，无论什么信号，若它们所含能量相同，则在匹配滤波器输出端能够得到的最大信噪比是一样的。

再回到时域来看，匹配滤波器也可用冲激响应 $h(t)$ 来表示。式（8.4.30）描述的滤波器的冲激响应函数为

$$h(t)=Ks^*(T-t) \tag{8.4.31}$$

也就是说，冲激响应是输入波形的时间倒置再经延时乘以简单的增益常数。因为滤波器的输出是输入信号和冲激响应的卷积，所以匹配滤波器输出 $y_0(t)$ 在没有噪声的情况下可以写成

$$y_0(t)=\frac{1}{T}\int_{-T/2}^{T/2}s(\tau)s(\tau-T-t)\mathrm{d}t=R(t-T) \tag{8.4.32}$$

此波形是输入信号的自相关 $R(t)$ 的时移复本。可见，匹配滤波器在被噪声污染了的接

收信号和发射信号的复制品之间建立了互相关。

习 题

8.1 根据一次观测对下面两个假设做出判决，即

$$\begin{cases} H_0: y=n_0(t) \\ H_1: y=n_1(t) \end{cases}$$

其中，$n_0(t)$ 是均值为零、方差为 σ_0^2 的高斯噪声；$n_1(t)$ 是均值为零、方差为 σ_1^2 的高斯噪声，而且有 $\sigma_1^2>\sigma_0^2$。

(1) 根据观测结果，确定判决区域 R_0 和 R_1；

(2) 求概率 $P(H_0 \mid H_1)$。

8.2 设计一个似然比检验，对下面两个假设做出选择，即

$$\begin{cases} H_1: P_1(y)=\dfrac{1}{(2\pi\sigma^2)^{1/2}}\exp\left[-\dfrac{y^2}{2\sigma^2}\right] \\ H_0: P_0(y)=\begin{cases} 1/2, & |y|\leqslant 1 \\ 0, & \text{其他} \end{cases} \end{cases}$$

应用奈曼－皮尔逊准则，并设 $P(H_0|H_1)=\alpha$，求其判决区域。

8.3 考虑二元信号的检测问题，若两个假设下观测信号的概率密度函数分别为

$$\begin{cases} H_1: P_1(y)=\dfrac{1}{(2\pi)^{1/2}}\exp\left[-\dfrac{y^2}{2}\right] \\ H_0: P_0(y)=\dfrac{1}{2}\exp[-|y|] \end{cases}$$

(1) 若似然比检测门限为 η，试建立信号检测的判决表达式；

(2) 设代价因子 $c_{11}=c_{00}=0$，$c_{01}=c_{10}=1$，若先验概率 $P(H_1)=0.75$，试求采用贝叶斯准则时的判决概率 $P(H_1 \mid H_0)$ 和 $P(H_1 \mid H_1)$；

(3) 设代价因子同 (2)，试求采用极小化极大准则的检测性能；

(4) 若约束条件为判决概率，试求采用奈曼－皮尔逊准则的检测性能。

8.4 根据一次观测，用极小化极大准则对下面两个假设做判断，即

$$\begin{cases} H_0: y=n(t) \\ H_1: y=1+n(t) \end{cases}$$

其中，$n(t)$ 是均值为零、方差为1的高斯噪声；$c_{11}=c_{00}=0$，$c_{01}=c_{10}=1$。试求

(1) 判决门限 μ；

(2) 与 μ 相应的各假设先验概率。

8.5 如果二元通信系统在两个假设下的接收信号分别为

$$\begin{cases} H_0: r(t)=b\cos(\omega_0 t+\theta)+n(t), & 0\leqslant t\leqslant t \\ H_1: r(t)=a\cos\omega_1 t+b\cos(\omega_0 t+\theta)+n(t), & 0\leqslant t\leqslant T \end{cases}$$

其中，信号的振幅 a 和 b、频率 ω_0 和 ω_1 及相位 θ 均为已知的确定量，$\omega_0 T=2m\pi$，$\omega_1 T=2n\pi$，m 和 n 均为正整数；$n(t)$ 是均值为零、功率谱密度为 $P_n(\omega)=N_0/2$ 的高斯白噪声。

(1) 设计似然比门限为 η 的最佳检测系统；

（2）研究其检测性能，说明信号 $b\cos(\omega_0 t+\theta)$ 对检测性能有无影响。

8.6 设信号 $s(t)$ 是一个宽度为 τ，幅度为 A 的矩形视频脉冲，其数学表达式为

$$s(t)=\begin{cases}A, & |t|\leqslant\tau/2\\ 0, & |t|>\tau/2\end{cases}$$

（1）求信号 $s(t)$ 的匹配滤波器的系统函数 $H(\omega)$ 和脉冲响应 $h(t)$；

（2）求匹配滤波器的输出信号 $s_0(t)$，并画出波形。

8.7 设两个假设下 M 个独立观测为

$$H_0: z_i=v_i$$
$$H_1: z_i=2+v_i$$

其中 v_i 为均值为零、方差为 2 的正态白噪声。依据 M 个独立样本 $z_i(i=1, 2, \cdots, M)$，采用纽曼一皮尔逊准则进行检验，且令虚警概率 $\alpha=0.05$，试求最佳判决门限及相应的检测概率。

8.8 考虑下列二元假设检验问题：

$$H_0: z=v$$
$$H_1: z=s+v$$

其中 s 和 v 是独立随机变量。

$$f(s)=\begin{cases}a\exp(-\alpha s), & s\geqslant 0，\alpha \text{ 为常数}\\ 0, & s<0\end{cases}$$

$$f(v)=\begin{cases}b\exp(-\alpha v), & v\geqslant 0\\ 0, & v<0\end{cases}$$

（1）证明似然比检验可简化为 $z\underset{H_0}{\overset{H_1}{\gtrless}}\eta$；

（2）试求最佳贝叶斯检验的门限 η 与代价因子和先验概率的函数关系；

（3）采用纽曼一皮尔逊检验，求虚警概率 P_F 与门限 η 的函数关系。

参考文献

[1] 王宏禹．随机数字信号处理［M］．北京：科学出版社，1988.
[2] 常建平，李海林．随机信号分析［M］．北京：科学出版社，2017.
[3] 李兵兵，马文平，田红心，等．随机信号分析教程［M］．北京：高等教育出版社，2012.
[4] 张强．随机信号分析的工程应用［M］．北京：国防工业出版社，2009.
[5] 赵淑清，郑薇．随机信号分析［M］．第二版．北京：电子工业出版社，2011.
[6] 刘磊，王琳．随机信号分析与应用［M］．北京：清华大学出版社，2012.
[7] 陈义平，谢玉鹏．随机信号分析［M］．哈尔滨：哈尔滨工业大学出版社，2012.
[8] 王永德，王军．随机信号分析基础［M］．第4版．北京：电子工业出版社，2013.
[9] 陈传赉．现代信号处理导论［M］．北京：北京邮电大学出版社，2003.
[10] 甘俊英，孙进平，余义斌．信号检测与估计理论［M］．北京：科学出版社，2016.
[11] 梁红，张效民．信号检测与估值［M］．西安：西北工业大学出版社，2011.
[12] 王仕奎．随机信号分析理论与实践［M］．南京：东南大学出版社，2016.
[13] 罗鹏飞，张文明．随机信号分析与处理［M］．第2版．北京：清华大学出版社，2006.
[14] 王惠刚，马艳．离散随机信号处理基础［M］．北京：电子工业出版社，2014.
[15] 马文平，李兵兵，田红心，朱晓明．随机信号分析与应用［M］．北京：科学出版社，2017.
[16] 朱华，黄辉宁，李永庆，梅文博．随机信号分析［M］．北京：北京理工大学出版社，2011.
[17] 杨鉴，梁虹．随机信号处理原理与实践［M］．北京：科学出版社，2010.
[18] 羊彦，景占荣，高田．信号检测与估计［M］．西安：西北工业大学出版社，2014.
[19] 甘俊英，孙进平，余义斌．信号检测与估计理论［M］．北京：科学出版社，2017.
[20] 张立毅，张雄，李化．信号检测与估计［M］．第2版．北京：清华大学出版社，2014.
[21] 赵树杰，赵建勋．信号检测与估计理论［M］．北京：清华大学出版社，2005.
[22] ［美］珀尔．信号检测与估计［M］．第2版．廖桂，等，译．北京：机械工业出版社，2015.
[23] 张明友，吕明．信号检测与估计［M］．第二版．北京：电子工业出版社，2005.